Jörn Krimmling

**Energieeffiziente Nahwärmesysteme**

**Grundwissen, Auslegung, Technik für Energieberater und Planer**

Jörn Krimmling

# Energieeffiziente Nahwärmesysteme

## Grundwissen, Auslegung, Technik für Energieberater und Planer

Fraunhofer IRB Verlag

Bibliografische Information der Deutschen Nationalbibliothek

Die Deutsche Nationalbibliothek verzeichnet diese Publikation in der Deutschen Nationalbibliografie; detaillierte bibliografische Daten sind im Internet über http://dnb.d-nb.de abrufbar.
ISBN: 978-3-8167-8342-8

Herstellung und Layout: Dietmar Zimmermann
Satz: Satzkasten, Stuttgart
Umschlaggestaltung: Martin Kjer
Druck: Gulde-Druck GmbH & Co. KG, Tübingen



Für den Druck des Buches wurde chlor- und säurefreies Papier verwendet.


Fraunhofer-Informationszentrum Raum und Bau IRB
Postfach 80 04 69, 70504 Stuttgart
Telefon (07 11) 9 70-25 00
Telefax (07 11) 9 70-25 08
E-Mail: irb@irb.fraunhofer.de
http://www.baufachinformation.de

# Vorwort

Nahwärmesysteme werden in der zukünftigen Energieversorgung von Gebäuden eine wichtige Rolle spielen, da die benötigte Nutzenergie sehr effizient mit Hilfe der Kraft-Wärme-Kopplung oder aus erneuerbaren Energiequellen bereitgestellt werden kann. In der Praxis konkurrieren Nahwärmesysteme mit gebäudebezogenen Technologien, d. h. sie müssen nicht nur ökologisch, sondern auch wirtschaftlich sinnvoll sein. Deshalb habe ich im vorliegenden Buch nicht nur die technischen Grundlagen und Trends von Nahwärmesystemen dargestellt, sondern auch Fragen der Planung und der Wirtschaftlichkeitsanalyse aufgegriffen.

Während ich mich in meinem Buch »Energieeffiziente Gebäude« mit allen Fragen der Energiebereitstellung und -anwendung im Gebäude beschäftigt habe, geht es hier um eine Form der Energiebereitstellung in einem separaten System, von welchem mehrere Gebäude versorgt werden. Wie auch im Gebäudebereich spielen Fragen der Systemgestaltung, aber auch der effiziente Betrieb von Nahwärmesystemen eine wichtige Rolle.

Das vorliegende Buch entstand auf der Basis verschiedener Vorlesungsreihen zur Energieversorgung von Gebäuden, welche ich regelmäßig an der Fakultät für Bauwesen der Hochschule Zittau/Görlitz abhalte. Es basiert auf einer Vielzahl ausgeführter Projekte, welche ich gemeinsam mit meinen Kollegen der FWU Ingenieurbüro GmbH Dresden konzipiert, geplant und realisiert habe. Die gesammelte Erfahrung habe ich in einer Vielzahl von einfachen Rechenbeispielen dokumentiert, so dass der praktisch tätige Energieberater damit ein Nahwärmesystem zumindest in den Grundzügen entwerfen und dimensionieren kann. Auf dieser Basis kann dann beispielsweise in einer detaillierten Wirtschaftlichkeitsanalyse ermittelt werden, inwieweit das geplante Nahwärmesystem in der jeweiligen Anwendungssituation sinnvoll ist oder nicht.

Als Zielgruppe hatte ich beim Schreiben vor allem Gebäudeenergieberater, Architekten und TGA-Planer im Focus, da ich der Meinung bin, dass Nahwärmesysteme eine zunehmend wichtigere Rolle im Gebäudebereich spielen werden. Insbesondere aufgrund der vielen Beispiele eignet sich das Buch auch sehr gut als Grundlage für die Ausbildung an Fachhochschulen und Berufsakademien.

Zittau, im Juli 2011

# 1 Einleitung

Gebäude verursachen in Deutschland ca. 40 % des Energieverbrauchs. Rechnet man den Verbrach der Baustoffindustrie noch hinzu, kommt man in den Bereich von 50 %. Deren energieeffiziente Gestaltung und Versorgung ist deshalb ein Ziel mit weitreichender Bedeutung. In [1] wurden umfassend die Methoden zur Gestaltung von energieeffizienten Gebäuden dargestellt. Hier wird der Frage nachgegangen, welches Energieeinsparpotenzial durch energieeffiziente Nahwärmesysteme mobilisiert werden kann. Die Abbildung 1-1 zeigt die vier Handlungsfelder, durch welche der Verbrauch an fossiler Primärenergie bei Gebäuden gesenkt werden kann:

- Verringerung der Nutzenergie. Das erreicht man beispielsweise durch entsprechende Dämmung der Gebäudehülle.
- Senkung der Umwandlungsverluste. Hier empfiehlt sich der Einsatz von Gebäudetechnik mit hohen Nutzungsgraden (Brennwertkessel, Wärmepumpen) oder der Kraft-Wärme-Kopplung.
- Verwendung Erneuerbarer Energien anstelle von fossiler Primärenergie, z. B. solarthermische Anlagen oder Wärmeerzeuger mit biogenen Brennstoffen. [2]
- Effiziente Umwandlung von Primärenergie in Endenergie, was der entscheidende Aspekt für die Gestaltung energieeffizienter Nahwärmesysteme ist.

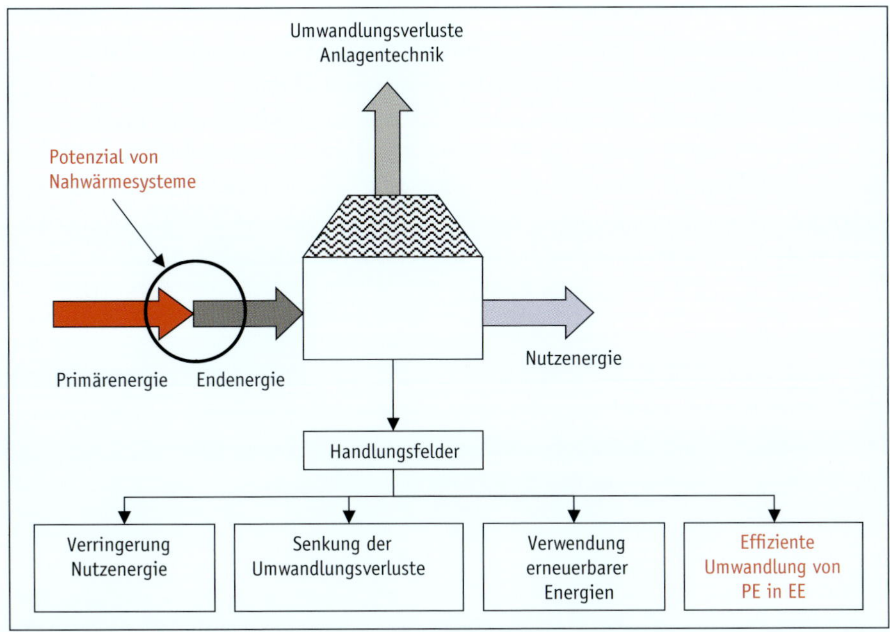


**Abbildung 1-1:** Handlungsfelder zur Energieeinsparung bei Gebäuden

Im vorliegenden Buch liegt der Fokus auf Nahwärmesystemen, d. h. externen Versorgungssystemen im kleinen bis mittleren Leistungsbereich, mit deren Hilfe Energie bzw.

speziell Wärme für ein Gebäude bzw. allgemein eine Gruppe von Gebäuden bzw. ein Versorgungsgebiet bereitgestellt werden kann. Auch hier geht es im Endeffekt darum, zunächst die energetisch und wirtschaftlich sinnvollste Lösung für ein bestimmtes Versorgungsgebiet auszuwählen, bevor dann die konkrete Planung erfolgen kann. Um das Thema handhabbar zu machen und gegenüber der Versorgungswirtschaft bzw. der Fernwärmeversorgung abzugrenzen, erfolgt eine Beschränkung auf Nahwärmesysteme.

Unter Nahwärmesystemen sind solche Wärmeversorgungssysteme zu verstehen, bei welchen die Erzeugeranlage relativ nah im Bereich der zu versorgenden Gebäude platziert ist. Die Angabe einer begrenzenden Gesamtleistung für Nahwärmesysteme ist schwierig, da sie sich funktionstechnisch nicht begründen lässt. Gemeint sind aber meistens Systeme, deren Gesamtleistung nicht wesentlich über 5 MW liegt. Solche Systeme werden oft ökologisch sinnvoll mit Hilfe von Holzkessel-, Geothermie- oder Solaranlagen realisiert. Die wichtigste Erzeugertechnologie in Nahwärmesystemen sind ohne Zweifel Blockheizkraftwerke, welche Strom und Wärme gleichzeitig bereit stellen. Für Nahwärmesysteme sind sie vor allem deshalb so interessant, weil die stabilere Wärmegrundlast gegenüber der Situation in einzelnen Gebäuden auf eine wirtschaftlich sinnvolle Anlagenkonfiguration führt.

Ziel des vorliegenden Buches ist es, Energieberater, Architekten und Planungsingenieure zu befähigen, das Grundkonzept für ein Nahwärmesystem aufzustellen und die sich dabei ergebenden Versorgungslösungen energetisch und wirtschaftlich zu bewerten. Dabei wird zunächst der grundlegende Aufbau solcher Systeme dargestellt (Kapitel 2) und die wichtigsten modernen Techniktrends erläutert (Kapitel 3). Anschließen werden die Grundlagen der Auslegung solcher Systeme zusammengestellt (Kapitel 4). In den Kapiteln 5 und 6 werden die Methoden der energetischen und wirtschaftlichen Bewertung aufgezeigt, die den Berater zur Auswahl der optimalen Variante befähigen. Anschließend werden im Kapitel 7 die wichtigsten Aspekte des Betriebs solcher Systeme analysiert und im abschließenden Kapitel 8 werden Betreibermodelle insbesondere das Energiecontracting vorgestellt.

## Quellen

[1] Krimmling, J.: Energieeffiziente Gebäude. Fraunhofer IRB Verlag, 2010.

[2] Krimmling, J.: Erneuerbare Energien. Rudolf Müller Verlag, 2009.

# 2 Aufbau und Struktur von Nahwärmesystemen

## 2.1 Zum Begriff der Nahwärme

Der Begriff »Nahwärme« lässt sich nicht exakt definieren bzw. vom Begriff »Fernwärme« abgrenzen. Der Bundesgerichtshof definiert Fernwärme wie folgt: »Wird aus einer nicht im Eigentum des Gebäudeeigentümers stehenden Heizungsanlage von einem Dritten nach unternehmenswirtschaftlichen Gesichtspunkten eigenständig Wärme produziert und an andere geliefert, so handelt es sich um Fernwärme. Auf die Nähe der Anlage zu dem zu versorgenden Gebäude oder das Vorhandensein eines größeren Leitungsnetzes kommt es nicht an.« [1] Nach dieser Definition würde der Nahwärmebegriff also unter den der Fernwärme subsumiert werden, käme also nicht vor. Aus funktionaler Sicht ist die Unterscheidung zwischen Nah- und Fernwärmesystemen ebenfalls nicht erforderlich (im neuen KWK-Gesetz spricht man neutral von Wärmenetzen), da das Grundprinzip gleich ist und demzufolge auch vergleichbare Anlagenkonfigurationen verwendet werden. Lediglich die konstruktive Ausformung bestimmter Anlagenkomponenten (Druckhaltung, Netzpumpenanlage) unterscheidet sich.

In der Fachsprache wird häufig zwischen Nah- und Fernwärme unterschieden, ohne dass es eine klare und vor allem begründete Abgrenzung zueinander gibt. Bei Fernwärmesystemen handelt es sich um Anlagen von Energieversorgern bzw. Stadtwerken, bei welchen in zentralen, vergleichsweise großen Erzeugeranlagen Wärme bereitgestellt und in ausgedehnte Leitungsnetze verteilt wird. Die Wärme wird entweder aus Heizkraftwerken, in denen auch Strom erzeugt wird, ausgekoppelt oder in Heizwerken erzeugt. In den Heizkraftwerken werden klassische Dampfkraftprozesse, Gasturbinen- und/oder gekoppelte Dampf- und Gasturbinenprozesse (GuD) verwendet. Die Versorgungsgebiete umfassen in der Regel ganze Stadtteile von Großstädten. In die entsprechenden Fernwärmenetze speisen oft mehrere Heizkraftwerke bzw. Heizwerke ihre Wärme ein.

Im Gegensatz dazu wird bei Nahwärmesystemen die Wärme in Anlagen vergleichsweise kleiner Leistung bereitgestellt. Bei den Wärmeerzeugern handelt es sich oft um Kesselanlagen oder zunehmend häufiger um Blockheizkraftwerke mit Verbrennungsmotoren. Die zu versorgenden Gebäude befinden sich meistens im unmittelbaren Umfeld des Erzeugers, mitunter werden nur zwei oder drei Häuser versorgt. Aus funktionaler Sicht sind Nahwärmesysteme bis auf die zwischen den Gebäuden verlegten Leitungen den Hausheizungen weitestgehend ähnlich.

Der wesentliche Vorteil von Nahwärmesystemen bzw. noch allgemeiner von dezentralen Energiesystemen gegenüber Fernwärmesystemen bzw. zentralen Energieversorgungssystemen (Großkraftwerke) besteht in deren Flexibilität. Obwohl dieser Aspekt bei vielen derzeit in Betrieb befindlichen Nahwärmesystemen noch keine Rolle spielt, wird er vor allem bei dezentralen Systemen mit Kraft-Wärme-Kopplung (KWK) künftig sehr wichtig sein. Während große Kraftwerke in der Regel mit konstanter Leistung gefahren werden müssen, können zu sogenannten Virtuellen Kraftwerken zusammengeschaltete, dezentrale Erzeugeranlagen und somit auch integrierte KWK-Anlagen auf Veränderungen im Leistungsbedarf sehr flexibel reagieren. Politisch ist vor allem der Ausbau von Nahwärmesystemen mit KWK-Anlagen gewollt, da durch die gekoppelte Strom- und Wärmeerzeugung fossile Brennstoffe (in der Regel Erdgas) viel besser ausgenutzt werden, als wenn aus dem Erdgas nur Heizwärme in einzelnen Kesselanlagen erzeugt wird. Aus wirtschaftlicher Sicht eignen sich wiederum KWK-Anlagen besser für Nahwärmesysteme mit mehreren Abnehmern, da diese besser ausgelastet werden, als wenn sie zur Versorgung eines einzelnen Hauses eingesetzt werden.

Obwohl aus fachlicher Sicht eine genaue, vor allem gegenüber der Fernwärme abgrenzende Definition der Nahwärme nicht praktisch erforderlich ist, soll hier vor allem als Orientierungshilfe eine solche aufgestellt werden. Für eine Definition können quantitative Parameter hinzugezogen werden. Dabei sind unter Nahwärmesystemen solche zu verstehen, bei denen

- die Wärmeerzeugerleistung nicht wesentlich über 5 MW und
- die Wärmeträgertemperaturen (Absicherungstemperatur) unterhalb von 110 °C liegen.

Allerdings sind folgende qualitative Aspekte für Nahwärmesysteme deutlich wichtiger:

- Die Erzeugeranlage befindet sich in unmittelbarer Nähe der zu versorgenden Abnehmer, wodurch nur kurze Trassenlängen erforderlich sind.
- Die Wärme wird überwiegend mit Hilfe erneuerbarer Energieträger und/oder mit Hilfe von KWK-Anlagen erzeugt oder es handelt sich um Abwärme aus industriellen Prozessen.
- Werden fossile Energieträger eingesetzt, z. B. Erdgas, ist das Nahwärmesystem so zu gestalten, dass sich gegenüber der Einzelversorgung energetische und wirtschaftliche Vorteile ergeben. Die Nachrüstung von KWK-Anlagen und/oder erneuerbaren Energien soll möglich sein.

## 2.2 Konfigurationen von Nahwärmesystemen

Ein Nahwärmesystem besteht entsprechend der Abbildung 2-1 aus drei Hauptkomplexen:

- Erzeugung
- Verteilung
- Übergabe.

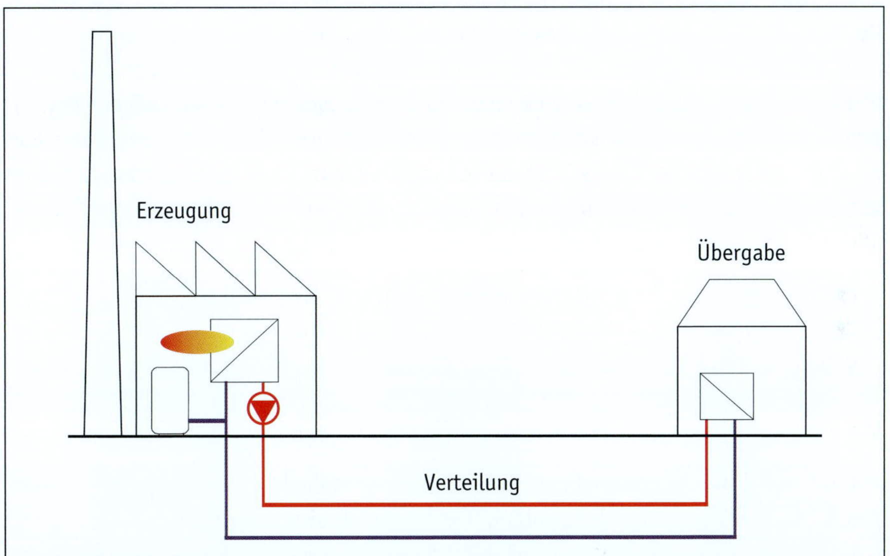


**Abbildung 2-1:** Grundaufbau eines Nahwärmesystems (Prinzipdarstellung)

Für die Erzeugung werden Kesselanlagen verwendet (reines Heizwerk) bzw. Anlagen der Kraft-Wärme-Kopplung, welche sehr häufig aus einem oder mehreren BHKW-Modulen im Grundlastbereich und einem oder mehreren Spitzenlastkesseln bestehen. Die Bezeichnung wäre dann »Heizkraftwerk«, wobei diese meistens nur bei größeren Anlagen im Bereich der Fernwärmeversorgung so verwendet wird.

Beim hydraulischen System handelt es sich um eine geschlossene Anlage mit Heizwasser (Dampfanlagen werden in diesem Leistungsbereich nicht mehr gebaut; diese findet man nur im Industriebereich), d. h. neben den drei Hauptkomplexen wird noch folgende Anlagentechnik, welche in der Regel in dem für die Erzeugung vorgesehenen Gebäude der Erzeugung untergebracht ist, benötigt:

- Ausdehnungsanlage zur Aufnahme des Wasserausdehnungsvolumens
- Pumpenanlage zur Umwälzung des Heizwassers
- Druckabsicherung, welche den Anlagendruck innerhalb eines Minimal- und Maximaldruckes hält
- Temperaturabsicherung, welche die Anlage gegen Überschreitung der Maximaltemperatur absichert

- Regeleinrichtung, über welche die Leistung der Anlage in Abhängigkeit von Betriebsparametern reguliert wird.

Die Verteilung besteht im Normalfall aus einem Zwei-Leiternetz, welches dem Grundprinzip der Zweirohrheizung entspricht. Alle Abnehmer sind parallel jeweils an Vor- und Rücklauf des Netzes angeschlossen. Prinzipiell wäre auch eine Einrohrverlegung, d. h. eine Reihenschaltung der einzelnen Verbraucher möglich, was aber aufgrund der von Abnehmer zu Abnehmer immer geringer werdenden Temperaturen aus betrieblichen und organisatorischen Gründen oft unzweckmäßig ist.

Wird ein Nahwärmesystem mit KWK für Gebäude mit vorhandenen, noch funktionstüchtigen Kesselanlagen konzipiert, ist eine Konfiguration denkbar, bei welcher das BHKW in einem zentralen Heizhaus (oder einer Containerheizzentrale) untergebracht wird. Als erforderliche Spitzenlastkessel fungieren dann die vorhandenen Kessel in den Gebäuden (siehe Abbildung 2-2).

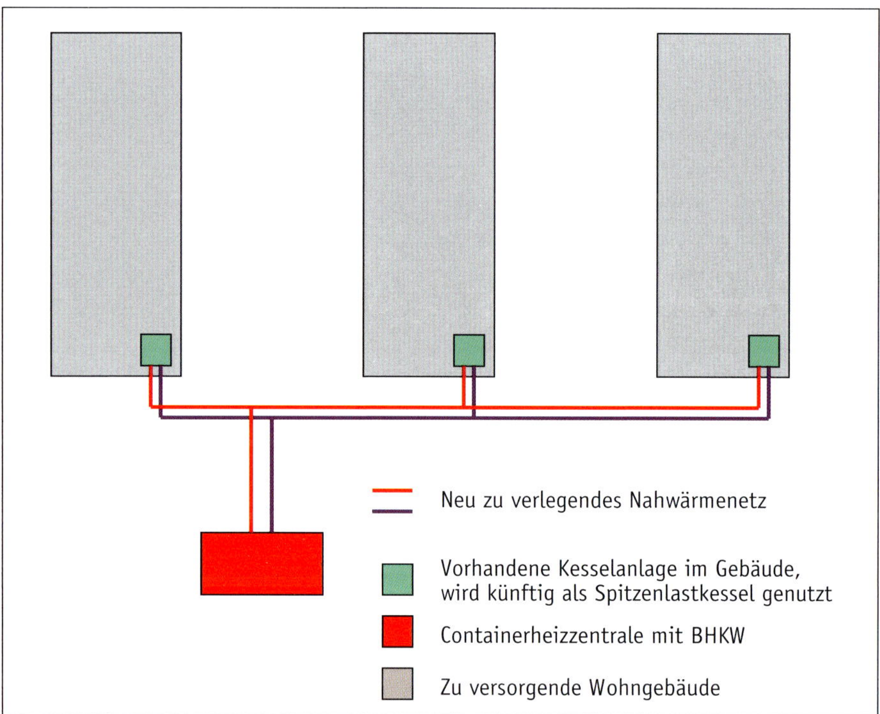


**Abbildung 2-2:** Nahwärmesystem mit Spitzenlastkesseln in den Gebäuden

Ein interessanter Entwicklungstrend ist die Einbindung von Solarkollektoren zur Bereitstellung thermischer Energie in Nahwärmesystemen. Dabei werden häufig ein zusätzliches Netz verlegt und Langzeitspeicher in das System integriert. Bei den verwendeten Speichern handelt es sich z. B. um Behälter-Speicher, Erdbecken-Speicher [2], Aquifer-Speicher oder Erdsondenspeicher. Übersichten zu den Speicherprinzipien findet man in [3] und [4]. Ein typisches Anlagenschema zeigt die Abbildung 2-3. Es wurde für ein Wohngebiet mit ca. 1000 Wohnungen entworfen. Das Konzept dieser Anlage umfasst folgende Komplexe [5]:

- das Nahwärmesystem mit indirekten Übergabestationen
- die Technikzentrale mit Pufferspeicher, Heizkessel und Wärmepumpe
- die Solarkollektoren auf den Gebäuden, welche in einem separaten Kreislauf zusammengefasst werden
- die geothermischen Tiefensonden zur Wärmegewinnung und Energiespeicherung (Erdsondenspeicher).

Das Konzept geht davon aus, dass die Versorgung im Sommer ausschließlich durch die Solarkollektoren erfolgt und dass die überschüssige Solarwärme in den Erdsonden gespeichert werden kann. Von dort wird sie im Winter über die Wärmepumpe wieder nutzbar gemacht.

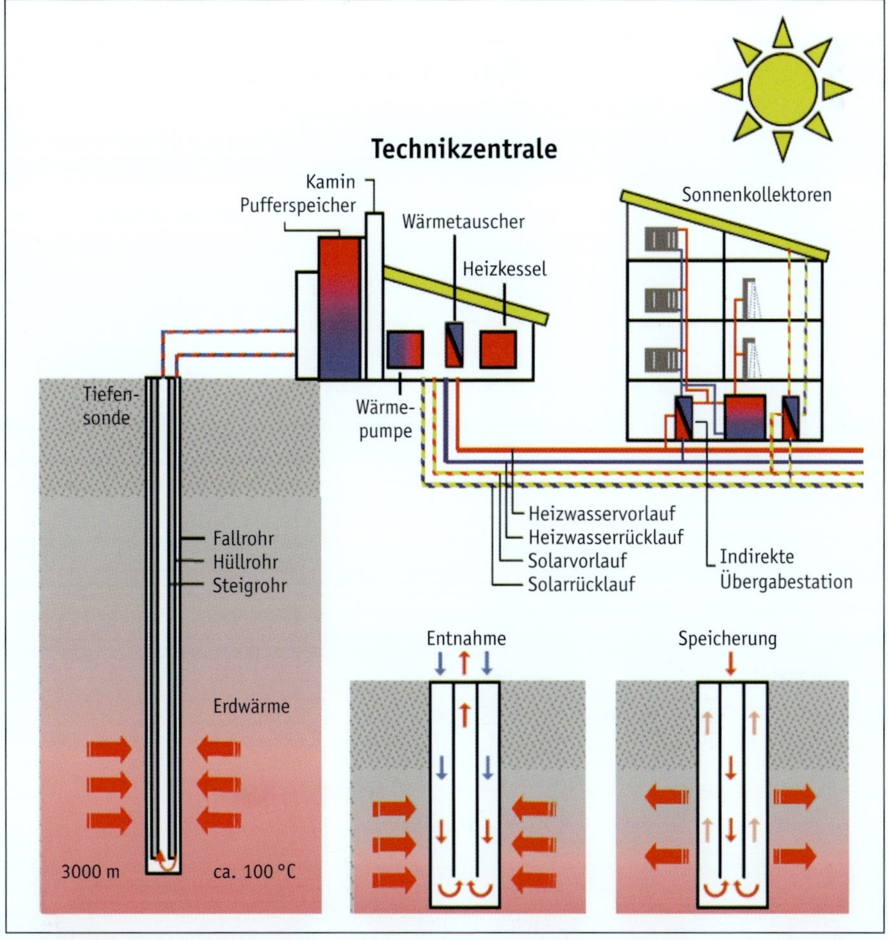


**Abbildung 2-3:** Nahwärmesystem mit solarthermischen Anlagen, Prinzipdarstellung [Quelle: Fa. Danpower]

## 2.3 Kraft-Wärme-Kopplung

### 2.3.1 Definition und Überblick

Kraft-Wärme-Kopplung (KWK) ist die gleichzeitige Erzeugung von elektrischer (mechanischer) und thermischer Nutzenergie aus anderen Energieformen mit Hilfe eines thermodynamischen Prozesses in einer Anlage [6, Seite 5] (Abbildung 2-4). Demzufolge gibt es KWK im sehr großen Leistungsbereich, wenn Wärme aus dem klassischen Dampfkraftprozess im Kraftwerk ausgekoppelt und zur Fernwärmeversorgung verwendet wird. Das gleiche Grundprinzip findet man auch bei Gasturbinenprozessen bzw. gekoppelten Dampf- und Gasturbinenprozessen (GuD). In dem für Nahwärmesysteme und Gebäude zutreffenden Leistungsbereich kommen dagegen überwiegend Blockheizkraftwerke (BHKW) zur Anwendung.

KWK-Anlagen können sowohl mit fossilen Brennstoffen betrieben werden, als auch mit erneuerbaren Brennstoffen (im Folgenden als biogene Brennstoffe bezeichnet). Oder sie nutzen Solar- oder Umweltwärme bzw. Erdwärme zur Energiebereitstellung. Grundsätzlich haben die genannten Energieträger eine begrenzte Verfügbarkeit (abgesehen von der Solarenergie, welche aber für eine autarke Energieversorgung in Mitteleuropa beim derzeitigen Stand der Technik i. d. R. nicht ausreicht), woraus sich der Sinn des Einsatzes von KWK-Technologien ableiten lässt (siehe ausführlich im Abschnitt 2.3.3). KWK-Technologien nutzen aufgrund der Bereitstellung höherwertiger Energie in Form von Elektroenergie die Energieträger besser aus, als wenn sie nur zur Wärmebereitstellung benutzt werden würden. Im konkreten Versorgungssystem ist die Entscheidung für oder gegen eine KWK-Anlage aber oft schwierig, da die Anschaffungskosten in der Regel deutlich über denen von reinen Wärmeerzeugern (Kesselanlagen) liegen. Die Entscheidung sollte anhand der sogenannten Lebenszykluskosten (Life-Cycle-Costs) fallen, was praktisch mit Hilfe der klassischen Investitionsbewertungsverfahren bewerkstelligt werden kann (siehe Abschnitt 6.2).

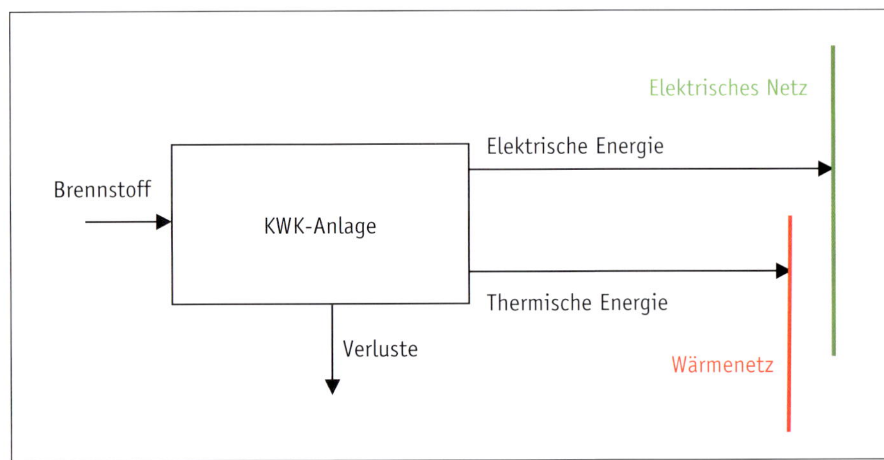


**Abbildung 2-4:** Energiebilanz Kraft-Wärme-Kopplung

### 2.3.2 KWK-Technologien für Nahwärmesysteme

Folgende KWK-Technologien kommen für Nahwärmesysteme in Betracht:

- KWK-Anlagen mit Verbrennungsmotoren
- Dampfkraftanlagen
- Anlagen basierend auf dem ORC-Prozess
- Brennstoffzellen
- Stirlingmotoren.

KWK-Anlagen mit Verbrennungsmotoren (bezeichnet als Blockheizkraftwerke – BHKW), stellen ohne Zweifel die am häufigsten in Nahwärmesystemen zu findende Technologie dar. Man unterscheidet zwischen:

- Ottomotoren (Vier-Takt-Motor mit Fremdzündung), welche bei gasbefeuerten BHKW zum Einsatz kommen und
- Dieselmotoren (Vier-Takt-Motor mit Selbstzündung), welche mit Heizöl, Pflanzenöl oder Biodiesel betrieben werden.

Der Motor treibt einen Generator an, die Abwärme aus dem Kühlkreislauf und die Abwärme des Abgases werden zur Wärmebereitstellung genutzt. BHKW haben einen Leistungsbereich von 1 bis 4000 $kW_{el}$ (Vgl. z. B. [6, Seite 57]). Interessant für Nahwärmesysteme sind sogenannte Mini-BHKW mit einer Leistung bis 50 $kW_{el}$, da sie die höchsten Einspeisevergütungen entsprechend dem KWK-Gesetz erhalten und darüber hinaus signifikant gefördert werden [7].

Dampfkraftanlagen bzw. Dampfkraftprozesse sind vor allem bei der Nutzung von festen Brennstoffen (Kohle, feste Biomasse) geeignet. Im Leistungsbereich von Nahwärmesystemen werden meistens Gegendruck-Dampfturbinen, entsprechend Abbildung 2-5 eingesetzt. Die Anlagen bestehen aus folgenden Hauptkomponenten:

- Dampferzeuger und Feuerung
- Gegendruck-Dampfturbine
- Wärmeauskopplung
- Wasseraufbereitung
- Speisepumpe.

Der Nachteil des Gegendruckprinzips besteht darin, dass die Turbine nur betrieben werden kann, wenn auch die Wärme abgenommen wird. Mittlerweile gibt es aber auch Entnahme-Kondensationsturbinen, bei welchen der benötigte Heizdampf aus einer Anzapfung in der Turbine entnommen wird und der restliche Dampf nach der Entspannung in der Turbine über den Kondensator abgeführt wird [8].

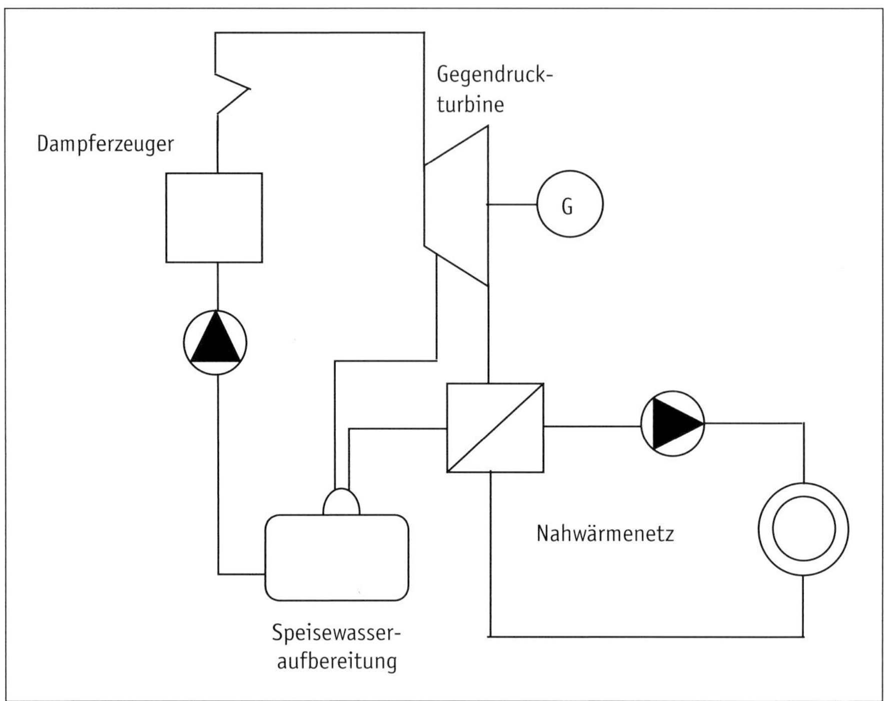


**Abbildung 2-5:** Funktionsschema des Dampfkraftprozesses mit Gegendruckturbine

Der ORC-Prozess (Organic-Rankine-Cycle) hat signifikante Ähnlichkeit mit dem Dampfkraftprozess. Allerdings wird als Arbeitsmittel nicht Wasserdampf sondern ein organisches Arbeitsmittel (bestimmte Kohlenwasserstoffe) verwendet. Der Prozess arbeitet bei deutlich niedrigeren Temperaturniveaus als der Dampfkraftprozess, wodurch entweder die Nutzung von Niedertemperaturabwärme oder eben von Wärme aus der Biomasseverbrennung möglich wird. ORC-Anlagen zur Biomassenutzung gibt es im Leistungsbereich ab 200 $kW_{el}$ bis in den MW-Bereich. Geringen elektrischen Wirkungsgraden stehen der geringe Wartungs- und Bedienaufwand gegenüber (Abbildung 2-6).

Die Abbildung 2-7 zeigt eine ORC-Anlage für ein Nahwärmesystem. Die Anlage besitzt eine thermische Leistung von 2,5 MW und eine elektrische von 0,6 MW. Der Gesamtwirkungsgrad beträgt mehr als 80 %.

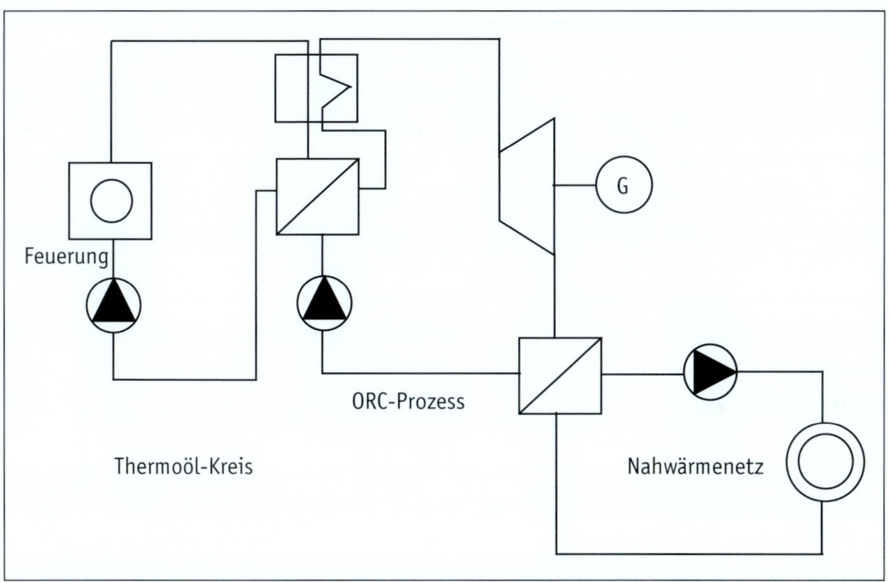


**Abbildung 2-6:** Funktionsschema des ORC-Prozesses zur Biomassenutzung

**Abbildung 2-7:** ORC Anlage [Quelle: Fa. Danpower]

Beim Brennstoffzellenprozess wird die chemisch gebundene Energie unmittelbar in Elektroenergie umgewandelt. Dabei wird Wasserstoff als Brennstoff verwendet. Da dieser nicht in freier Form auf der Erdoberfläche vorkommt sondern immer nur in chemischen Verbindungen, muss der Wasserstoff in einem vorgeschalteten Prozess bereitgestellt werden. Zum einen kann der Wasserstoff aus einem wasserstoffhaltigen Gas gewonnen werden. Erdgas oder Biogas enthalten beispielsweise signifikante Mengen Methan und andere Kohlenwasserstoffe, aus welchen in einem Reformationsprozess der Wasserstoff abgespalten werden kann. Zum anderen kann der Wasserstoff aber durch den Prozess der Elektrolyse aus Wasser gewonnen werden, wozu Elektroenergie benötigt wird. Da beim gegenwärtigen Entwicklungsstand Brennstoffzellen noch keine Alternative zu BHKW im Bereich der Nahwärmeversorgung sind, werden sie hier nicht weiter betrachtet.

Stirlingmotoren, bei welchen die Energiefreisetzung im Gegensatz zum Verbrennungsmotor außerhalb des Motors stattfindet, werden derzeit hauptsächlich für den Einsatz in Kombination mit Pelletheizungen entwickelt (siehe [9]). Da die Entwicklung derzeit eher auf die Anwendung im Gebäude abzielt, wird auf diese Technik hier nicht weiter eingegangen. Perspektivisch kann die Bedeutung von Stirlingmotoren in der Nahwärmeversorgung zunehmen, da sie mit fester Biomasse betrieben werden können.

### 2.3.3 Ökologischer Vorteil der KWK

Der ökologische Vorteil der KWK (gekoppelte Erzeugung von Strom und Wärme in einer Anlage) ist an der ungekoppelten Erzeugung von Strom und Wärme zu messen. Für die ungekoppelte Erzeugung kann man zunächst folgende Anlagenkonfiguration annehmen:

- Stromerzeugung in Kondensationskraftwerken mit fossilen Energieträgern (Kohle, Erdgas, Heizöl)
- Wärmeerzeugung im Gebäude in Niedertemperatur- bzw. Brennwertkesseln mit fossilen Energieträgern (Erdgas, extraleichtes Heizöl).

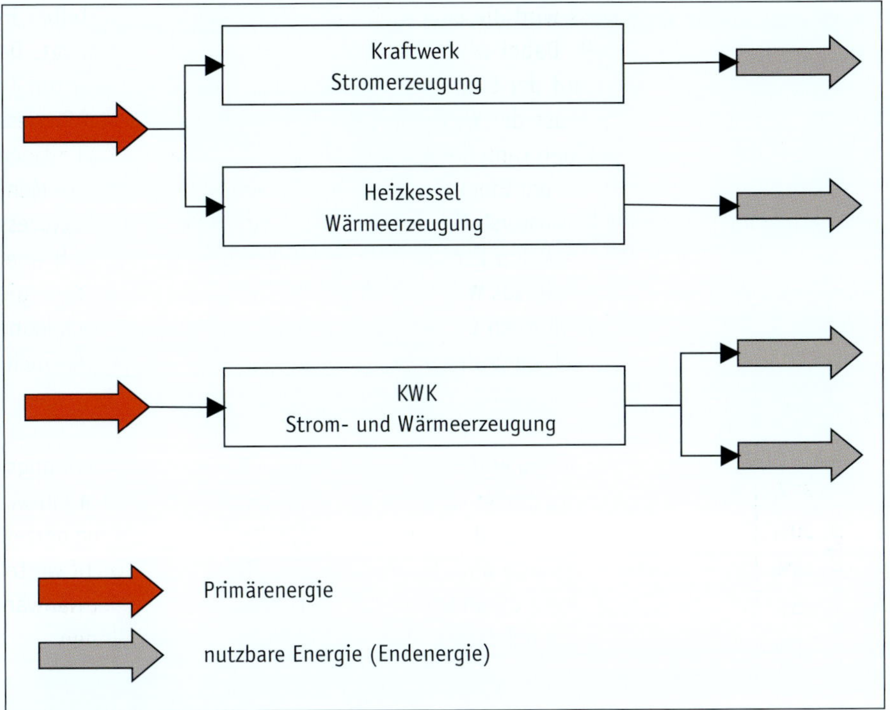


**Abbildung 2-8:** Bilanzräume für die KWK und die ungekoppelte Erzeugung

Ausgehend von den Bilanzräumen entsprechend der Abbildung 2-8 kann man die Gleichung F 2-1 für die Einsparung von Primärenergie durch die Anwendung des Prinzips der KWK aufstellen:

$$\frac{\Delta Q_{Pr}}{Q_{Pr,0}} = 1 - \frac{\dfrac{(1+\sigma)\cdot f_{P,KWK}}{\eta_{a,Ges,BHKW}}}{\dfrac{\sigma \cdot f_{P,KW}}{\eta_{a,KW}} + \dfrac{f_{P,Kessel}}{\eta_{a,Kessel}}} \qquad \text{F 2-1}$$

| | |
|---|---|
| $\Delta Q_{Pr}$ | Primärenergieeinsparung der KWK gegenüber der getrennten Erzeugung |
| $Q_{Pr,0}$ | Primärenergiebedarf der getrennten Erzeugung |
| $\sigma$ | Stromkennzahl der KWK-Anlage (F 2-2) |
| $\eta_{a,Ges,BHKW}$ | Gesamt-Jahresnutzungsgrad des BHKW |
| $\eta_{a,Kessel}$ | Jahresnutzungsgrad der Kesselanlage (getrennte Erzeugung) |
| $\eta_{a,KW}$ | Jahresnutzungsgrad der Stromerzeugung (getrennte Erzeugung) |
| $f_{P,KW}$ | Primärenergiefaktor für den Brennstoff des Kraftwerks |
| $f_{P,KWK}$ | Primärenergiefaktor für den Brennstoff des BHKW |
| $f_{P,Kessel}$ | Primärenergiefaktor für den Brennstoff des Kessels |

Die Stromkennzahl $\sigma$ ist das Verhältnis von Elektroenergie zu Wärmeenergie bei der KWK-Anlage:

$$\sigma = \frac{E_a}{Q_a} \qquad \text{F 2-2}$$

$E_a$ Jährlich durch das BHKW abgegebene Elektroenergie
$Q_a$ Jährlich durch das BHKW abgegebene Nutzwärme

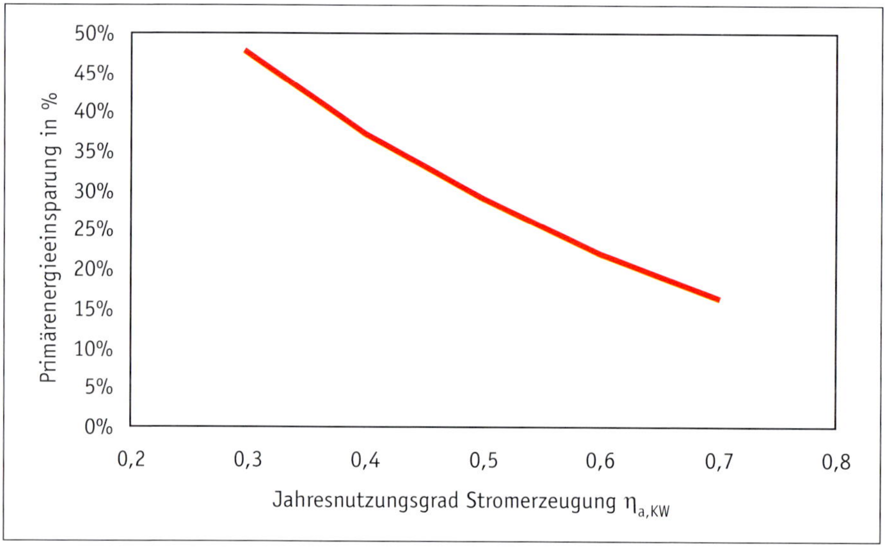


**Abbildung 2-9:** Primärenergieeinsparung der KWK gegenüber der ungekoppelten Erzeugung

Mit steigendem Jahresnutzungsgrad der ungekoppelten Stromerzeugung verringert sich die Primärenergieeinsparung, wie der Abbildung 2-9 für das Beispiel eines Mini-BHKW in einem Gebäude zu entnehmen ist.

In konkreten Gebäudesituationen ist die Einsparung beim Einsatz eines BHKW meistens etwas geringer, da nicht die gesamte Wärme- und Stromversorgung durch das BHKW abgedeckt wird, wie das Beispiel 2-1 zeigt.

### Beispiel 2-1: Primärenergieeinsparung durch ein BHKW in einem Gewerbeobjekt

In einem Gewerbeobjekt erfolgt die Wärmeversorgung über einen Erdgas-Niedertemperaturkessel. Dieser soll durch ein ebenfalls erdgasbefeuertes BHKW ergänzt werden. Es ist die Primärenergieeinsparung durch das BHKW zu bestimmen.

Es gelten folgende Ausgangswerte:

| **Istzustand** | | | |
|---|---|---|---|
| jährliche Erdgasenergie im Istzustand | $Q_{E,\ Ist}$ | 109 410 | kWh/a |
| Nutzungsgrad Kessel | $\eta_{a,Kessel}$ | 0,90 | |
| Elektroenergiebezug vom EVU im Istzustand | $E_{E,EVU,Ist}$ | 41 000 | kWh/a |
| **Sollzustand: BHKW-Modul zusätzlich** | | | |
| elektrische Leistung Modul | P | 5,50 | kW |
| thermische Leistung Modul | $\dot{Q}$ | 12,50 | kW |
| elektrischer Nutzungsgrad Modul | $\eta_{elt,a}$ | 0,242 | |
| thermischer Nutzungsgrad Modul | $\eta_{th,a}$ | 0,550 | |
| Laufzeit des Moduls pro Jahr | $\Delta\tau$ | 5000 | h/a |
| **Primärenergiefaktoren** | | | |
| Primärenergiefaktor Erdgas | $f_{P,EG}$ | 1,1 | |
| Primärenergiefaktor Elektroenergie | $f_{P,Elt}$ | 2,6 | |

Istzustand:

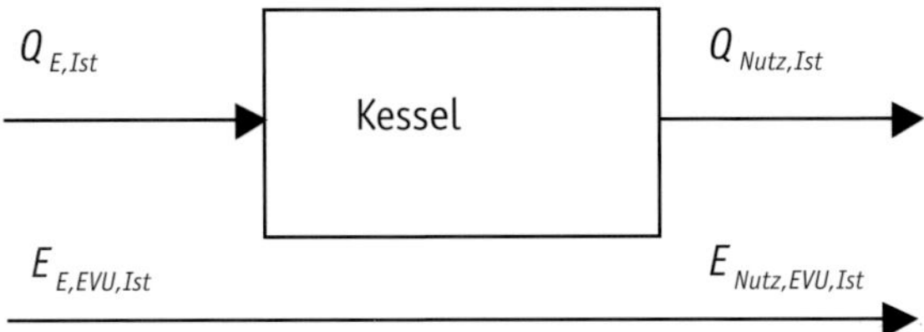


Sollzustand:

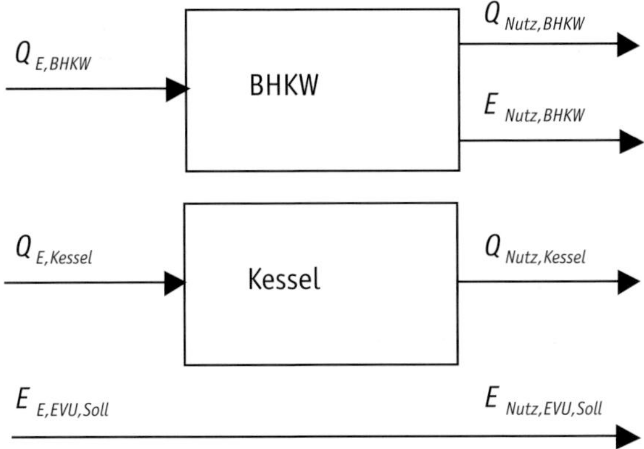

Es ergibt sich folgende Rechnung:

| **Nutzenergie Wärme, Istzustand:** | | | |
|---|---|---|---|
| Nutzenergie Istzustand | $Q_{Nutz,Ist}$ | 98 469 | kWh/a |
| **Nutzenergie Wärme, Sollzustand:** | | | |
| Nutzenergie durch das BHKW | $Q_{Nutz,BHKW}$ | 62 500 | kWh/a |
| Rest Nutzenergie durch den Kessel | $Q_{Nutz,Kessel}$ | 35 969 | kWh/a |
| **Benötigte Endenergie, Sollzustand** | | | |
| Erdgas BHKW | $Q_{E,BHKW}$ | 113 636,36 | kWh/a |
| Erdgas Kessel | $Q_{E,Kessel}$ | 39 965,56 | kWh/a |
| Erdgasverbrauch | $Q_E$ | 153 602 | kWh/a |
| **Elektroenergie, Sollzustand** | | | |
| Erzeugte Elektroenergie | $E_{Nutz,BHKW}$ | 27 500 | kWh/a |
| Rest Elektroenergiebezug | $E_{Nutz,EVU,Soll} = E_{E,EVU,Soll}$ | 13 500 | kWh/a |
| **Primärenergiebedarf, Istzustand** | | | |
| Erdgas (Endenergie) | $Q_{E,Ist}$ | 109 410 | kWh/a |
| Elektroenergie (Endenergie) | $E_{E,EVU,Ist}$ | 41 000 | kWh/a |
| Primärenergie, Ist | $Q_{P,Ist}$ | 226 951 | kWh/a |
| **Primärenergiebedarf, Sollzustand** | | | |
| Erdgas (Endenergie) | $Q_{E,Soll}$ | 153 602 | kWh/a |
| Elektroenergie (Endenergie) | $E_{E,EVU,Soll}$ | 13 500 | kWh/a |
| Primärenergie, Soll | $Q_{P,Soll}$ | 204 062 | kWh/a |

Damit ergibt sich eine Primärenergieeinsparung von 22 889 kWh/a bzw. ca. 10 % gegenüber dem Ist-Zustand.

Erfolgt die Bilanzierung der Primärenergieeinsparung für ein Nahwärmesystem mit BHKW, so ist F 2-1 etwas zu modifizieren:

$$\frac{\Delta Q_{Pr}}{Q_{Pr,0}} = 1 - \frac{\dfrac{(1+\sigma)\cdot f_{P,KWK}}{\eta_{a,Ges,BHKW}}}{\dfrac{(\sigma-\alpha)}{\eta_{a,KW}}\cdot f_{P,KW} + \dfrac{\eta_{a,Vert}}{\eta_{a,Kessel}}\cdot f_{P,Kessel}} \qquad \text{F 2-3}$$

| | |
|---|---|
| $\Delta Q_{Pr}$ | Primärenergieeinsparung der KWK gegenüber der getrennten Erzeugung |
| $Q_{Pr,0}$ | Primärenergieverbrauch der getrennten Erzeugung |
| $\sigma$ | Stromkennzahl der KWK-Anlage |
| $\eta_{a,Ges,BHKW}$ | Gesamt-Jahresnutzungsgrad des BHKW |
| $\eta_{a,Vert}$ | Jahresnutzungsgrad des Nahwärmenetzes |
| $\alpha$ | Stromeigenverbrauch für die Wärmeverteilung der KWK-Anlage |
| $\eta_{a,Kessel}$ | Jahresnutzungsgrad Kesselanlage (getrennte Erzeugung) |
| $\eta_{a,KW}$ | Jahresnutzungsgrad der Stromerzeugung (getrennte Erzeugung) |
| $f_{P,KW}$ | Primärenergiefaktor für den Brennstoff des Kraftwerks |
| $f_{P,KWK}$ | Primärenergiefaktor für den Brennstoff des BHKW |
| $f_{P,Kessel}$ | Primärenergiefaktor für den Brennstoff des Kessels |

**Beispiel 2-2: Primärenergieeinsparung für ein Nahwärmesystem mit BHKW**

Für den durch das BHKW erzeugten Anteil der bereitgestellten Wärme und der Elektroenergie ist die Primärenergieeinsparung nach F 2-3 zu bestimmen:

| **Daten BHKW** | | |
|---|---|---|
| Stromkennzahl BHKW | $\sigma$ | 0,870 |
| Gesamt-Jahresnutzungsgrad BHKW | $\eta_{a,ges,BHKW}$ | 0,890 |
| Jahresnutzungsgrad Verteilung | $\eta_{a,Vert}$ | 0,900 |
| Stromeigenverbrauch Wärmeverteilung | $\alpha$ | 0,020 |
| Primärenergiefaktor KWK | $f_{P,KWK}$ | 1,100 |
| **Daten getrennte Erzeugung** | | |
| Jahresnutzungsgrad Kesselanlage, allgemein | $\eta_{a,Kessel}$ | 0,900 |
| Primärenergiefaktor Kessel | $f_{P,Kessel}$ | 1,100 |
| Jahresnutzungsgrad Stromerzeugung | $\eta_{a,KWK}$ | 0,450 |
| Primärenergiefaktor Brennstoff Kraftwerk | $f_{P,KW}$ | 1,300 |
| **Primärenergieeinsparung** | $\Delta Q_{Pr}/Q_{Pr,0}$ | 35,0 % |

Abschließend ist zu fragen, inwieweit es sinnvoll ist, nachwachsende Brennstoffe (z. B. Pflanzenöl) in einer BHKW-Anlage zu verwenden, anstatt einfach nur in einer Kesselanlage zur reinen Wärmeerzeugung. Dazu kann wieder F 2-1 verwendet werden, wobei die gekoppelte Erzeugung durch ein Rapsöl-BHKW realisiert werden würde und die ungekoppelte aus folgender Konfiguration besteht:

- Stromerzeugung in Kondensationskraftwerken mit fossilen Energieträgern (Kohle, Erdgas, Heizöl)
- Wärmeerzeugung im Gebäude in Niedertemperaturkesseln mit Pflanzenölbrennstoff

**Beispiel 2-3: Primärenergieeinsparung durch ein Pflanzenöl-BHKW**

| **Daten KWK** | | |
|---|---|---|
| Stromkennzahl BHKW | $\sigma$ | 0,870 |
| Gesamt-Jahresnutzungsgrad BHKW | $\eta_{a,ges,BHKW}$ | 0,890 |
| Primärenergiefaktor KWK | $f_{P,KWK}$ | 0,390 |
| **Daten getrennte Erzeugung** | | |
| Jahresnutzungsgrad Kesselanlage, allgemein | $\eta_{a,Kessel}$ | 0,900 |
| Primärenergiefaktor Kessel | $f_{P,Kessel}$ | 0,390 |
| Jahresnutzungsgrad Stromerzeugung | $\eta_{a,KW}$ | 0,450 |
| Primärenergiefaktor Brennstoff Kraftwerk | $f_{P,KW}$ | 1,300 |
| **Primärenergieeinsparung** | $\Delta Q_{Pr}/Q_{Pr,0}$ | 72,2 % |

Es wird deutlich, dass die Verwendung biogener Brennstoffe in KWK-Anlagen sinnvoller ist, anstatt sie zur reinen Heizwärmeerzeugung zu verwenden. Im Beispiel 2-3 wurde als Brennstoff Rapsöl mit einem Primärenergiefaktor von 0,39 nach [10] angesetzt.

Diese Aussage kann man mit folgendem Gedankenexperiment untermauern, indem man zwei Anlagenkonfigurationen zur Heizwärmebereitstellung miteinander vergleicht:

- Wärmeerzeugung mit Pflanzenöl-Heizkessel
- Wärmeerzeugung mit motorischer Wärmepumpe, welche mit einem Pflanzenölmotor betrieben wird.

Die Definition der Nutzungsgrade und Arbeitszahlen findet man im Abschnitt 5.1.

**Beispiel 2-4: Vergleich Kesselanlage und motorische Wärmepumpe**

Es soll ein Heizwärmebedarf von 200 000 kWh/a bereitgestellt werden. Der Bedarf soll entweder durch einen pflanzenölbetriebenen Kessel oder durch eine motorische Wärmepumpe mit Pflanzenölmotor abgedeckt werden.

| **Ausgangsdaten** | | | |
|---|---|---|---|
| Heizwärmebedarf | $Q_h$ | 200 000,00 | kWh/a |
| Jahresnutzungsgrad Kesselanlage | $\eta_{a,Kessel}$ | 0,9 | |
| Jahresarbeitszahl motorische WP | $\beta_{a,WP}$ | 1,3 | |
| | | | |
| **Endenergiebedarf** | | | |
| Endenergiebedarf Kesselanlage | $Q_{E,Kessel}$ | 222 222,22 | kWh/a |
| Endenergiebedarf Wärmepumpe | $Q_{E,WP}$ | 153 846,15 | kWh/a |
| Einsparung WP-Kessel | $\Delta Q_E/Q_{E,Kessel}$ | 30,77 % | |

Es zeigt sich, dass die motorische Wärmepumpe im vorliegenden Fall ca. 30 % weniger Brennstoff benötigen würde als bei der Kesselvariante.

## 2.4 Energieträger für Nahwärmesysteme[1]

### 2.4.1 Fossile Brennstoffe

Als fossile Energieträger kommen in Frage:

- Erdgas
- Flüssiggas
- Heizöl
- Kohle.

Deren Anwendung in Nahwärmesystemen sollte sich nach Möglichkeit auf KWK-Anlagen beschränken, wie im Abschnitt 2.3 verdeutlicht wurde.

1 Bei allen, in diesem Kapitel angegebenen Kenngrößen handelt es sich um typische, mitunter ungefähre Werte, deren Verwendung im konkreten Anwendungsfall sorgfältig geprüft werden muss.

## Erdgas

Bei Erdgas handelt es sich überwiegend um Methan. Es wird in Deutschland in zwei Qualitäten gehandelt. Erdgas H mit höherem und Erdgas L mit niedrigerem Energiegehalt. Die Zusammensetzung des Gases variiert je nach Fördergebiet, die Tabelle 2-1 enthält durchschnittliche Eigenschaften.

**Tabelle 2-1:** Eigenschaften von Erdgasen [11, Seite 36]

| Kennwert | Einheit | Erdgas H | Erdgas L |
|---|---|---|---|
| Brennwert im Normzustand | $kWh/m^3$ | 11,449 | 9,774 |
| Heizwert im Normzustand | $kWh/m^3$ | 10,337 | 8,819 |
| Verhältnis Brenn-/Heizwert | – | 1,107 | 1,108 |
| Dichte im Normzustand | $kg/m^3$ | 0,783 | 0,829 |
| spezielle Gaskonstante | J/(kg K) | 475,33 | 448,66 |
| kinematische Viskosität bei 20 °C | $m^2/s$ | $14{,}9 \cdot 10^{-6}$ | $15{,}7 \cdot 10^{-6}$ |

Für die Dimensionierung der Verbrennungsluftzufuhr und der Abgassysteme benötigt man die Kennwerte nach Tabelle 2-2. Diese Werte müssen noch mit Hilfe des realen Luftverhältnisses $\lambda$ umgerechnet werden:

$$l = \lambda \cdot l_{min} \qquad \text{F 2-4}$$

$l$ Zuzuführende Verbrennungsluftmenge in $m^3$ Luft/$m^3$ Brenngas (abgek.: $m^3$ L/$m^3$ B)
$l_{min}$ Theoretischer Luftbedarf nach Tabelle 2-2 in $m^3$ L/$m^3$ B
$\lambda$ Luftverhältnis, bei Gasanlagen l = 1,05 ... 1,1

Die feuchte Abgasmenge $v_f$ bei realem Luftverhältnis ergibt sich so:

$$v_f = v_{min\,f} + (\lambda - 1) \cdot (1 + w_L) \cdot l_{min} \qquad \text{F 2-5}$$

$v_{minf}$ Mindestabgasmenge, feucht bei $\lambda = 1$ in $m^3$ A/$m^3$ B)
$w_L$ Luftfeuchte in $m^3$ $H_2O$/$m^3$ L
$l_{min}$ Mindestluftbedarf nach Tabelle 2-2

**Tabelle 2-2:** Verbrennung von Erdgasen (Werte für $\lambda = 1$) [11, Seite 85]

| Kennwert | Einheit | Erdgas H | Erdgas L |
|---|---|---|---|
| Mindestluftbedarf ($l_{min}$) | $m^3$ L/$m^3$ B | 9,9 | 8,4 |
| Mindestabgasmenge, feucht ($v_{minf}$) | $m^3$ A/$m^3$ B | 10,9 | 9,4 |
| Mindestabgasmenge, trocken ($v_{mintr}$) | $m^3$ A/$m^3$ B | 8,9 | 7,7 |
| theoretische Verbrennungstemperatur | °C | 1940 | 1930 |
| Taupunkttemperatur | °C | 61 | 63 |

**Beispiel 2-5: Verbrennungsrechnung für Erdgas**

Für eine erdgasbefeuerte Kesselanlage wird eine Feuerungsleistung von 300 kW benötigt. Es sind der Luftvolumenstrom und der Abgasvolumenstrom zu berechnen.

| Feuerungsleistung | $\dot{Q}_{Feuerung}$ | 300,000 | kW |
|---|---|---|---|
| Heizwert Erdgas H | $H_u$ | 10,337 | kWh/m³ |
| Erdgasvolumenstrom im Normzustand | $\dot{V}_{Erdgas}$ | 29,022 | m³/h |
| Mindestluftbedarf | $l_{min}$ | 9,850 | m³L/m³B |
| Luftverhältnis | $\lambda$ | 1,100 | |
| Luftfeuchte | $w_L$ | 0,016 | $m^3H_2O/m^3L$ |
| Mindestabgasmenge, feucht | $v_{minf}$ | 10,880 | m³A/m³B |
| Mindestabgasmenge, trocken | $v_{mintr}$ | 8,860 | m³A/m³B |
| Abgasmenge, trocken | $v_{tr}$ | 9,845 | m³A/m³B |
| Abgasmenge, feucht | $v_f$ | 11,881 | m³A/m³B |
| **Luftvolumenstrom im Normzustand, trocken** | $\dot{V}_{Luft,tr}$ | **314,453** | **m³/h** |
| **Luftvolumenstrom im Normzustand, feucht** | $\dot{V}_{Luft,f}$ | **319,533** | **m³/h** |
| **Abgasvolumenstrom im Normzustand, trocken** | $\dot{V}_{Abgas,tr}$ | **285,721** | **m³/h** |
| **Abgasvolumenstrom im Normzustand, feucht** | $\dot{V}_{Abgas,f}$ | **344,807** | **m³/h** |

Da die Werte des Beispiel 2-5 im Normzustand vorliegen, wird noch eine Beziehung für die Umrechnung zwischen Norm- und Betriebszustand und umgekehrt benötigt:

Vom Betriebszustand in den Normzustand:

$$V_n = V_B \cdot \frac{p_B \cdot T_n}{p_n \cdot T_B} \qquad \text{F 2-6}$$

Vom Normzustand in den Betriebszustand:

$$V_B = V_n \cdot \frac{p_n \cdot T_B}{p_B \cdot T_n} \qquad \text{F 2-7}$$

$V_n$ Volumen im Normzustand in m³
$V_B$ Volumen im Betriebszustand in m³
$p_B$ gemessener Druck im Betriebszustand in bar
$T_n$ Temperatur im Normzustand $T_n$ = 273,15 K
$p_n$ Druck im Normzustand $p_n$ = 1,01325 bar
$T_B$ Temperatur im Betriebszustand in K

**Beispiel 2-6: Volumenströme im Betriebszustand**

Luft- und Abgasvolumenstrom aus Beispiel 2-5 sind vom Normzustand in den Betriebszustand umzurechnen:

| | | | |
|---|---|---|---|
| feuchter Luftvolumenstrom im Normzustand | $\dot{V}_{Luft,f}$ | 319,533 | m³/h |
| Abgasvolumenstrom im Normzustand, feucht | $\dot{V}_{Abgas,f}$ | 344,807 | m³/h |
| Lufttemperatur | $t_L$ | 20 | °C |
| Luftdruck | $p_L$ | 1,03 | bar |
| Abgastemperatur | $t_{Abgas}$ | 150 | °C |
| Abgasdruck | $p_{Abgas}$ | 1,03 | bar |
| **Luftvolumenstrom im Betriebszustand, feucht** | $\dot{V}_{Luft}$ | **337,352** | **m³/h** |
| **Abgasvolumenstrom im Betriebszustand, feucht** | $\dot{V}_{Abgas}$ | **525,471** | **m³/h** |

### Flüssiggas

Handelsübliche Flüssiggase bestehen überwiegend aus Propan. Im Industriebereich werden auch Propan-/Butan-Mischungen verwendet, was für die vorliegende Thematik aber keine Rolle spielt. Propan ist im gasförmigen Zustand deutlich schwerer als Luft, wodurch sich spezielle sicherheitstechnische Anforderungen an die Gestaltung der Anlagentechnik ergeben. Gelagert und geliefert wird es im flüssigen Zustand, da sich Propan schon bei geringem Druck verflüssigen lässt (8,5 bar bei 20 °C).

Der Einsatz von Flüssiggas kann vor allem dort interessant sein, wo einerseits keine Erdgasversorgung anliegt, andererseits aber der Einsatz von Heizöl aus gewässerschutzrechtlichen Gründen nicht möglich ist.

**Tabelle 2-3:** Eigenschaften von Propan [11, Seite 36]

| **Kennwert** | **Einheit** | **Propan** |
|---|---|---|
| Brennwert im Normzustand | kWh/m³ | 28,095 |
| Heizwert im Normzustand | kWh/m³ | 25,866 |
| Verhältnis Brenn-/Heizwert | - | 1,086 |
| Dichte im Normzustand | kg/m³ | 2,010 |
| spezielle Gaskonstante | J/(kg K) | 188,55 |
| kinematische Viskosität bei 20 °C | m²/s | $4{,}4 \cdot 10^{-6}$ |

**Tabelle 2-4:** Verbrennung von Propan (Werte für $\lambda = 1$) [11, Seite 85]

| **Kennwert** | **Einheit** | **Propan** |
|---|---|---|
| Mindestluftbedarf ($l_{min}$) | m³ L/m³ B | 23,80 |
| Mindestabgasmenge, feucht ($v_{minf}$) | m³ A/m³ B | 25,80 |
| Mindestabgasmenge, trocken ($v_{mintr}$) | m³ A/m³ B | 21,80 |
| Theoretische Verbrennungstemperatur | °C | 1964 |
| Taupunkttemperatur | °C | 56 |

### Heizöl

Für den Nahwärmebereich kommt ausschließlich extraleichtes Heizöl in Frage (Heizöl-EL).

**Tabelle 2-5:** Eigenschaften von Heizöl-EL [12, Seite 18-19]

| **Kennwert** | **Einheit** | **Heizöl-EL** |
|---|---|---|
| Brennwert | kWh/kg | 12,57 |
| Heizwert | kWh/kg | 11,86 |
| Verhältnis Brenn-/Heizwert | - | 1,106 |
| Dichte bei 15 °C | kg/l | 0,86 |
| kinematische Viskosität bei 20 °C | m²/s | < 6 · 10-6 |

**Tabelle 2-6:** Verbrennung von Heizöl-EL (Werte für $\lambda = 1$) [12, Seite 43]

| **Kennwert** | **Einheit** | **Heizöl-EL** |
|---|---|---|
| Mindestluftbedarf ($l_{min}$) | m³ L/kg B | 11,24 |
| Mindestabgasmenge, feucht ($v_{minf}$) | m³ A/kg B | 11,98 |
| Mindestabgasmenge, trocken ($v_{mintr}$) | m³ A/kg B | 10,49 |
| theoretische Verbrennungstemperatur | °C | 2020 |

### Beispiel 2-7: Verbrennungsrechnung für Heizöl-EL

Für eine heizölbetriebene Kesselanlage wird eine Feuerungsleistung von 300 kW benötigt. Es sind der Luftvolumenstrom und der Abgasvolumenstrom zu berechnen (Vgl. auch Beispiel 2-5).

| | | | |
|---|---|---|---|
| Feuerungsleistung | $Q_{Feuerung}$ | 300,000 | kW |
| Heizwert Heizöl EL (HEL) | $H_u$ | 11,860 | kWh/kg |
| Massenstrom HEL | $\dot{m}_{HEL}$ | 25,295 | kg/h |
| Mindestluftbedarf | $\lambda_{min}$ | 11,240 | m³L/kgB |
| Luftverhältnis | $\lambda$ | 1,200 | |
| Luftfeuchte | $w_L$ | 0,016 | m³$H_2O$/kgL |
| Mindestabgasmenge, feucht | $v_{minf}$ | 11,980 | m³A/kgB |
| Abgasmenge, feucht | $v_f$ | 14,264 | m³A/kgB |
| **Luftvolumenstrom im Normzustand, trocken** | $\dot{V}_{Luft,tr}$ | **341,180** | **m³/h** |
| **Luftvolumenstrom im Normzustand, feucht** | $\dot{V}_{Luft,f}$ | **346,692** | **m³/h** |
| **Abgasvolumenstrom im Normzustand, feucht** | $\dot{V}_{Abgas,f}$ | **360,817** | **m³/h** |

### Kohle

Kohle kommt hauptsächlich in der Energiewirtschaft im Kraftwerksbereich zur Anwendung. Im Nahwärmebereich gibt es wenige Anlagen, welche meistens mit Steinkohle bzw. Anthrazit (spezielle Steinkohle, hat den höchsten Kohlenstoffgehalt und relativ wenige flüchtige Bestandteile) und zwar aufbereitet als sogenannte Nusskohlen (6 – 80 mm Korngröße) betrieben werden.

**Tabelle 2-7:** Verbrennung von Anthrazit (Werte für $\lambda = 1$) [13, Seite 191]

| Kennwert | Einheit | Anthrazit |
|---|---|---|
| Heizwert | kWh/kg | 8,720 |
| Schüttdichte | kg/m³ | 720 ... 780 |
| Rohdichte | kg/m³ | 1275 |
| Mindestluftbedarf ($l_{min}$) | m³ L/kg B | 8,3 |
| Mindestabgasmenge, feucht ($v_{minf}$) | m³ A/kg B | 8,5 |
| Mindestabgasmenge, trocken ($v_{mintr}$) | m³ A/kg B | 8,2 |
| theoretische Verbrennungstemperatur | °C | ca. 2200 |

## 2.4.2 Biogene Brennstoffe

Zu den biogenen Brennstoffen, welche auch als erneuerbare Brennstoffe bezeichnet werden, gehören:

- Holzbrennstoffe
- Pflanzenöl, Biodiesel
- Biogas
- Deponiegas.

### Holzbrennstoffe

Holz wird in Nahwärmesystemen in folgenden Aufbereitungsarten verwendet:

- Holzpellets
- Holzhackschnitzel.

Die Nutzung von Holzpellets hat im Gebäudebereich in den letzten Jahren eine signifikante Verbreitung erfahren. Dieser Brennstoff eignet sich durchaus für die Versorgung innerstädtischer Gebäude, da das Handling vergleichbar mit dem von Heizöl ist. Durch die Pelletierung wird ein sehr homogener Brennstoff erreicht, welcher eine hohe Energiedichte und geringe Feuchten aufweist. Die Abmaße von Holzpellets sind in der DIN 5731 fixiert.

Die Lagerung von Holzpellets erfolgt

- im Pelletlagerraum oder
- im Pelletsilo.

Holzhackschnitzel werden entweder aus Resten beim Holzeinschlag (Schlagabraum) oder aus ganzen Bäumen (Vollbaumnutzung) gewonnen. Die Hackschnitzel sind direkt nach dem Einschlag feucht (w = 45 bis 55 %) oder sommertrocken für den Fall, dass das Holz eine entsprechende Zeit gelagert wurde (w = 25 bis 40 %). Die Lagerung erfolgt:

- in speziellen Silos oder
- auf einem überdachten Lagerplatz.

Der Heizwert von Holz hängt in erster Linie von dessen stofflicher Zusammensetzung ab. Da diese je nach Pflanzenart differieren kann, gibt es für den Heizwert von Holz nur ungefähre Angaben. Eine genaue Bestimmung (Fehlerquote ca. 4 %) ist über die Elementaranalyse möglich (vgl. [14, Seite 351]):

$$H_{u(wf)} = 34{,}8 \cdot C + 93{,}9 \cdot H + 10{,}5 \cdot S + 6{,}3 \cdot N - 10{,}8 \cdot O \qquad \text{F 2-8}$$

| | |
|---|---|
| $H_{u(wf)}$ | Heizwert des Holzes im trockenen Zustand (w = 0) in MJ/kg |
| $C, H, S, N, O$ | Masseanteile von Kohlenstoff, Wasserstoff, Schwefel, Stickstoff und Sauerstoff aus der Elementaranalyse des Brennstoffes in %. |

Der Heizwert des Holzes hängt neben der stofflichen Zusammensetzung stark vom Wassergehalt ab. Eine sinnvolle Heizwertangabe muss sich demzufolge auf eine bestimmte Holzfeuchte beziehen. Die folgende Gleichung verdeutlicht den Einfluss des Wassergehalts auf den Heizwert:

$$H_{u(w)} = H_{u(wf)} \cdot (1 - w) - 2{,}443 \cdot w \qquad \text{F 2-9}$$

| | |
|---|---|
| $H_{u(w)}$ | Heizwert des Holzes bei einem bestimmten Wassergehalt w in MJ/kg |
| $H_{u(wf)}$ | Heizwert des Holzes im trockenen Zustand (w = 0) in MJ/kg |
| $w$ | Wassergehalt |

Der Wassergehalt ergibt sich aus trockenem Holz und der im Holz enthaltenen Wassermasse:

$$w = \frac{m_W}{m_{Holz} + m_W} = \frac{u}{1 + u} \quad \text{mit} \quad u = \frac{m_W}{m_{Holz}} \qquad \text{F 2-10}$$

| | |
|---|---|
| $w$ | Wassergehalt des Holzes |
| $m_{Holz}$ | Masse des trockenen Holzes |
| $m_W$ | Masse des Wassers |
| $u$ | Holzfeuchte |

**Tabelle 2-8:** Heiz- und Brennwerte in MJ/kg von Holz im Trockenzustand [15]

| | **Heizwert ($H_{u(wf)}$)** | **Brennwert ($H_{o(wf)}$)** |
|---|---|---|
| Fichtenholz (mit Rinde) | 18,8 | 20,2 |
| Buchenholz (mit Rinde) | 18,4 | 19,7 |
| Pappelholz (Kurzumtrieb) | 18,5 | 19,8 |
| Weidenholz (Kurzumtrieb) | 18,4 | 19,7 |
| Rinde (Nadelholz) | 19,2 | 20,4 |

**Tabelle 2-9:** Heizwert in MJ/kg von Holz in Abhängigkeit des Wassergehalts[13, Seite 205]

| | **Heizwert ($H_{u(w)}$)** |
|---|---|
| Hackgut frisch (ca. 70 % Feuchte) | 6,0 – 8,5 |
| Hackgut lufttrocken (ca. 25 – 35 % Feuchte) | 14,0 – 16,0 |
| Pellets (< 12 % Feuchte) | 17,6 – 19,5 |

In der DIN 5731 »Presslinge aus naturbelassenem Holz – Oktober 1996« werden folgende Mindestanforderungen an Pellets formuliert:

- Rohdichte: 1,0 ... 1,4 kg/dm³
- Wasseranteil < 12 %
- Aschegehalt (bezogen auf die Trockensubstanz) < 1,5 %
- Heizwert: 17 500 ... 19 500 kJ/kg.

Da es sich bei Pellets und Hackschnitzeln um Schüttgut handelt, ist neben der Stoffdichte (Rohdichte) auch noch die Schüttdichte von Bedeutung. Diese wird experimentell bestimmt. Die Tabelle 2-10 enthält Beispiele für typische Holzbrennstoffe.

**Tabelle 2-10:** Schüttdichten von Holzbrennstoffen (Wassergehalt 15 %) [14, Seite 368]

| **Holzbrennstoff** | **Schüttdichte in kg/m³** |
|---|---|
| Hackgut Weichholz | 200 |
| Hackgut Hartholz | 280 |
| Rinde Nadelholz | 175 |
| Pellets | 650 |

Aufgrund der heterogenen Zusammensetzung von Holzbrennstoffen lassen sich keine einheitlichen Angaben für den Luftbedarf und die Abgasmenge machen. Diese Werte sind über eine Verbrennungsrechnung zu bestimmen, welche im Übrigen auch auf feste und flüssige, fossile Brennstoffe anwendbar ist:

$$l_{min} = \frac{1{,}87 \cdot C + 5{,}6 \cdot H + 0{,}7 \cdot S - 0{,}7 \cdot O}{0{,}21} \qquad \text{F 2-11}$$

$l_{min}$ Theoretischer Luftbedarf in m³ L/kgB

$C, H, S, O$ Masseanteile von Kohlenstoff, Wasserstoff, Schwefel, und Sauerstoff aus der Elementaranalyse des Brennstoffes

Die Abgasmengen ergeben sich analog:

$$v_{mintr} = 1{,}87 \cdot C + 0{,}7 \cdot S + 0{,}79 \cdot l_{min}$$
$$v_{tr} = 1{,}87 \cdot C + 0{,}7 \cdot S + (\lambda - 0{,}21) \cdot l_{min} \qquad \text{F 2-12}$$
$$v_f = v_{tr} + 11{,}2 \cdot H + 1{,}24 \cdot W + w_l \cdot \lambda \cdot l_{min}$$

| | |
|---|---|
| $v_{mintr}$ | Mindestabgasmenge, trocken in m³ A/kg B |
| $v_{tr}$ | trockene Abgasmenge in m³ A/kg B |
| $v_f$ | feuchte Abgasmenge in m³ A/kg B |
| $w_l$ | Wassergehalt der Verbrennungsluft |

### Pflanzenöl und Biodiesel

Da Pflanzenöl und Biodiesel sehr gut in KWK-Anlagen verwendet werden können, ist ihr Einsatz in reinen Heizwerken, die nur aus Kesselanlagen bestehen, ökologisch nicht sinnvoll. In Deutschland bzw. Mitteleuropa kommen hauptsächlich Raps- und Sonnenblumenöl zur Anwendung. Energetisch werden zwei Aufbereitungsformen genutzt:

- kalt gepresstes Pflanzenöl
- Biodiesel.

**Tabelle 2-11:** Eigenschaften von Pflanzenölen (alles Zirka-Angaben) [14, Seite 753]

| **Pflanzenöl** | **Heizwert kJ/kg** | **Dichte bei 15 °C kg/m³** | **Viskosität bei 20 °C mm²/s** |
|---|---|---|---|
| Rapsöl | 37 500 | 920 | 78,8 |
| Sonnenblumenöl | 36 200 – 37 100 | 920 – 927 | 68,9 |

Pflanzenöl wird in Ölmühlen durch mechanisches Pressen und durch Extraktion gewonnen. Naturgemäß schwanken die energietechnischen Eigenschaften dieses Brennstoffes (Tabelle 2-11).

Biodiesel gibt es je nach verwendetem Ausgangsstoff in verschiedenen Qualitäten. Die DIN EN 14214 »Kraftstoffe für Kraftfahrzeuge-Fettsäure-Methylester (FAME) für Dieselmotoren-Anforderungen und Prüfverfahren; Deutsche Fassung prEN 14214:2009« formuliert übergreifende Qualitätsstandards für Methylester aus Pflanzen und Tierölen. Die Bezeichnung für diese Kraftstoffe ist FAME. Die einzelnen Biodieselarten werden, bezogen auf die Ausgangsstoffe, z. B. als RME (Rapsölmethylester), PME (Palmölmethylester), Sonnenblumenölmethylester usw. bezeichnet. Nicht alle dieser Methylester erfüllen die Anforderungen der DIN EN 14214.

**Tabelle 2-12:** Eigenschaften von Fettsäuremethylestern (FAME) [14, Seite 756]

| Kennwert | Einheit | FAME |
|---|---|---|
| Heizwert | kJ/kg | 37 100 |
| Dichte bei 15 °C | $kg/m^3$ | 860 – 900 |
| Viskosität bei 40 °C | $mm^2/s$ | 3,5 – 5,0 |

## Biogas

Biogas wird durch Vergärung (anaerobe Fermentation) von Biomasse gewonnen. Die Biomasse wird in einen Reaktor eingebracht und vergärt dort unter Luftabschluss. Das Biogas wird im oberen Bereich des Reaktors abgezogen (Abbildung 2-10). Die verbleibenden Rückstände werden oft als Düngemittel auf die Anbauflächen zurückgebracht. Als Biomasse kann verwendet werden:

- Mais, Maisganzpflanzensilage
- andere Getreidearten
- Grassilage
- Grünschnittreste
- andere pflanzliche Biomasse
- Gülle
- anderes organisches Material (z. B. Biertreber, Speisereste, Altfett).

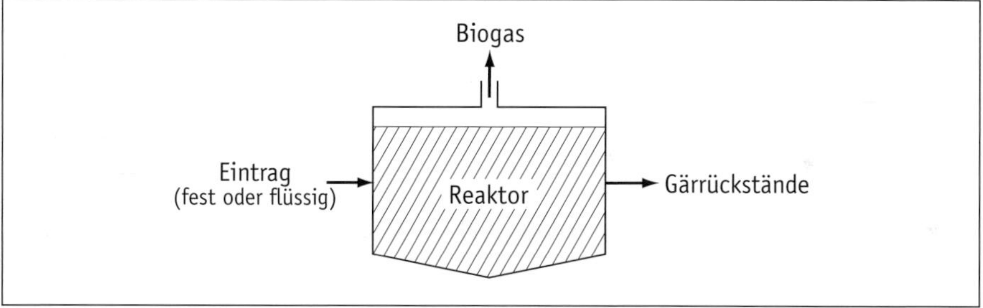


**Abbildung 2-10:** Prinzip der Biogasanlage

Je nach Verwendungszweck muss das Biogas aufbereitet werden. Bei der energetischen Nutzung in BHKW-Anlagen sind folgende Prozessschritte erforderlich:

- Trocknung
- Filtration
- Entschwefelung.

Für die Einspeisung in das Erdgasnetz muss das Biogas noch weiter aufbereitet werden. Dazu gehören die Abscheidung von Kohlenstoffdioxid und Spurengasen sowie die Odorierung. Mitunter wird Propan zur Brennwertanpassung zugemischt. Gemäß DVGW G262 muss Biogas, welches in das Erdgasnetz eingespeist wird, einen Brennwert im

Bereich von 6 – 7,5 kWh/m³ haben bzw. generell den Anforderungen von DVGW G260 und G262 genügen.

**Tabelle 2-13:** Zusammensetzung von Biogas [14, Seite 911]

| **Bestandteil** | **Volumenkonzentration in Vol. %** |
|---|---|
| Methan | 45 – 75 |
| Kohlenstoffdioxid | 25 – 55 |
| Wasser | 2 – 7 |
| Schwefelwasserstoff | 20 – 20 000 ppm (20 000 ppm = 2 %) |
| Stickstoff | < 5 |
| Sauerstoff | < 3 |
| Wasserstoff | < 1 |

Ausgehend von der Zusammensetzung in Tabelle 2-13 kann man den Heiz- und Brennwert ausgehend von den Heiz- und Brennwerten der Einzelbestandteile abschätzen (Tabelle 2-14):

$$H_{u,Biogas} = \sum_i r_i \cdot H_{u,i} \quad \text{und} \quad H_{o,Biogas} = \sum_i r_i \cdot H_{o,i} \qquad \text{F 2-13}$$

$H_{u,Biogas}$ Heizwert des Biogases in kJ/m³ oder kWh/m³
$r_i$ Raumanteil der Biogaskomponente i in Vol. %
$H_{u,i}$ Heizwert der Biogaskomponente i in kJ/m³ oder kWh/m³
$H_{o,Biogas}$ Brennwert des Biogases in kJ/m³ oder kWh/m³
$r_i$ Raumanteil der Biogaskomponente i in Vol. %
$H_{o,i}$ Brennwert der Biogaskomponente i in kJ/m³ oder kWh/m³

**Tabelle 2-14:** Heiz- und Brennwerte von Biogas in Abhängigkeit der Zusammensetzung

| | **Heizwert** | **Brennwert** | **Minimum** | **Maximum** |
|---|---|---|---|---|
| | kJ/m³ | kJ/m³ | Vol. % | Vol. % |
| Methan | 35,894 | 39,831 | 45,0 % | 75,0 % |
| Schwefelwasserstoff | 23,343 | 25,327 | 0,002 % | 2,0 % |
| Wasserstoff | 10,782 | 12,745 | 1,0 % | 1,0 % |
| | | | | |
| Heizwert des Biogases in kJ/m³ | | | 16,261 | 27,495 |
| Heizwert des Biogases in kWh/m³ | | | 4,517 | 7,638 |
| Brennwert des Biogases in kJ/m³ | | | 18,052 | 30,507 |
| Brennwert des Biogases in kWh/m³ | | | 5,014 | 8,474 |

Der Verbrennungsluftbedarf für Biogas ergibt sich ausgehend von den stöchiometrischen Reaktionsgleichungen:

$$l_{min} = \frac{2 \cdot CH_4 + 0{,}5 \cdot H_2 + 1{,}5 \cdot H_2S - O_2}{0{,}21} \qquad \text{F 2-14}$$

| | |
|---|---|
| $l_{min}$ | theoretischer Luftbedarf in m³ L/m³ B |
| $CH_4$, $H_2$, $H_2S$, $O_2$ | Volumenanteile von Methan, Wasserstoff, Schwefelwasserstoff und Sauerstoff aus der Elementaranalyse des Brennstoffes |

Die Abgasmengen ergeben sich analog

$$v_{tr} = CH_4 + CO_2 + N_2 + (\lambda - 0{,}21) \cdot l_{min}$$
$$v_f = v_{tr} + H_2 + 2 \cdot CH_4 + w_L \cdot \lambda \cdot l_{min} + w_G \qquad \text{F 2-15}$$

| | |
|---|---|
| $v_{tr}$ | trockene Abgasmenge in m³ A/kg B |
| $v_f$ | feuchte Abgasmenge in m³ A/kg B |
| $w_L$ | Wassergehalt der Verbrennungsluft |
| $w_G$ | Wassergehalt des Biogases |

### Beispiel 2-8: Verbrennungsrechnung für ein gegebenes Biogas

Für ein Biogas wurde folgende Elementaranalyse ermittelt. Mit diesen Werten sind der Luftbedarf und die Abgasmengen zu bestimmen.

| **Biogaszusammensetzung** | | | |
|---|---|---|---|
| Methan | $CH_4$ | 53,00 % | |
| Kohlendioxid | $CO_2$ | 39,00 % | |
| Wasser | $H_2O$ | 2,00 % | |
| Schwefelwasserstoff | $H_2S$ | 0,02 % | |
| Stickstoff | $N_2$ | 3,00 % | |
| Sauerstoff | $O_2$ | 2,00 % | |
| Wasserstoff | $H_2$ | 0,98 % | |
| **Verbrennungsrechnung** | | | |
| Wassergehalt Biogas | $w_G$ | 0,0204 | m³H₂O/m³B |
| Wassergehalt Luft | $w_L$ | 0,0100 | m³H₂O/m³L |
| Theoretischer Luftbedarf | $l_{min}$ | 4,9771 | m³L/m³B |
| Luftverhältnis | $\lambda$ | 1,1 | |
| trockene Abgasmenge | $v_{tr}$ | 5,3797 | m³A/m³B |
| feuchte Abgasmenge | $v_f$ | 6,5246 | m³A/m³B |

**Deponiegas**

Bei der Ablagerung von Haus- und Gewerbemüll auf Deponien kommt es durch den Abbau organischer Substanzen ebenfalls zur Bildung von brennfähigem Gas. Allerdings lassen sich dessen Eigenschaften aufgrund der starken Inhomogenität des Mülls schwer verallgemeinern. Bei dem Gas handelt es sich um ein Schwachgas mit ähnlichen Eigenschaften wie Biogas, welches in BHKW-Anlagen direkt vor Ort verwendet werden kann. Aufgrund der entsprechenden Gesetzgebung zur Kreislaufwirtschaft ist von einem tendenziell verringertem Müllaufkommen und damit einhergehendem Bedeutungsverlust des Deponiegasaufkommens auszugehen.

### 2.4.3 Umweltwärme und Geothermie

Bei der Nutzung von Umweltwärme geht es in erster Linie um die Nutzung der Energie der Umgebungsluft. Grundlage ist dabei die Tatsachen, dass jeder Zustand oberhalb des absoluten Nullpunkts ein bestimmtes Maß an Energie repräsentiert. Demzufolge enthält die Umgebungsluft auch bei tiefen Temperaturen Energie, welche zur Wärmebereitstellung in Nahwärmesystemen verwendet werden kann. Dieses Energiereservoir ist sehr groß und wird ständig durch die Solarstrahlung wieder aufgefüllt. Das Problem bei der Nutzung der in der Umgebungsluft befindlichen Energie besteht jedoch darin, dass deren Temperatur unterhalb des Temperaturniveaus der Wärmeanwendung liegt, d. h. der Vor- und Rücklauftemperaturen des Nahwärmesystems liegt. Nach dem zweiten Hauptsatz der Thermodynamik kann Wärme nur von einem höheren Temperaturniveau zu einem niedrigeren Temperaturniveaus transportiert werden, niemals umgekehrt. Demzufolge braucht man eine Einrichtung, welche die Umgebungsenergie zunächst auf ein Temperaturniveau anhebt, welches über dem Temperaturniveau der Wärmeanwendung liegt. Diese Einrichtung ist in Form der Wärmepumpe verfügbar. Für die Nutzung der Energie der Umgebungsluft kann eine Luft-Wärmepumpe verwendet werden. Umweltwärme ist demzufolge aber auch in oberflächennahen Bodenschichten vorhanden. Diese Energie kann mit Hilfe von Erdwärmepumpen genutzt werden.

Die Nutzung der im Erdreich gespeicherten Energie wird als »Geothermie« bezeichnet. Bei der Energie des Erdreichs handelt es sich zum einen um gespeicherte Solarenergie und zum anderen um Wärmeenergie aus dem Erdkern. Die Temperatur beträgt bis zu einer Tiefe von 20 m ca. 10 °C wobei sie bis in eine Tiefe von 8 m deutlich mit der Außentemperatur mitschwingt. Darunter nimmt sie mit einem Gradienten von 3 K pro 100 m stetig zu. Demzufolge beträgt die Temperatur:

- bei ca. 400 m: ca. 22 °C
- bei ca. 1000 m: ca. 40 °C
- bei ca. 2000 m: ca. 70 °C
- bei ca. 10 000 m: ca. 310 °C.

Diese Temperaturangaben können natürlich von Standort zu Standort stark schwanken. Die Geothermie gliedert sich im Wesentlichen in zwei Bereiche:

- Nutzung von Energie im Erdreich bzw. im Grundwasser. In diesem Fall ist eine Wärmepumpe erforderlich. Im Regelfall betrifft diese Nutzung Tiefenbereiche ab ca. 20 m bis ca. 400 m, in welchen die Erdtemperatur nicht mehr ausschließlich vom Verlauf der Außentemperatur abhängt. Diese Nutzung bezeichnet man als oberflächennahe Geothermie[2].
- Nutzung von Energie im Erdreich bei Temperaturen oberhalb des Temperaturniveaus der Wärmeanwendung, d. h. die Wärme kann direkt im Anwendungsbereich genutzt werden. Diese Energienutzung wird oft als »Tiefe Geothermie« bezeichnet.

Die Energie im Erdreich wird mit Hilfe von in der Regel vertikalen Sonden, welche als Wärmeübertrager wirken, gewonnen. Die Abbildung 2-11 zeigt das Bohrloch für eine geothermische Sonde mit einer Tiefe von ca. 170 m, welche für eine Wärmepumpe mit Ammoniak-Direktverdampfung genutzt wird (siehe S. 61 – 62).

2 Außerdem gibt es oberflächennahe Kollektoren, mit welchen aber vornehmlich Solarenergie genutzt wird. Diese spielen für die Nahwärme i. d. R. keine Rolle.

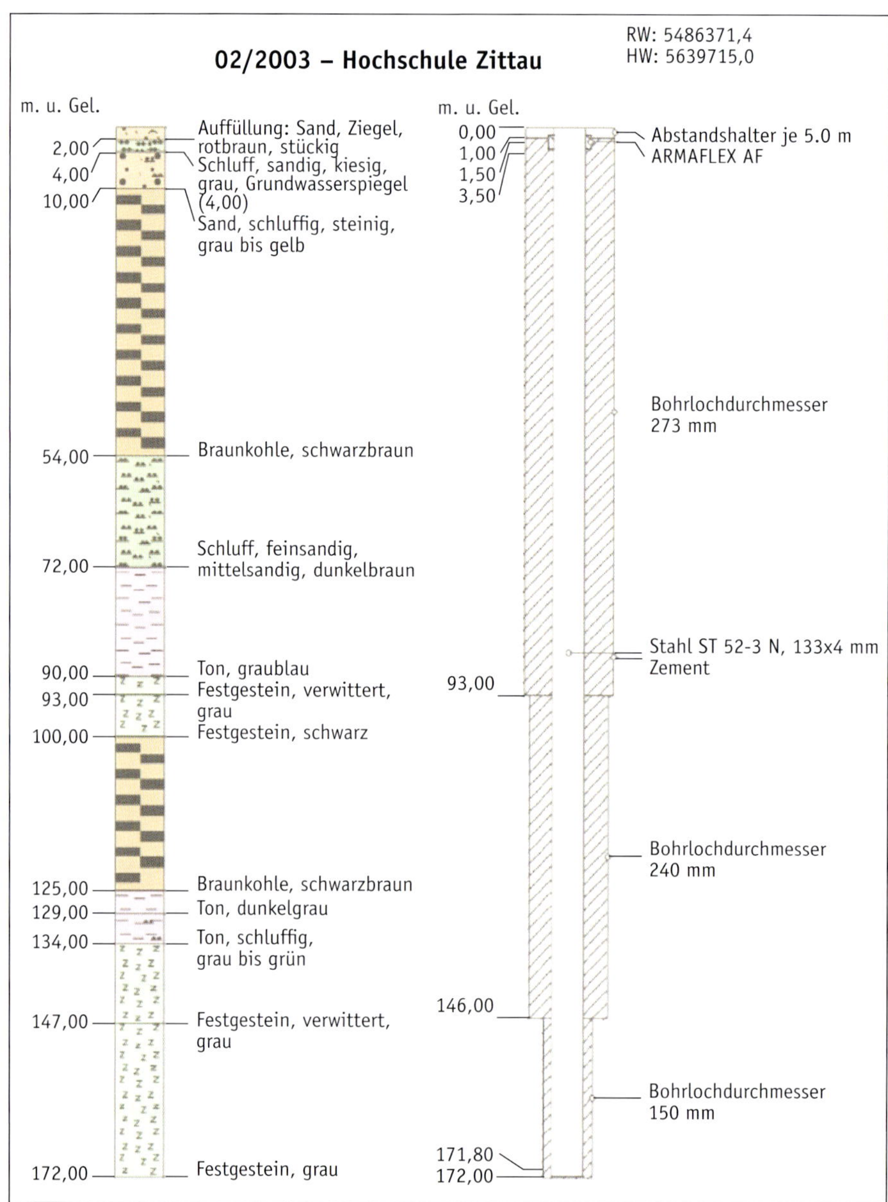


**Abbildung 2-11:** Bodenschichten und Bohrloch für eine geothermische Sonde mit ca. 170 m Tiefe [Quelle: Fa. BIZ Geotechnik, Gommern]

## 2.5 Netzstrukturen

Das einfachste Nahwärmenetz ist die verbindende Rohrleitung zwischen zwei Gebäuden, bei welchem der Wärmeerzeuger in dem einen Gebäude das zweite Gebäude mit versorgt. In allen anderen Fällen ergibt sich die Struktur des Nahwärmenetzes aus der Lage der einzelnen Wärmeabnehmer und ist deshalb ungeheuer vielfältig. Trotzdem kann man einige Grundmuster beschreiben. Außerdem ist die Anschlussdichte ein wichtiges Kriterium, welches vor allem die Wirtschaftlichkeit bzw. den Wärmegestehungspreis beeinflusst. Sternenförmige Netze sind durch entsprechende Positionierung der Wärmezentrale soweit möglich zu bevorzugen, da dadurch die notwendigen Netzpumpendrücke geringer sind. Bei langgezogenen Streckennetzen sind ggf. Streckenpumpen im Netzverlauf erforderlich.

Hinsichtlich der topologischen Netzgestaltung kann man unterscheiden in

- sternförmiges Netz
- Streckennetz.

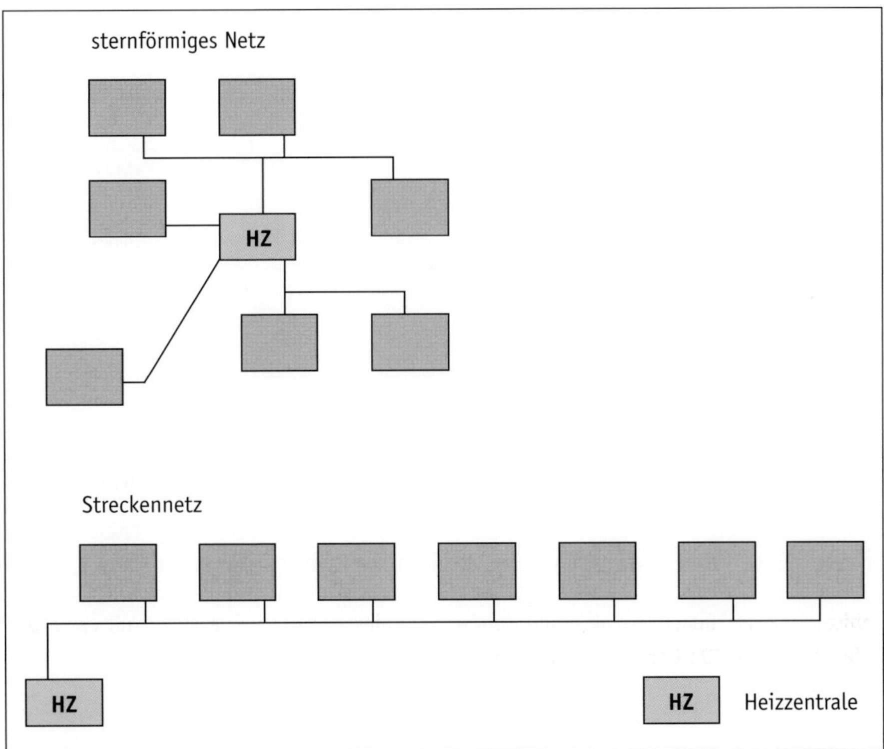


**Abbildung 2-12:** Sternförmiges Netz und Streckennetz (schematisch, nur Vorlauf dargestellt)

Aus hydraulischer Sicht unterscheidet man zwischen

- unvermaschten und
- vermaschten

Netzen, wobei im Nahwärmebereich die erste Form dominierend ist. Zwar wird durch die Vermaschung die Versorgungssicherheit erhöht, jedoch steigen auch die Investitionskosten signifikant an. Durch die Masche können Verbraucher auf verschiedenen Wegen, d. h. über unterschiedliche Teilstränge versorgt werden. Außerdem verringert sich die Netzpumpenarbeit geringfügig. Im Gasversorgungsbereich ist aufgrund der geringen Netzbaukosten die Vermaschung deutlich häufiger anzutreffen. In der Abbildung 2-13 entsteht eine Masche durch die Verbindungsleitung zwischen A1 und A4.

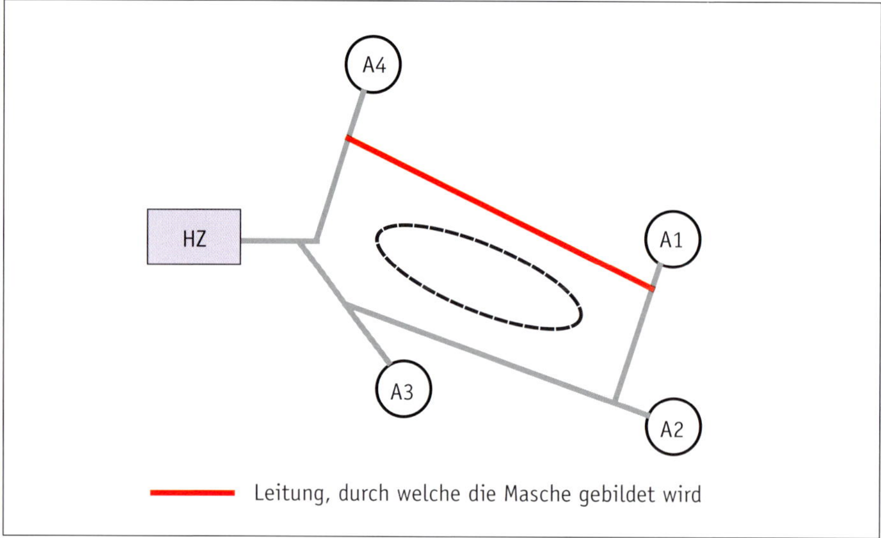


**Abbildung 2-13:** Unvermaschtes und vermaschtes Netz (schematisch, nur Vorlauf dargestellt)

Die Vermaschung wird mit Hilfe des Vermaschungsgrades beschrieben:

$$V = \frac{z - (k - 1)}{k} \qquad \text{F 2-16}$$

| | |
|---|---|
| $z$ | Zahl der Verbindungsstrecken zwischen den Knoten |
| $k$ | Anzahl der Knoten |

**Beispiel 2-9: Berechnung des Vermaschungsgrades eines Nahwärmenetzes**

Für das System entsprechend der Abbildung 2-14 ist der Vermaschungsgrad in zwei Varianten zu bestimmen. Mit F 2-16 ergibt sich für den ersten Fall ein Vermaschungsgrad von 0,2 und für den zweiten Fall ein Vermaschungsgrad von 0,5:

$$V = \frac{z - (k - 1)}{k}$$

$$V_1 = \frac{11 - (10 - 1)}{10} = 0{,}2$$

$$V_2 = \frac{20 - (14 - 1)}{14} = 0{,}5$$

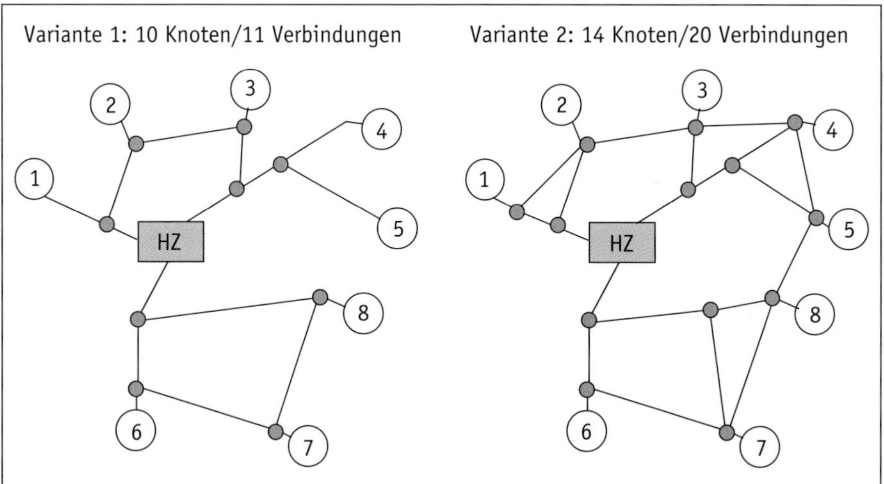


**Abbildung 2-14:** Varianten eines vermaschten Nahwärmenetzes (schematisch, nur Vorlauf dargestellt)

## Quellen

[1] Urteil vom 25. Oktober 1989 in NJW 1990, 1181.

[2] Ochs, F. u. a.: Heißwasser-Erdbecken-Wärmespeicher mit freitragender Abdeckung für solare Nahwärmesysteme. OTTI 17. Symposium thermische Solaranlagen. Kloster Banz, Bad Staffelstein. 2007.

[3] Mangold, D. und H. Müller-Steinhagen. Solar unterstützte Nahwärme mit Langzeitwärmespeicher in Deutschland.

[4] Ochs, F. u. a.: Langzeit-Wärmespeicher für solare unterstützte Nahwärmesysteme. IHRES II. Bonn 2007.

[5] Erdmann u. a.: Technisch und wirtschaftliche Synergieen zwischen Solarthermie und geothermischer Tiefensonde. http://download.dezentral.de/papers/ErHiLiRaSc98_2.pdf, herunter geladen am 24.4.2010.

[6] Schmitz, K.-W. u. G. Schaumann: Kraft-Wärme-Kopplung. VDI-Verlag Düsseldorf 2005.

[7] Richtlinie zur Förderung von Mini-KWK-Anlagen. Vom 18. Juni 2008.

[8] Karl, J.: Dezentrale Energiesysteme. Oldenbourg Verlag. 2004.

[9] Krimmling, J.: Erneuerbare Energien. Rudolf Müller Verlag. 2009.

[10] Fritsche, U., K. Wiegmann: Kumulierter Primärenergieaufwand (KEA) biogener Öle. Kurzstudie im Auftrag des IWO. Darmstadt, Dezember 2008.

[11] Cerbe, G.: Grundlagen der Gastechnik. Hanser Verlag. 6. Auflage 2004.

[12] Marx, E.: Handbuch Feuerungstechnik 1995. Verlag Gustav Kopf GmbH.

[13] Schramek, E.-R.: Taschenbuch für Heizung und Klimatechnik. Oldenbourg Industrieverlag. 72. Auflage 2005.

[14] Kaltschmitt, M. u. a.: Energie aus Biomasse. Grundlagen, Techniken, Verfahren. Springer Verlag. Korrigierter Nachdruck 2009.

[15] Hartmann, H. (Hrsg.): Handbuch Bioenergie-Kleinanlagen. Fachagentur Nachwachsende Rohstoffe e. V. Gülzow 2003.

# 3 Gestaltung von Nahwärmesystemen

## 3.1 Wärmeerzeuger

### 3.1.1 Kesselanlagen

Traditionell wurden in Nahwärmesysteme Kesselanlagen mit fossilen Energieträgern zur Wärmeerzeugung eingesetzt. In Hinblick auf einen möglichst sparsamen Gebrauch fossiler Brennstoffe erscheint es allerdings sinnvoller, Kraft-Wärme-Kopplungssysteme und/oder erneuerbare Energien anzuwenden. Für Kraft-Wärme-Kopplungssysteme werden jedoch als Spitzenlasterzeuger nach wie vor auch Kesselanlagen benötigt, ebenso für die Nutzung von Holzbrennstoffen.

Eine Kesselanlage besteht aus zwei Hauptsystemen:

- dem Feuerungssystem, in welchem die eigentliche Wärmefreisetzung geschieht, und
- dem Wärmeträgersystem, in welchem die entbundene Wärme aufgenommen und an das Nahwärmesystem übertragen wird (Abbildung 3-1).

Das Wärmeträgersystem ist letztlich ein Wärmeübertrager, bei welchem auf der einen Seite die heißen Flammgase und auf der anderen Seite der Wärmeträger (im vorliegenden Fall meistens Heizwasser) zirkulieren. Man unterscheidet in:

- Spezialheizkessel (kleiner bis mittlerer Leistungsbereich)
- Großwasserraumkessel (mittlerer Leistungsbereich)
- Wasserrohrkessel (großer Leistungsbereich).

Während Wasserrohrkessel vor allem im Kraftwerksbereich angewendet werden, findet man im Bereich der Nahwärmesysteme Spezialheizkessel und Großwasserraumkessel. Die Spezialheizkessel wurden vor allem für den Gebäudebereich entwickelt. Ihre konstruktive Ausführung wird einerseits durch den Einsatzzweck und andererseits durch den Brennstoff beeinflusst. Kulminationspunkt dieser Entwicklung ist die Gastherme, welche für den Nahwärmebereich allerdings eher ungeeignet ist. Im Nahwärmebereich kommen meistens Standgeräte zum Einsatz (Abbildung 3-2).

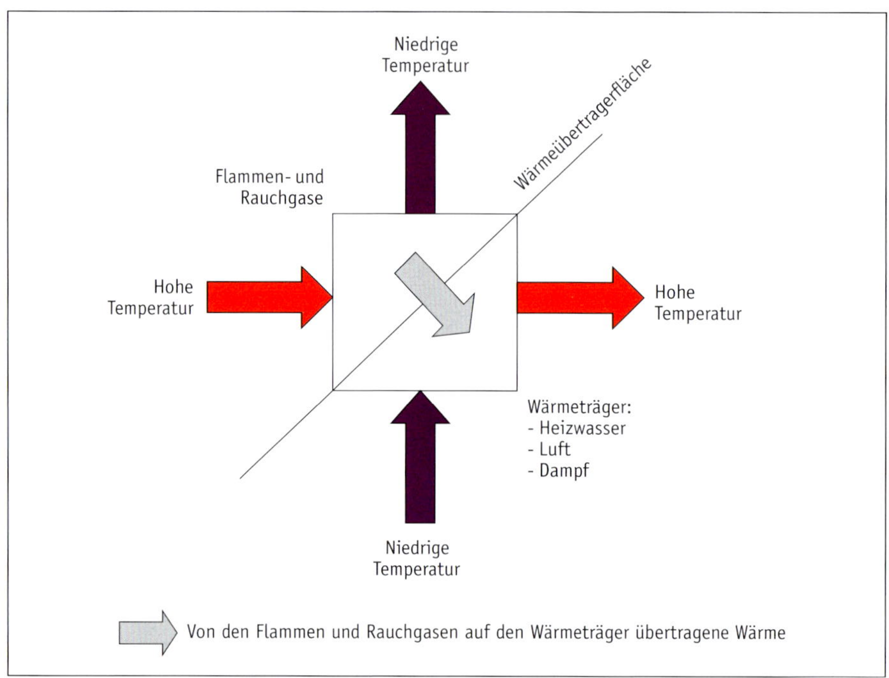


**Abbildung 3-1:** Grundprinzip Wärmeträgersystem

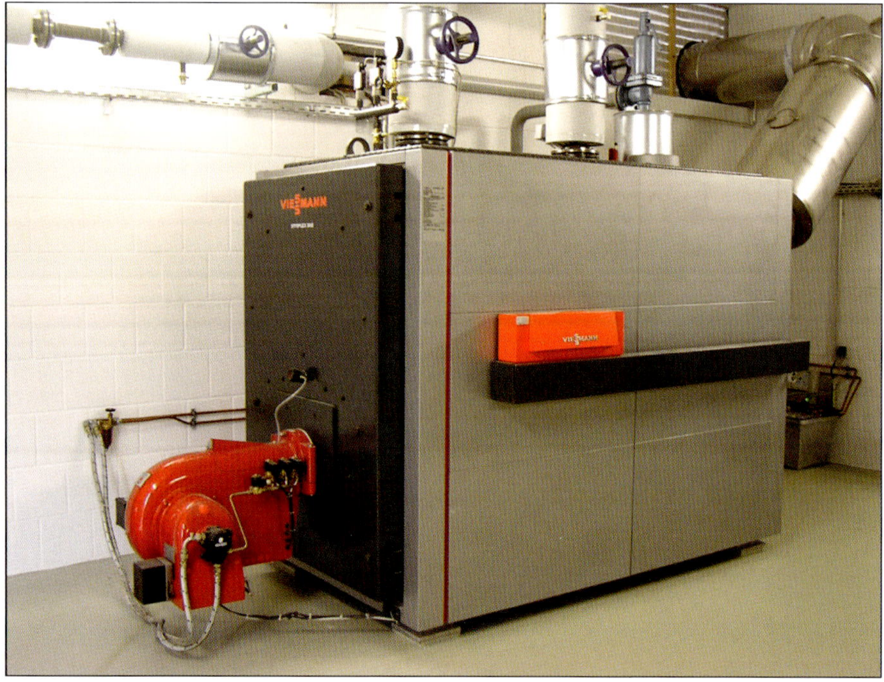

**Abbildung 3-2:** Spezialheizkessel mit Gebläsebrenner [Quelle: FWU Ingenieurbüro GmbH, Dresden]

Großwasserraumkessel bestehen, wie es der Name schon sagt, aus einem großen mit Wasser gefüllten Behälter, in welchem die Rauchgasrohre angeordnet sind (Abbildung 3-3). Hinsichtlich deren Anordnung unterscheidet man vier Grundtypen (Abbildung 3-4):

- Einzug-Kessel
- Zweizug-Kessel
- Zweizug-Kessel mit Umkehrflamme
- Dreizug-Kessel.

Für Nahwärmesysteme haben vor allem die beiden letzten Bedeutung. Dabei ist der Dreizug-Kessel dem Zweizug-Kessel mit Umkehrflamme vorzuziehen, da seine Abgaswerte in der Regel günstiger sind. Allerdings ist er oft teurer und beansprucht etwas mehr Platz.

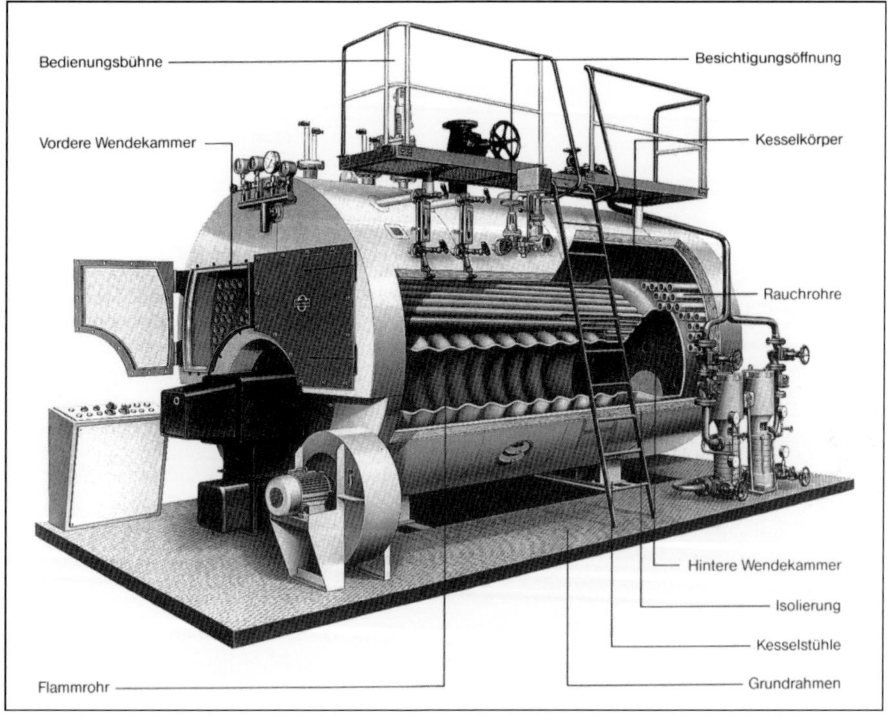


**Abbildung 3-3:** Schnittdarstellung für einen Großwasserraumkessel [1]

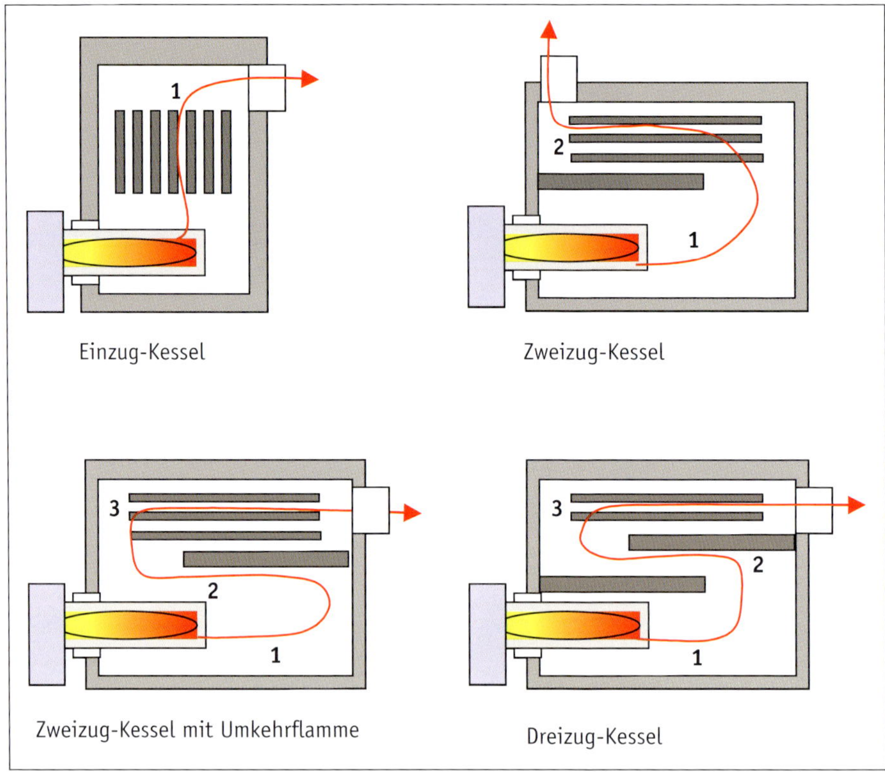


**Abbildung 3-4:** Kesseltypen [2]

Die Schnittstelle zwischen Wärmeträger- und Feuerungssystem sind die Heizflächen, d. h. die Oberflächen der Rauchgasrohre. Deren Dimensionierung führt auf ein weiteres Unterscheidungsmerkmal:

- Kessel ohne Abgaskondensation und
- Kessel mit Abgaskondensation (Brennwertkessel).

Beim Kessel ohne Abgaskondensation erfolgen die Dimensionierung und die Betriebsführung so, dass die Abgase den Kessel mit einer solchen Temperatur verlassen, dass das während der Verbrennung entstehende Wasser im dampfförmigen Zustand verbleibt. Da dadurch dessen Verdampfungsenthalpie verloren geht, versucht man beim Brennwertkessel die Abgase soweit herunter zu kühlen, dass der Wasserdampf kondensiert. Das erreicht man durch entsprechend größer dimensionierte Wärmeübertragerflächen bzw. durch einen nachgeschalteten Abgaswärmeübertrager (Abbildung 3-5). Außerdem muss der Kessel rauchgasseitig korrosionsbeständig konstruiert werden.

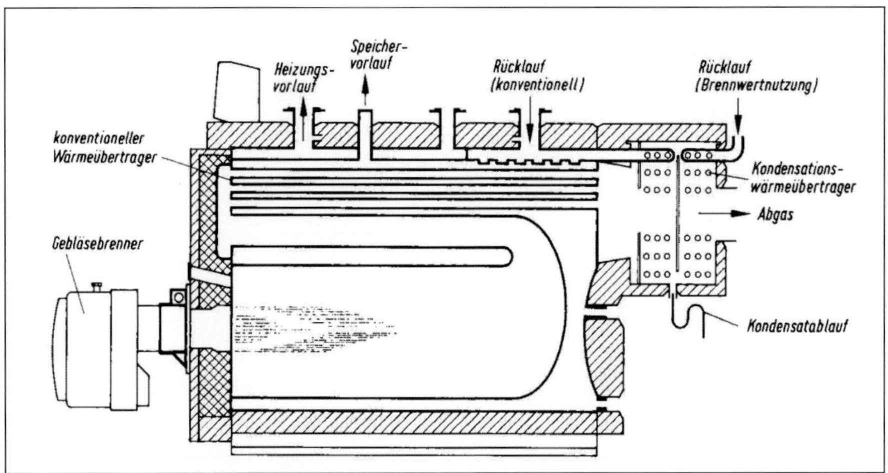


**Abbildung 3-5:** Kessel mit nachgeschaltetem Wärmeübertrager [3]

Auch beim Feuerungssystem gibt es mehrere Unterscheidungskriterien. Zunächst unterteilt man in Abhängigkeit der Druckverhältnisse in:

- Gebläsefeuerungen, bei welchen die Rauchgas mit Hilfe des Luftgebläses am Brenner durch den Kessel gefördert werden (Abbildung 3-6).
- Atmosphärische Feuerungen, bei welchen die Rauchgase mit Hilfe des Unterdruckpotenzials des Schornsteins bzw. durch ein Abgasgebläse durch den Kessel gefördert werden (Abbildung 3-7).

Bei gasförmigen und flüssigen Brennstoffen werden heute ausnahmslos Gebläsebrenner verwendet (Abbildung 3-8). Diese haben den Vorteil, dass sich die Luft sehr genau dosieren lässt. Es ist nur ein geringer Luftüberschuss erforderlich und somit ein günstiger Feuerungswirkungsgrad möglich. Außerdem lassen sich moderne Gebläsebrenner sehr gut regeln. Meistens werden modulierende Brenner verwendet, die sich stufenlos zwischen einer Minimal- und Maximallast regeln lassen.

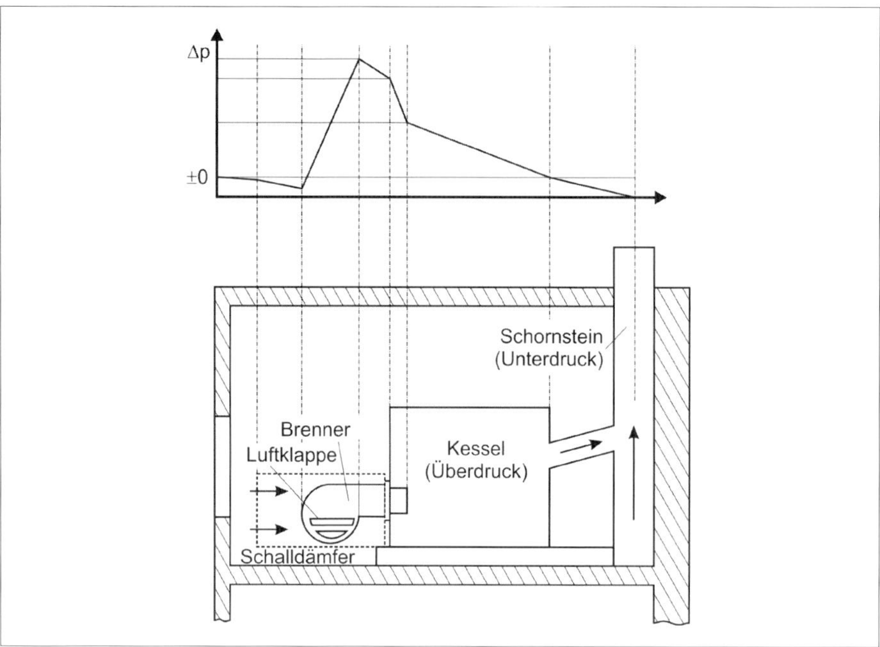


**Abbildung 3-6:** Grundprinzip der Gebläsefeuerung

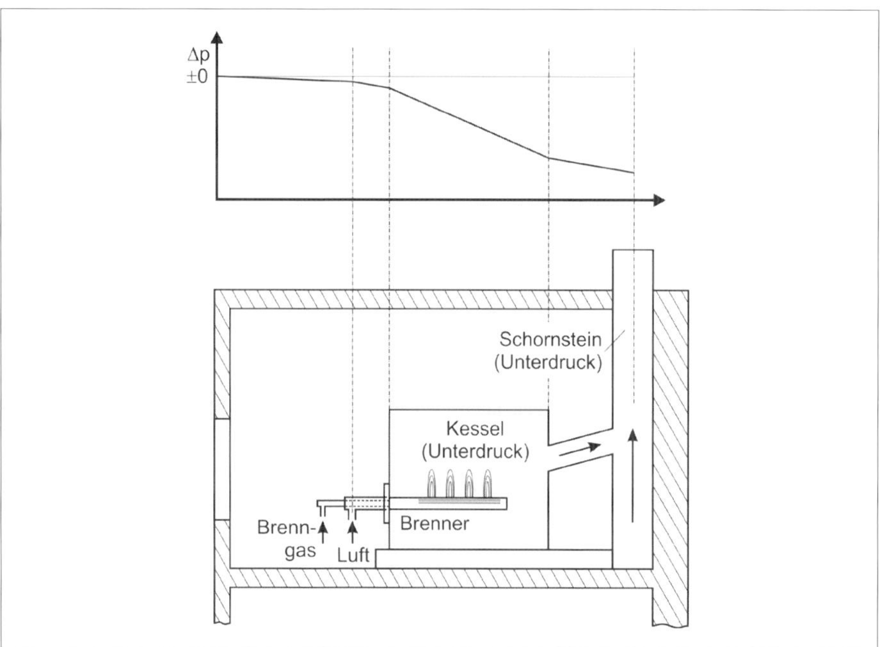


**Abbildung 3-7:** Grundprinzip der atmosphärischen Feuerung

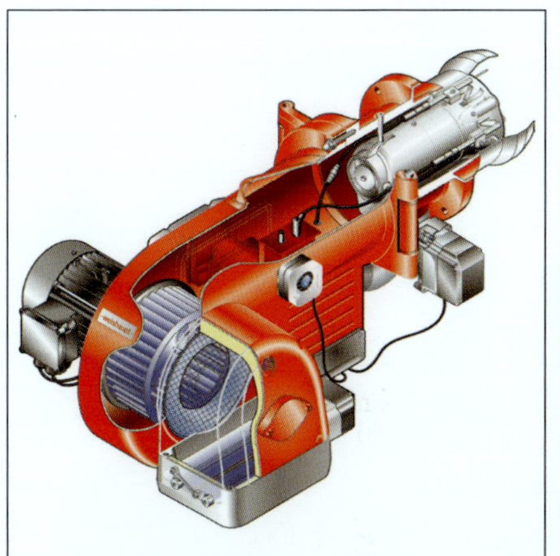

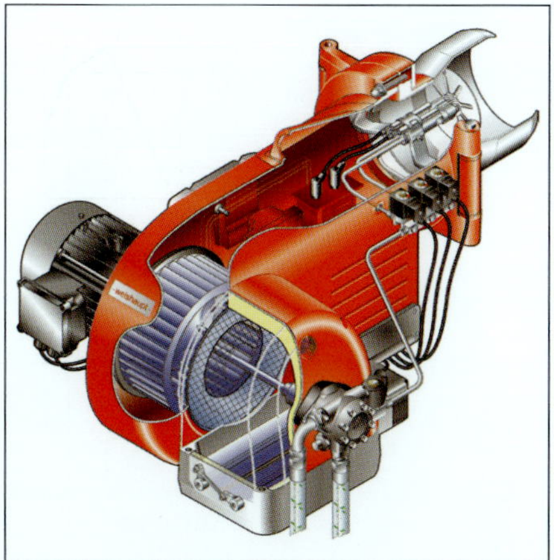

**Abbildung 3-8:** Gebläsebrenner für Gas (links) und für extraleichtes Heizöl (rechts) [Quelle: Fa. Weishaupt]

Moderne Gebläsebrenner werden dezidiert für einen möglichst schadstoffarmen Betrieb konzipiert. Beispielsweise erreicht man niedrige Stickoxidwerte dadurch, dass in Bereichen der Flammenwurzel (also in der Nähe der Brennermündung) eine leicht reduzierende Atmosphäre herrscht. Das bewirkt man durch das Rücksaugen von Rauchgas, durch sogenannte Rezirkulation. Abbildung 3-9 zeigt schematisch das Prinzip der Rezirkulation durch speziell geformte Öffnungen im Düsenbereich.

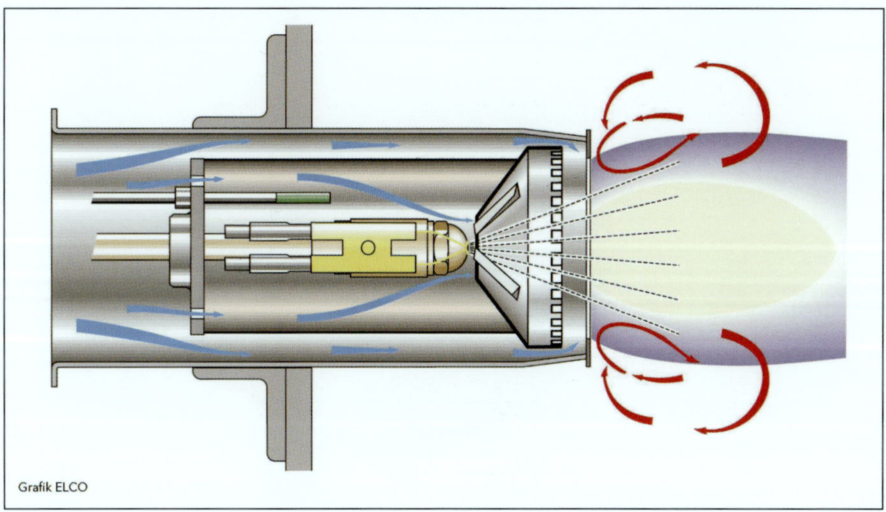


**Abbildung 3-9:** Grundprinzip der Rezirkulation bei einem Gebläsebrenner [Quelle: Fa. ELCO]

Festbrennstofffeuerungen (Anthrazit, Holzbrennstoffe) im Nahwärmebereich werden aufgrund ihrer Ausstattung mit Rostfeuerungen (bzw. vergleichbaren Prinzipien) als atmosphärische Feuerungen konzipiert (Abbildung 3-10).

**Abbildung 3-10:** Kessel mit Späne- und Hackgutfeuerung [Quelle: Fa. Fröling]

Man unterscheidet verschiedene Rostarten:

- Wanderroste, bei welchen der Brennstoff auf einem umlaufenden Band durch den Feuerraum transportiert wird.
- Schubroste (Schubstangenroste), bei welchen der Brennstoff durch zyklische Bewegungen der Roststangen durch den Feuerraum »geschoben« wird (Abbildung 3-11)
- Unterschubroste, bei welchen der Brennstoff von unten in das Brennstoffbett gedrückt wird.

Rostfeuerungen lassen sich gut mit Großwasserraumkesseln kombinieren, was aber vor allem für größere Leistungen in Frage kommt. Die Abbildung 3-10 zeigt einen solchen Kessel mit einer Feuerung für Späne oder Hackschnitzel. Die Feuerung ist mit einem automatischen Schubrost ausgestattet, über dessen Öffnungen die primäre Verbrennungsluft zugeführt wird. Über die Öffnungen in der Ausmauerung wird die Sekundärluft eingeblasen. Am Ende des Rostes wird die Asche automatisch mit einer mechanischen Schnecke ausgetragen (siehe auch Abschnitt 3.2).

**Abbildung 3-11:** Schubstangenrost [Quelle: Fa. Danpower]

### 3.1.2 Blockheizkraftwerke (BHKW)

Bei einem BHKW (Abbildung 3-12) handelt es sich um einen Verbrennungsmotor, der einen Generator zur Erzeugung von Elektroenergie antreibt. Die Abwärme des Motors aus den Kühlkreisläufen und aus dem Abgas wird zur Bereitstellung von Wärme verwendet, welche über Wärmeübertrager in das Nahwärmesystem eingespeist wird.

Blockheizkraftwerke werden im Leistungsbereich von ca. 1 $kW_{el}$ bis 25 $MW_{el}$ bzw. 100 $MW_{th}$ thermischer Leistung genutzt [4]. Für den Nahwärmebereich sind die kleinen bis mittleren Leistungen interessant. Im KWK-Gesetz gibt es beispielsweise die Kategorie der Mini-BHKW mit einer elektrischen Leistung bis 50 kW.

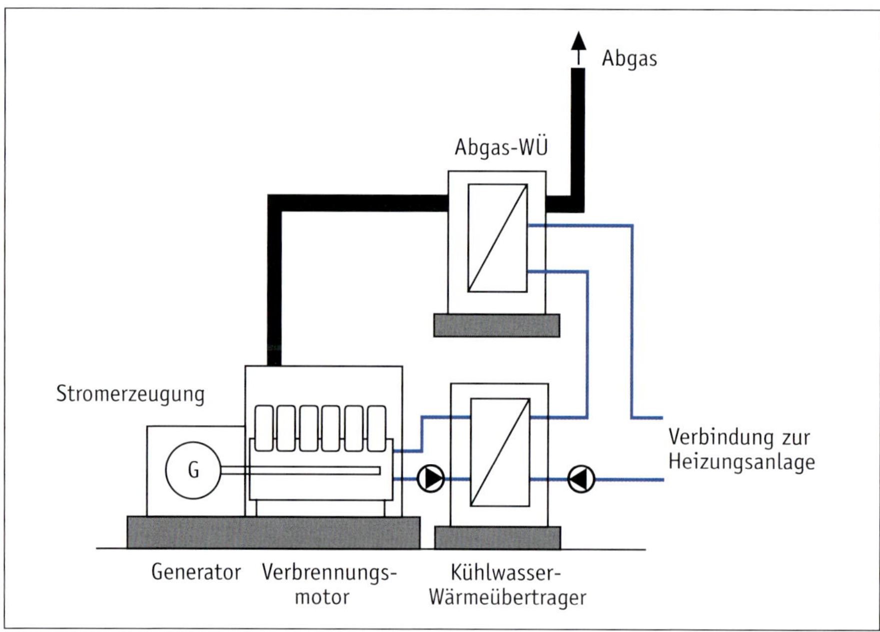


**Abbildung 3-12:** Grundprinzip BHKW

Als Motoren werden klassische Viertaktmotoren verwendet. Dabei unterscheidet man Ottomotoren, bei welchen das Brennstoff-Luftgemisch durch eine Zündkerze gezündet wird und Dieselmotoren, bei denen das Gemisch aufgrund der hohen Verdichtung von selbst zündet.

Ottomotoren werden mit gasförmigen Brennstoffen betrieben:

- Erdgas
- Biogas
- Deponiegas.

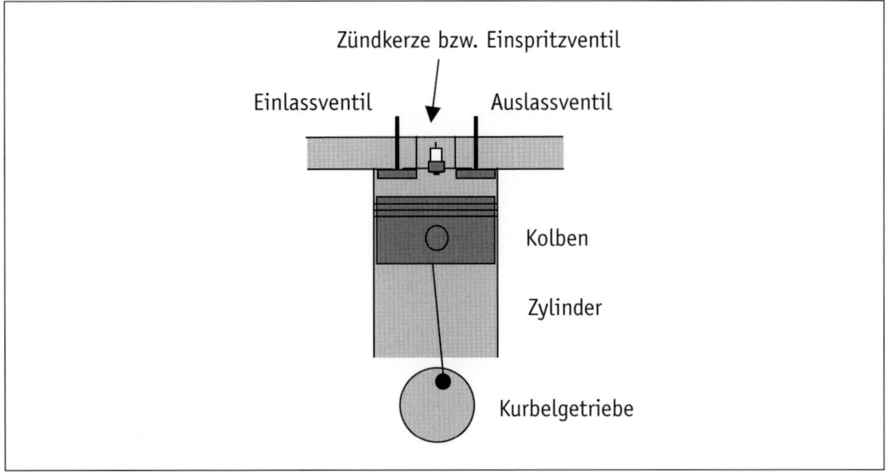


**Abbildung 3-13:** Komponenten eines Viertaktverbrennungsmotors

Aufgrund der gegenüber Erdgas deutlich geringeren Methangehalte bei Bio- und Deponiegas müssen dort ggf. Zündstrahldieselmotoren eingesetzt werden. Dabei wird zum Ende des Verdichtungsschrittes Zündöl eingespritzt, um den Zündvorgang zu intensivieren.

Dieselmotoren werden mit flüssigen Brennstoffen betrieben:

- Heizöl
- Biodiesel
- Pflanzenöl (Raps, Soja, Palmöl).

Prinzipiell verkörpern Verbrennungsmotoren aufgrund ihrer intensiven Nutzung im Fahrzeugbereich und der damit einhergehenden ständigen Weiterentwicklung und Verbesserung für den Einsatz im Gebäudebereich ein hohes Entwicklungs- und Zuverlässigkeitsniveau. Das betrifft in erster Linie jedoch den Betrieb mit den fossilen Energieträgern Erdgas und Heizöl. Beim Einsatz biogener Brennstoffe sind eine Reihe neuer Probleme zu bewältigen, insbesondere:

- die Beherrschung von Schadstoffemissionen aufgrund der inhomogenen Zusammensetzung der Brennstoffe (Schwefeloxide, Stickoxide, Partikel);
- die Zuverlässigkeit im Betrieb. Oft erfordern biogene Brennstoffe deutlich kürzere Wartungsintervalle, was die Wirtschaftlichkeit beeinträchtigt.

Die Motoren werden in der Regel immer mit Spitzenlastkesseln kombiniert, um eine möglichst hohe jährliche Auslastung der Module zu erreichen. Demzufolge hat eine BHKW-Anlage für ein Nahwärmesystem folgende Grundkonfiguration:

- ein oder mehrere BHKW-Module (Motoren inkl. Ausrüstung) und
- ein oder mehrere Spitzenlastkesselanlagen.

Bei der Gestaltung des hydraulischen Systems ist bei BHKW darauf zu achten, dass die Module bei zu hohen Rücklauftemperaturen von über 70 °C aus der Anlage ggf. ausschalten. Deshalb sind klassische Schaltungen mit hydraulischer Weiche nicht zu bevorzugen (vgl. Abschnitt 3.3.1).

### 3.1.3 Wärmepumpen

Mit Hilfe von Wärmepumpen kann Energie, welche auf einem niedrigeren Temperaturniveau vorliegt als das der Wärmeanwendung, genutzt werden. Mit Hilfe der Wärmepumpe wird die Niedertemperaturenergie auf ein höheres Temperaturniveau gebracht, wozu dem Prozess jedoch Energie zugeführt werden muss.

Bei einer Kompressionswärmepumpe läuft, verdeutlicht durch die Abbildung 3-14, folgender Prozess ab. Das im System befindliche Arbeitsmittel (bezeichnet als Kältemittel) nimmt im Verdampfer Umweltwärme auf. Damit dies funktioniert, muss das Arbeitsmittel bei den Temperaturen des Wärmequellstroms verdampfen. Durch den Verdampfungsprozess wird die Wärme auf das Arbeitsmittel übertragen. Der Arbeitsmitteldampf wird im Verdichter verdichtet, wobei seine Temperatur ansteigt. Benötigt werden Temperaturen, die über denen des Wärmenutzungsprozesses liegen. Im Kondensator gibt das Arbeitsmittel die aufgenommene Energie an den Wärmeträger des Nutzungsprozesses ab. Im vierten Prozessschritt muss das Arbeitsmittel wieder auf den Ausgangsdruck entspannt werden, was im Drosselventil geschieht. Damit erreicht das Arbeitsmittel den thermodynamischen Ausgangszustand und der Kreisprozess ist geschlossen.

Wärmepumpen können nach verschiedenen Gesichtspunkten klassifiziert werden [6]:

- nach Art der Antriebsenergie bzw. des Antriebsaggregats (Elektromotor, Verbrennungsmotor)
- nach der Art des Verdichtungsprinzips (Kompressionswärmepumpe, Sorptionswärmepumpe)
- nach Art der Wärmequelle (Erdreich, Grundwasser, Luft; siehe Abbildung 3-15).

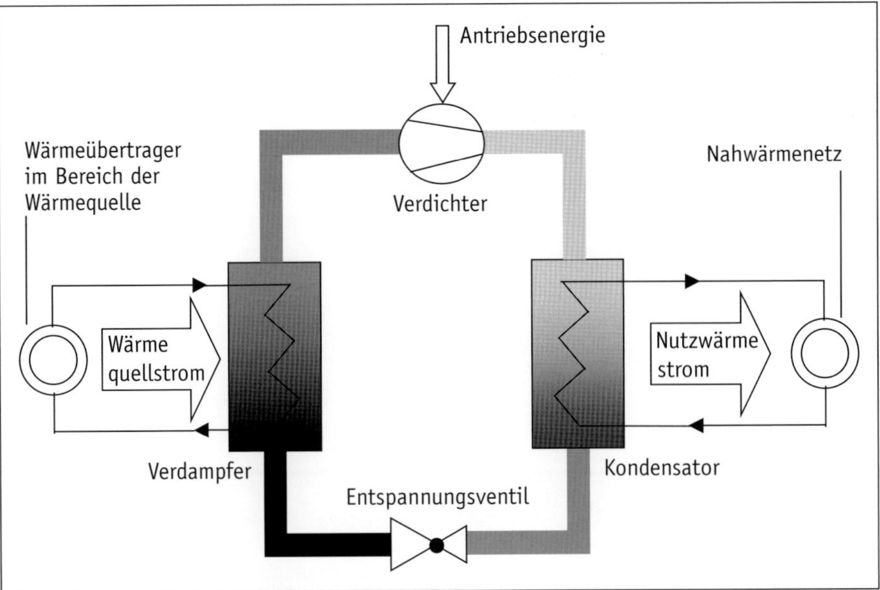


**Abbildung 3-14:** Grundprinzip einer Wärmepumpe

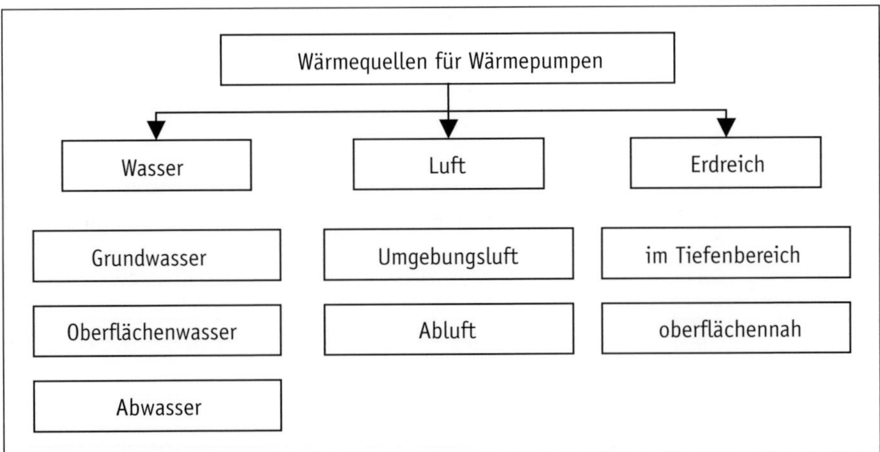


**Abbildung 3-15:** Wärmequellen für Wärmepumpen

In Nahwärmesystemen haben Wärmepumpen zwei Funktionsbereiche:

- als Grundlastwärmeerzeuger, kombiniert mit einer Kesselanlage, um die in der Regel erforderlichen Vorlauftemperaturen zu erreichen.
- als saisonaler, dezentrale Wärmeerzeuger für die Warmwasserbereitung im Sommer, um nicht das Netz wegen weniger Warmwasserabnehmer in Bereitschaft halten zu müssen.

Für die Funktion als Grundlastwärmeerzeuger sind vor allem motorische Wärmepumpen interessant. Neben der Kondensatorwärme kann zusätzlich die Abwärme des Verbrennungsmotors genutzt werden. Man erreicht Jahresarbeitszahlen von ca. 1,5. Die Abbildungen 3-17 und 3-18 zeigen eine motorische Wärmepumpe, mit welcher ein aus drei Labor- und einem Hörsaalgebäude bestehendes Nahwärmesystem (Abbildung 3-16) gespeist wird. Es handelt sich um ein Direktverdampfersystem mit Ammoniak als Kältemittel. Die Sonden der Wärmepumpe, welche eine Tiefe von ca. 170 m haben, werden gleichzeitig zur Bereitstellung von Klimakälte genutzt.

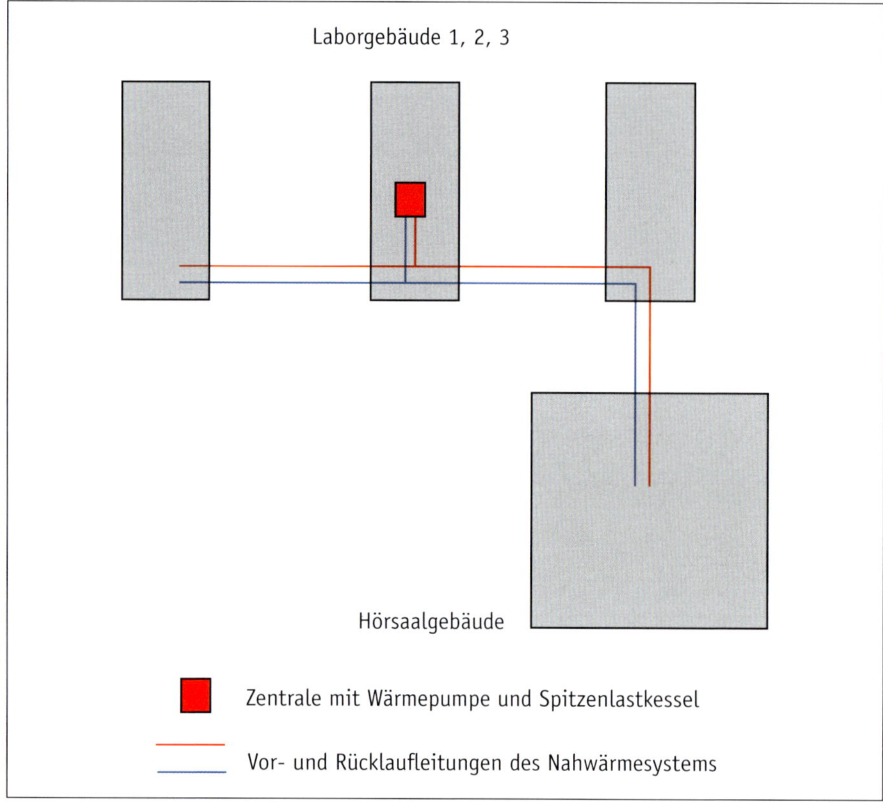


**Abbildung 3-16:** Nahwärmesystem zur Versorgung von Gebäuden der Hochschule Zittau/Görlitz

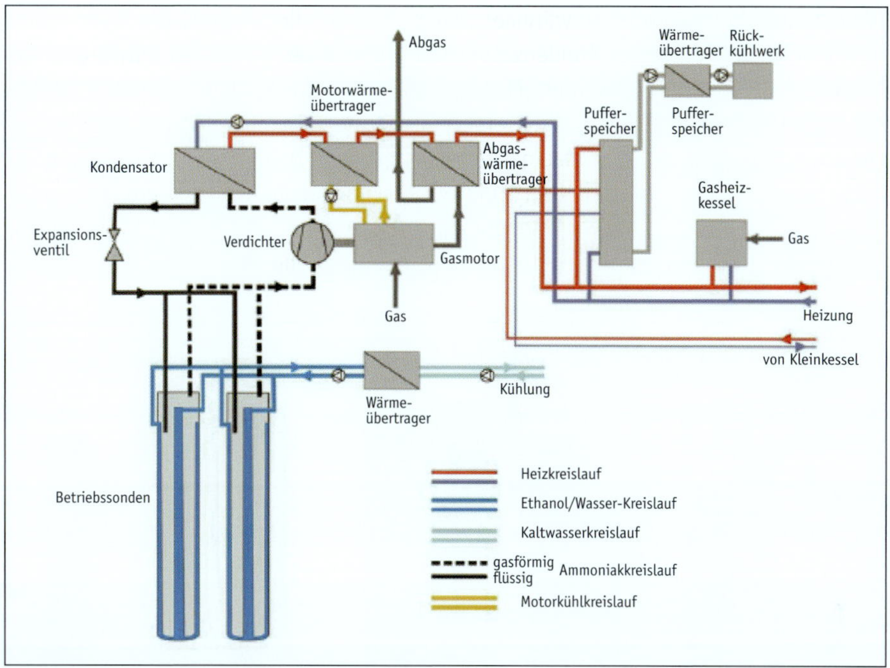


**Abbildung 3-17:** Funktionsschema der Heizzentrale

**Abbildung 3-18:** Verbrennungsmotor (rechts) und Verdichter (links) einer motorischen Wärmepumpe mit Ammoniak-Direktverdampfung

Der mögliche Einsatz von Wärmepumpen in der Nahwärmeversorgung wurde detailliert in [7] untersucht. Dabei wurde ein innovatives Anlagenkonzept für die Versorgung eines Stadtgebietes mit 1500 Wohnungen entwickelt. Es wurden folgende Anlagenkonzepte untersucht:

- V1-1: Wärmepumpe mit BHKW, Basis Erdgas, gekoppelt mit NT-Erdgaskessel
- V1-2: Wärmepumpe mit BHKW, Basis Rapsöl, gekoppelt mit Rapsölkessel
- V2-1: Brennstoffzelle, gekoppelt mit Erdgasbrennwertkessel
- V2-2: Brennstoffzelle, gekoppelt mit Holzbrennwertkessel.

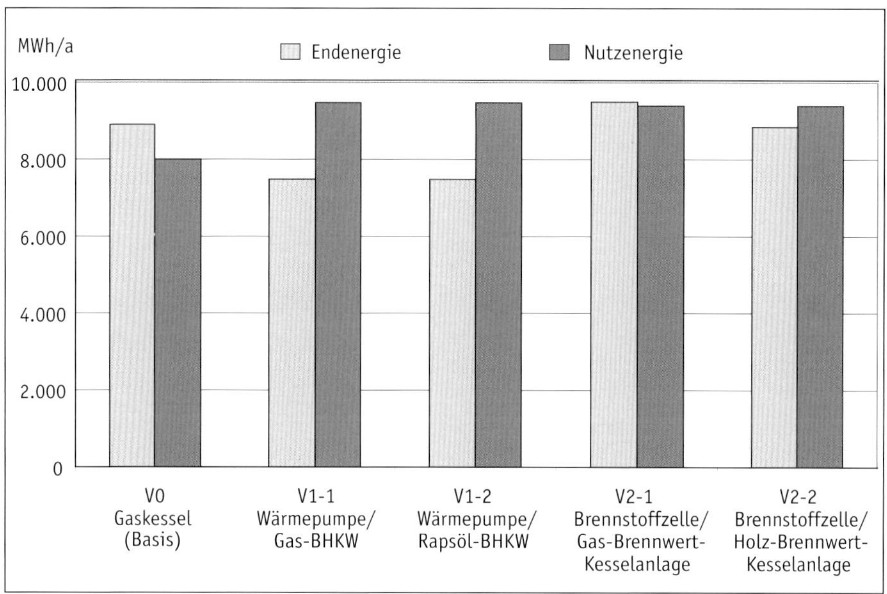


Die wenigste Endenergie verbrauchen erwartungsgemäß die Wärmepumpen/BHKW-Lösungen. Hierbei ist noch in Rechnung zu stellen, dass bei der rapsölbetriebenen Anlage ausschließlich erneuerbare Energie verwendet wird.

### 3.1.4 Abwärmenutzung

Die Nutzung von Abwärme aus Industrieprozessen ist zwar energetisch sehr sinnvoll, in der Praxis aufgrund der wirtschaftlichen und rechtlichen Rahmenbedingungen oft schwierig realisierbar.

In einem Stahlwerk bot sich die Nutzung der Abwärme aus den Abgasen von zwei Schmiedeöfen an [8]. Hinter diesen wurde jeweils ein Abhitzekessel mit einer Leistung von 1,2 bzw. 1,4 MW installiert. Zunächst wurde der zeitliche Verlauf der an den Abhitzekesseln zur Verfügung stehenden Wärmeleistung analysiert, siehe Abbildung 3-19.

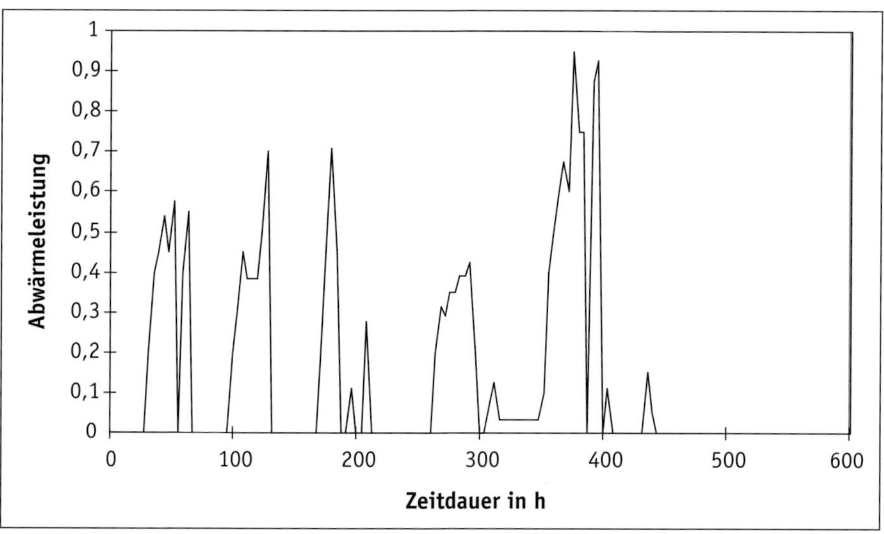


**Abbildung 3-19:** Gemessene Abwärmeleistungen an einem Schmiedeofen

Aus diesen realen Verläufen, die je nach den technologischen Anforderungen verschieden sein können, wurde ein idealisierter Verlauf der nutzbaren Abwärmeleistung modelliert. Somit konnte eine Anlage zur Abwärmenutzung mit einem optimalen Wärmespeicher geplant und errichtet werden, siehe Abbildung 3-20. Die beiden Abhitzekessel laden einen Schichtenspeicher mit 60 000 l Inhalt. Er ist 12 m hoch, hat einen Durchmesser von 2,5 m und besitzt strömungsgünstige, turbulenzarme Zu- und Abläufe. Die Temperatur im Speicherkopf beträgt 100 °C. Kann keine Wärme mehr aufgenommen werden, schaltet die interne Regelung der Abhitzekessel diese rauchgasseitig auf Bypass um. Auf der Entnahmeseite wird die Temperatur mit der Regelarmatur M2 auf Netzparameter (90 °C, gleitende Fahrweise nach der Außentemperatur möglich) gemischt. Ist der Bedarf größer als die entbundene bzw. gespeicherte Abwärmemenge, so wird über den Mischer M1 Wärme aus der Spitzenkesselanlage den Verbrauchern zur Verfügung gestellt. Die Abbildung 3-21 zeigt die Anordnung des Speichers zwischen Hydraulik- und Kesselmodul innerhalb der Schmiedehalle.

Nach einer mehrmonatigen, erfolgreichen Betriebszeit wurde die Abwärmenutzung erweitert, indem ein Teil der Abwärme in das Nahwärmenetz der örtlichen Wärmeversorgungsgesellschaft eingespeist wurde. Hierzu waren die Errichtung einer separaten Wärmetrasse von ca. 0,6 km und die Einbindung im vorhandenen Heizwerk des örtlichen Nahwärmeversorgers erforderlich. Diese erfolgt hydraulisch getrennt über zwei Wärmeübertrager à 1,2 MW in den Rücklauf vor den Kesselanlagen, siehe Abbildung 3-22. Die Regelung erfolgt autark, d. h. bei Wärmebedarf und anstehender Abwärme ist kein Eingriff in die Regelung der Erzeugerseite erforderlich. Ist aus technologischen Gründen keine Abwärme verfügbar, springt die Spitzenkesselanlage ein und sichert eine unterbrechungsfreie Lieferung. Das hat den Vorteil, dass im Normalbetrieb die Kesselanlagen des Versorgers außer Betrieb bleiben und auch die Stand-by-Zeiten mini-

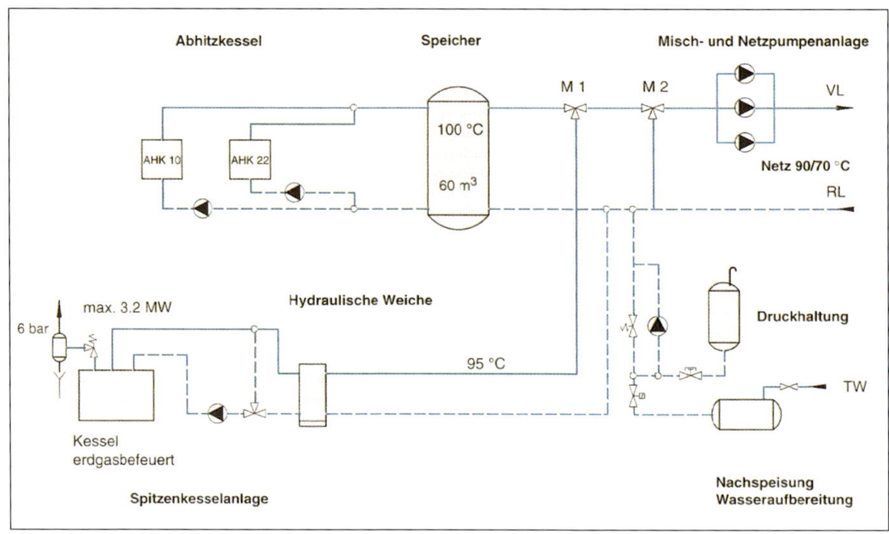


**Abbildung 3-20:** Hydraulikschema Nahwärmeversorgung in einem Industriebetrieb [9]

**Abbildung 3-21:** Schichtenwärmespeicher
[Quelle: FWU Ingenieurbüro GmbH]

mal sind. Liegt die Lieferung von Überschusswärme unter dem witterungsbedingten Wärmebedarf, erfolgt ein Nachheizen durch diese Kesselanlage, um die erforderlichen Netzvorlauftemperaturen zu erreichen.

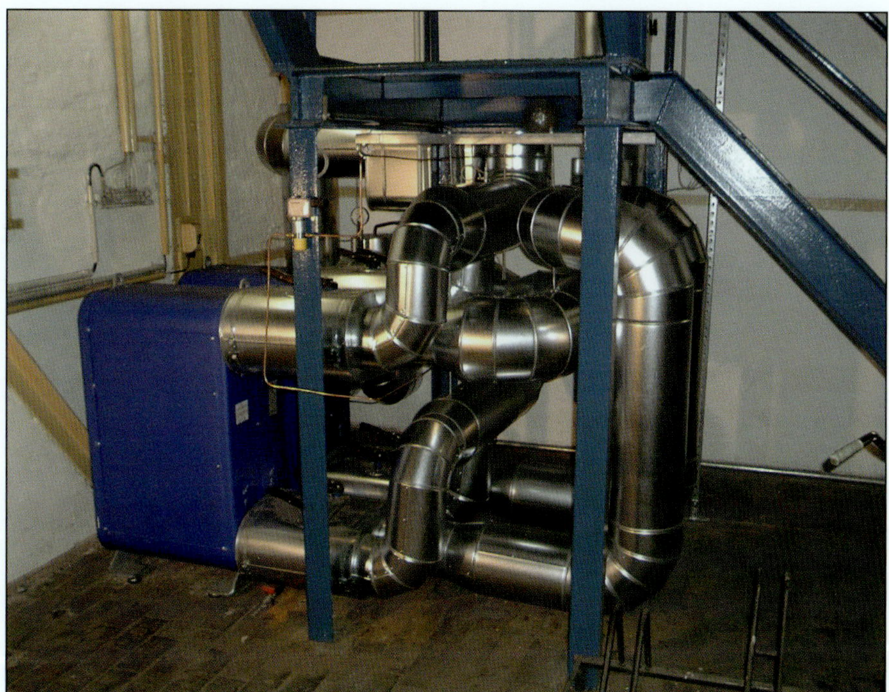

**Abbildung 3-22:** Übergabestation [Quelle: FWU Ingenieurbüro GmbH]

Beim örtlichen Versorger können die eigenen Wärmeerzeugungsanlagen in der Sommerzeit komplett außer Betrieb genommen werden. Dadurch werden einerseits die Betriebs- und Stillstandsverluste minimiert. Andererseits lohnt sich der Zukauf von Abwärme, da der Preis deutlich unter dem von Heizöl bzw. Gas liegt.

## 3.2 Zusatzeinrichtungen für Wärmeerzeuger

### 3.2.1 Überblick

Zu den Zusatzeinrichtungen von Wärmeerzeugern gehören je nach Anlagenart:

- Brennstoffbevorratung und -versorgung
- Abgassystem
- Ausdehnungsgefäß
- Sicherheitstechnik
- Mess-, Steuer- und Regelungstechnik
- Entlüfter
- Wasseraufbereitung.

### 3.2.2 Brennstoffbevorratung und -versorgung

#### Feste Brennstoffe

Feste Brennstoffe wie Holzhackschnitzel oder Anthrazit werden in der Regel auf überdachten Lagerflächen in unmittelbarer Nähe des Heizhauses oder in speziellen Lagerräumen gelagert. Die Überdachung ist zweckmäßig, um den Wassereintrag durch Regen und die damit verbundene Durchfeuchtung zu verhindern.

**Abbildung 3-23:** Spänesilo in einem holzverarbeitenden Betrieb (im Vordergrund sind die Filteranlagen zu erkennen, über welche die Späne aus der Absaugluft entfernt werden) [Quelle: FWU Ingenieurbüro GmbH]

Pellets werden zweckmäßigerweise nicht im Freien gelagert, da sie mit definierter geringer Feuchte angeliefert werden. Sie werden in speziellen Silos (Sack oder Gewebesilos – siehe Abbildung 3-24) oder separaten Räumen im Heizhaus gelagert (Abbildung 3-25, Abbildung 3-26). Für Späne, welche bei der Holzverarbeitung anfallen und die für die energetische Verwertung zwischengelagert werden müssen, benötigt man spezielle Spänesilos. Die Abbildung 3-23 zeigt ein Beispiel für ein solches Silo in welchem Späne aus einem holzverarbeitenden Betrieb gelagert werden. Mit Hilfe der Späne wird im dargestellten Objekt die Grundlastwärmeversorgung der Betriebsgebäude realisiert.

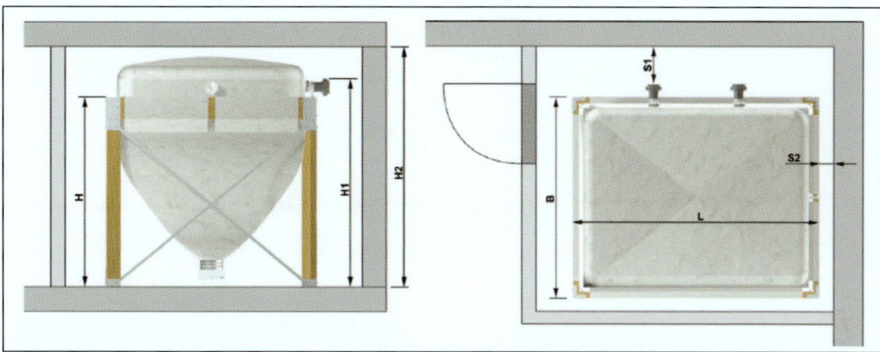


**Abbildung 3-24:** Sacksilo zur Pelletlagerung [Quelle: Fa. Fröling]

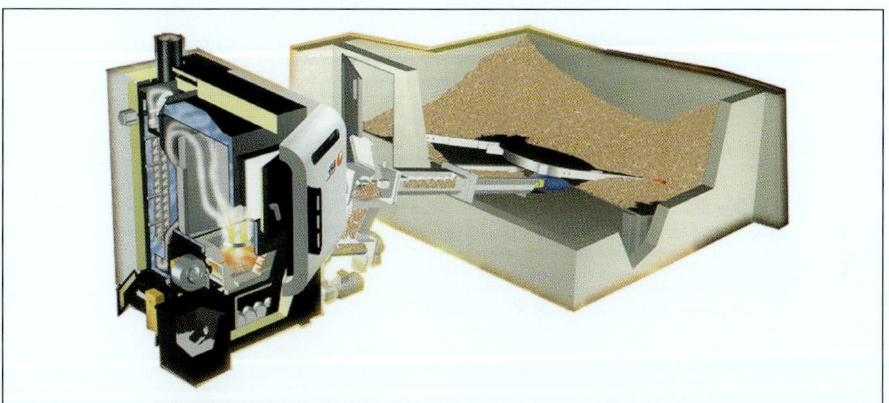

**Abbildung 3-25:** Pelletkessel mit Schneckenaustrag aus Lagerraum [Quelle: Fa. Fröling]

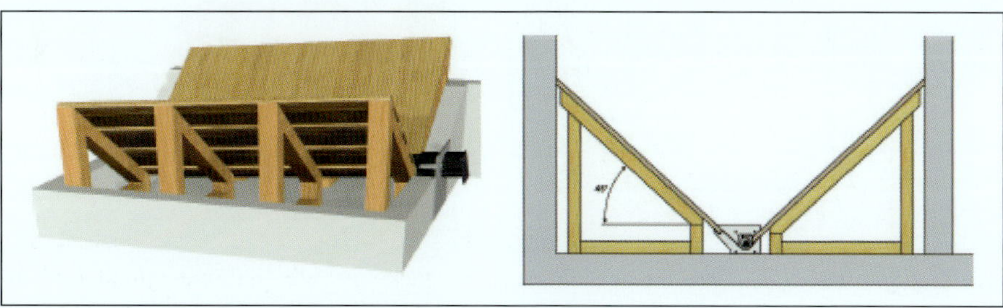

**Abbildung 3-26:** Ausrüstung des Pelletlagerraums [Quelle: Fa. Fröling]

Aus dem Brennstofflager wird der Brennstoff mechanisch transportiert, z. B. mit Hilfe von Schneckenförderern oder pneumatisch. Um den Lagerraum optimal ausnutzen zu können, gibt es spezielle Gelenkarme, siehe Abbildung 3-27.

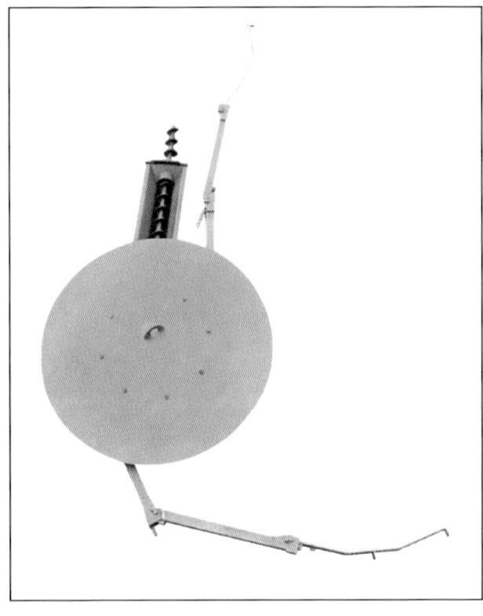

**Abbildung 3-27:** Gelenkarmsystem zum Pelletaustrag aus dem Lagerraum [Quelle: Fa. Fröling]

### Flüssige Brennstoffe

Flüssige Brennstoffe wie Heizöl oder Pflanzenöl werden in Heizöllagertanks in doppelwandiger Ausführung bevorratet. Für Nahwärmesysteme kommen vor allem folgende Tankarten in Frage:

- oberirdisch aufgestellter zylindrischer Stahltank (Abbildung 3-28)
- unterirdischer zylindrischer Stahltank (Abbildung 3-29).

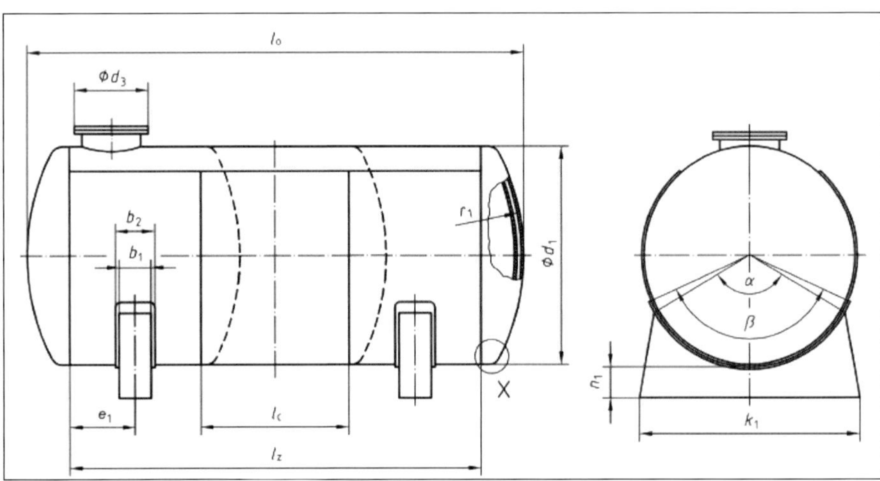


**Abbildung 3-28:** Geometrie von zylindrischen Tanks zur oberirdischen Lagerung von Flüssigkeiten nach DIN EN 12285-2

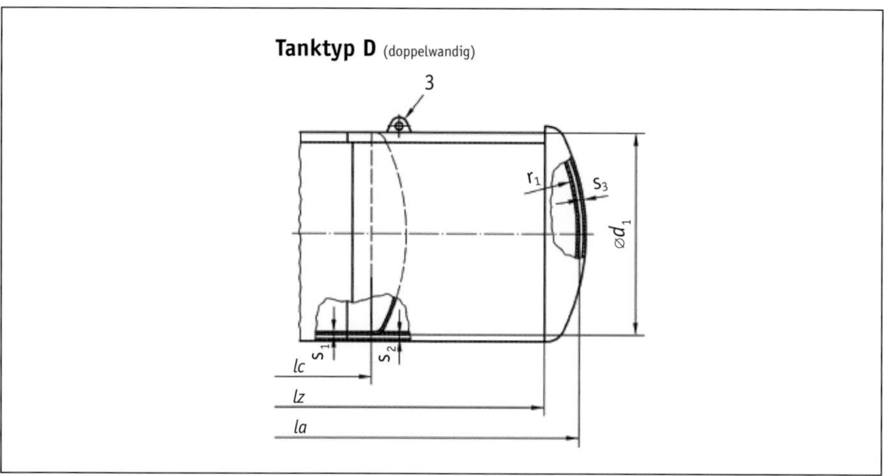


**Abbildung 3-29:** Geometrie von zylindrischen Tanks zur unterirdischen Lagerung von Flüssigkeiten nach DIN EN 12285-1

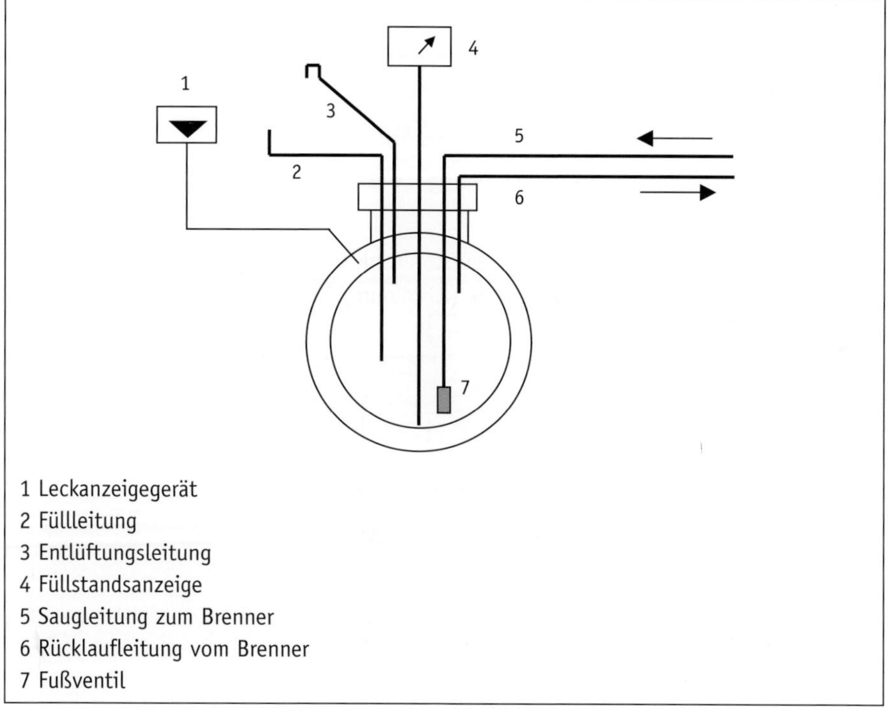


1 Leckanzeigegerät
2 Füllleitung
3 Entlüftungsleitung
4 Füllstandsanzeige
5 Saugleitung zum Brenner
6 Rücklaufleitung vom Brenner
7 Fußventil

**Abbildung 3-30:** Ausrüstung von Heizöltanks

Die Ölleitungen zwischen Tank und Brenner können nach drei Systemarten verlegt werden:

- Einstrangsystem (bei kleineren Anlagen bzw. generell bei Rapsölbrennern)
- Zweistrangsystem
- Ringleitungssystem (nur bei größeren Mehrkesselanlagen).

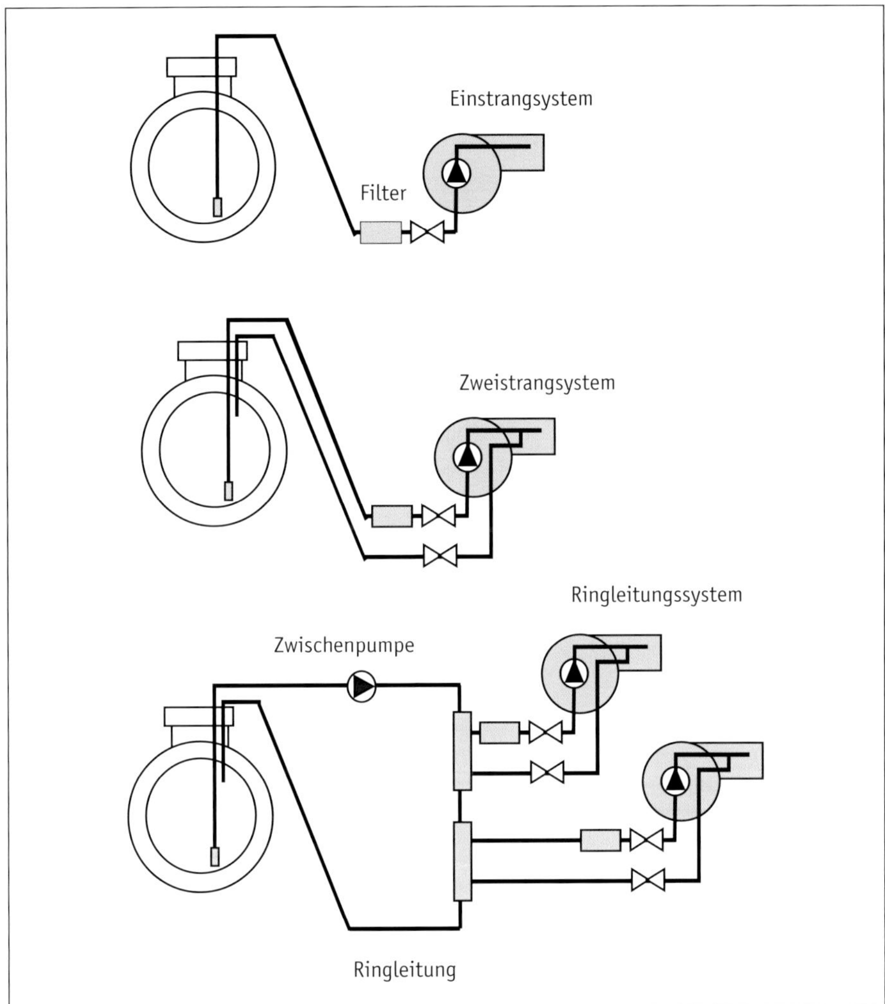


**Abbildung 3-31:** Heizölleitungssysteme [2]

Ölleitungen werden aus Kupfer oder aus Stahl gefertigt. Die Leitungen sind frostfrei zu verlegen. Vor dem Brenner wird ein Ölfilter angeordnet. Die Abbildung 3-32 zeigt den Anschluss eines Brenners, wie er für kleinere Anlagen zweckmäßig ist. Mehrkesselanlagen werden in der Regel im Zweistrangsystem angeschlossen. Bei großen Anlagen mit großen Leitungslängen kann das Ringsystem vorteilhaft sein.

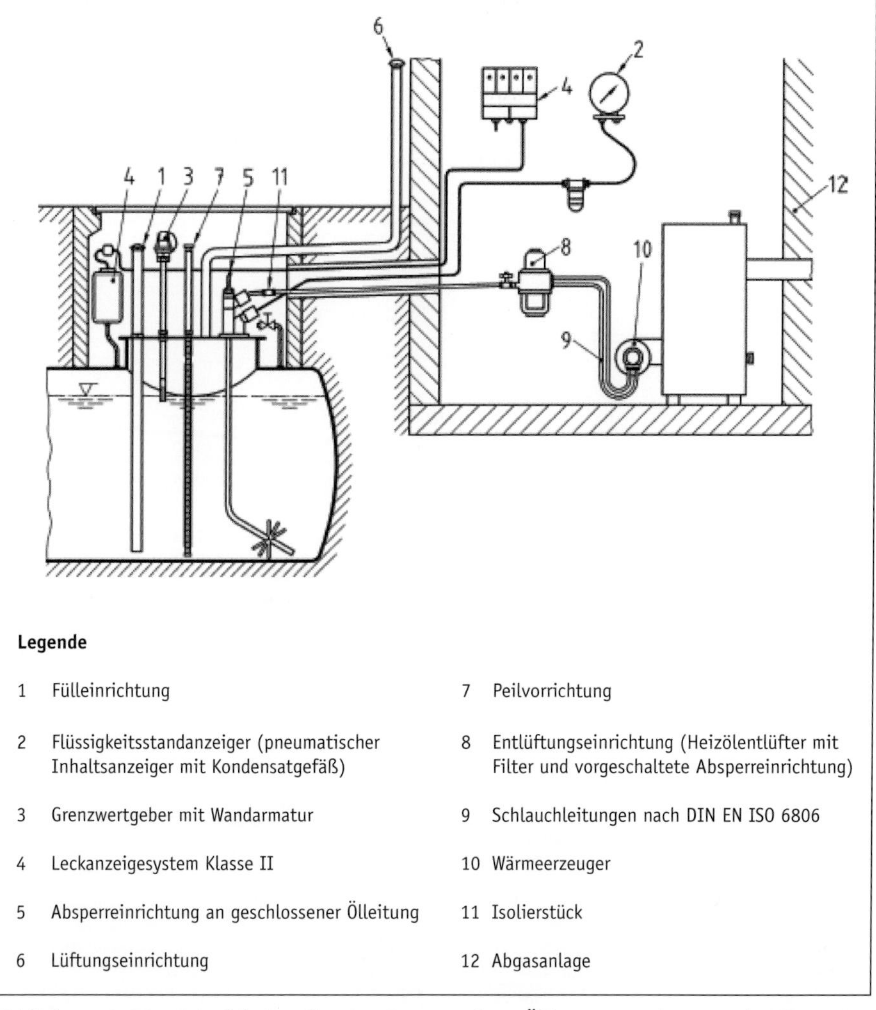


**Abbildung 3-32:** Beispiel für die Ausrüstung einer Ölfeuerungsanlage nach DIN 4755, Anhang B.

## Biogasanlagen

Die Erzeugung von Biogas ist aufgrund der durch die Technologie begründeten Umweltauswirkungen (Geruch, Verkehrsbelastung während der Erntezeit) in der Regel an ländliche Standorte gebunden. Demzufolge beschränkt sich die unmittelbare Verwendung von Biogas in Nahwärmesystemen auf eben solche Standorte im ländlichen Raum bzw. in Siedlungsrandgebieten von größeren Städten. Die Abbildungen 3-33 und 3-34 zeigen eine solche Anlage, welche zur Versorgung eines Biogas-Blockheizkraftwerkes von ca. 800 kW elektrischer und 810 kW thermischer Leistung konzipiert wurde. Bei einer realisierbaren, hohen Laufleistung von 8000 Stunden im Jahr lassen sich 6400 MWh Elektroenergie und 6480 MWh Wärme erzeugen. Während der erzeugte Strom ins Netz eingespeist wird (Vergütung nach EEG), kann die Wärme direkt oder über eine Trasse in ein Nahwärmesystem eingespeist werden, womit die Grundlast abgedeckt werden kann. Die Biogasanlage besteht aus dem Fermenter, dem Gasbehälter und dem Silo, in welchem in diesem Fall die Maisganzpflanzensilage gelagert wird. Außerdem wird ein Teil Gülle verwendet. Die Gärreststoffe werden als Düngemittel wieder auf die Felder ausgebracht.

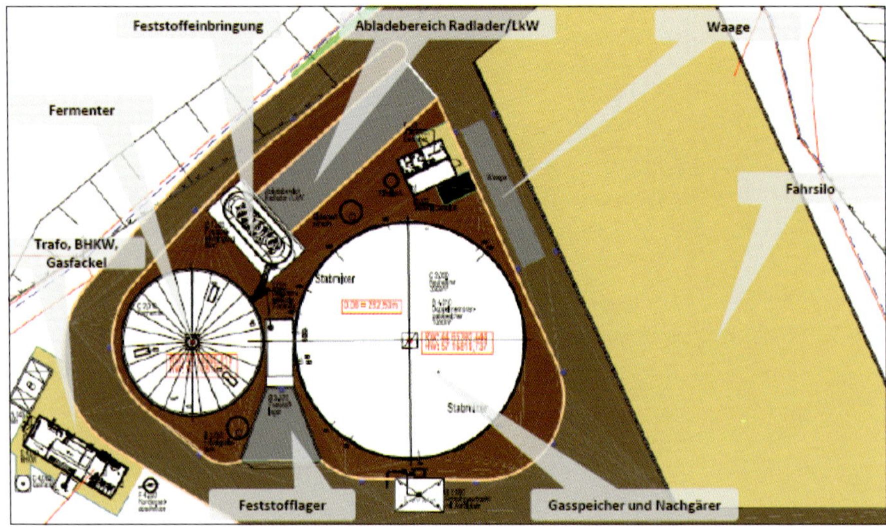


**Abbildung 3-33:** Grundriss einer Biogasanlage [Quelle: Fa. Danpower]

**Abbildung 3-34:** Gasspeicher und Fermenter einer Biogasanlage [Quelle: Fa. Danpower]

### 3.2.3 Abgasanlagen

Bei den Abgasanlagen unterscheidet man nach der Funktionsweise in:

- Unterdruckabgasanlagen und
- Überdruckabgasanlagen.

Bei Unterdruckabgasanlagen fördert der Schornsteinzug die Abgase, beim Überdrucksystem übernimmt das Gebläse am Brenner teilweise die Förderfunktion. Demzufolge besteht in einem Teil des Systems Überdruck (unmittelbar hinter dem Wärmeerzeuger), während beim Unterdrucksystem die gesamte Anlage nach dem Kessel unter Unterdruck steht. Herkömmlich werden Unterdruckanlagen gebaut, bei Brennwertsystemen reicht jedoch der erforderliche Dichteunterschied aufgrund der niedrigen Abgastemperaturen für ein reines Unterdrucksystem meistens nicht aus und es muss eine Überdruckabgasanlage gewählt werden.

Ein weiteres Unterscheidungsmerkmal sind die Feuchteeigenschaften der Abgasanlage. Hier unterscheidet man zwischen:

- feuchteempfindlichen Systemen und
- feuchteunempfindlichen Systemen (FU-Systeme).

In freistehenden Heizzentralen von Nahwärmesystemen kommen meistens freistehende oder am Gebäude außen befestigte Abgasanlagen zur Anwendung, siehe Abbildung 3-35. Dabei handelt es sich um im Ganzen gefertigte Stahlschornsteine oder Elementschornsteine. Während letztere meistens aus Komponenten von Elementsystemen, wie sie im Gebäudebereich auch als Einzugsrohr verwendet werden, zusammengesetzt werden, fertigt man die freistehenden Schornsteine nach den projektspezifischen Anforderungen quasi nach Maß.

Bei in Gebäuden angeordneten Heizzentralen von Nahwärmesystemen können die im Gebäudebereich üblichen Systeme eingesetzt werden, sofern dies die Abmessungen zulassen.

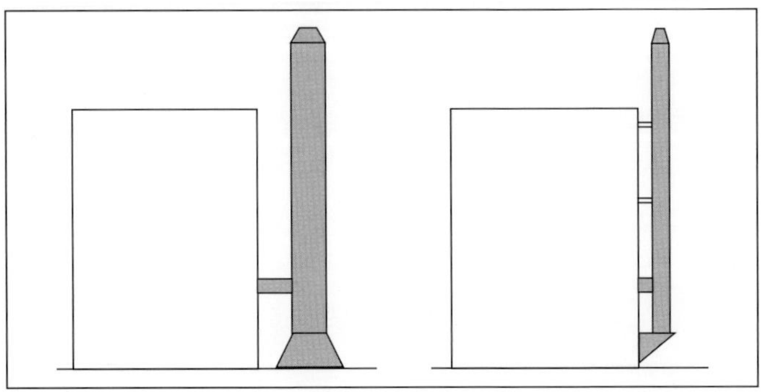

**Abbildung 3-35:** Abgasanlagen für Heizzentralen von Nahwärmesystemen

### 3.2.4 Ausdehnungsgefäß

Zur Kompensation der Volumenänderung des Heizungswassers werden Ausdehnungsgefäße benötigt. Üblicherweise wird jedem Wärmeerzeuger ein eigenes Ausdehnungsgefäß zugeordnet. Die Gesamtanlage wird durch ein separates Gefäß abgesichert (siehe ausführlich Abschnitt 3.3.3).

Für die Ausdehnungsgefäße werden klassische Membranausdehnungsgefäße verwendet, wie sie auch im Gebäudebereich üblich sind. Dabei handelt es sich um Druckbehälter aus Stahl, in welchen eine Gummimembran angeordnet ist. Die Membran schließt die Wasserseite hermetisch gegenüber der Luft ab, wodurch sich geschlossen Anlagen mit geringer Korrosionsneigung realisieren lassen. Dem Gefäß wird vor der Montage auf der Luftseite der statische Druck der Anlage aufgeprägt. Bei Erwärmung dehnt sich das Heizwasser aus und drückt gegen die Membran. Das Gefäß muss so ausgelegt werden, dass der Anlagendruck den zulässigen Maximaldruck nicht übersteigt. Das führt dazu, dass die Gefäße viel größer bemessen werden müssen, als es das reine Ausdehnungsvolumen erfordern würde.

Bei Rücklauftemperaturen oberhalb von 70 °C sind zusätzlich Vorschaltgeräte zum Schutz der Membran vorzusehen, vergleiche Abbildung 3-58.

### 3.2.5 Sicherheitstechnik

Die DIN EN 12828 regelt allgemein die sicherheitstechnische Ausstattung von Heizungsanlagen in Gebäuden und dient damit nach Wegfall der bisherigen DIN 4751 auch als Orientierung für die Wärmeerzeuger von Nahwärmesystemen. Für Warmwasser- und Heißwassererzeuger werden folgende Einrichtungen benötigt:

- Einrichtungen gegen Überschreiten der zulässigen Vorlauftemperatur
- Einrichtungen gegen Überschreiten des zulässigen Betriebsdruckes
- Wassermangelsicherung
- Einrichtung zur Kompensation der Wasservolumenänderung (siehe oben bzw. Abschnitt 3.3.3).

Die Wärmeerzeuger (bzw. das Nahwärmesystem) müssen demzufolge mit folgenden sicherheitstechnischen Ausrüstungen ausgestattet werden:

- Sicherheitsventil (SV)
- Minimaldruckbegrenzer (MinDB)
- Maximaldruckbegrenzer (MaxDB)
- Temperaturwächter (TW)
- Sicherheitstemperaturbegrenzer (STB).

Sicherheitsventile dienen der zusätzlichen Absicherung gegen unzulässige Überdrücke im System. Sie werden im Allgemeinen an der höchsten Stelle des Wärmeerzeugers angebracht. Als Ansprechdruck des Sicherheitsventiles darf maximal der schwächste Nenndruck in der Anlage eingestellt werden. Jeder Wärmeerzeuger, der über 3 bar abgesichert ist und mehr als 350 kW hat, muss mit einem Maximaldruckbegrenzer ausgerüstet sein. Der Maximaldruckbegrenzer wird ca. 0,5 bar unter dem Abblasdruck eingestellt. Anlagen mit einer Vorlauf-Temperatur von über 100 °C sind zusätzlich mit einem Minimaldruckbegrenzer auszustatten. Der Minimaldruckbegrenzer ist so einzustellen, dass auch im Ruhezustand (Netzpumpen außer Betrieb) am höchsten Punkt der Anlage kein Sieden des Heizwassers einsetzt. Sein Einstellwert berechnet sich wie folgt:

$$p_{min} \geq p_s(t_{STB}) + \rho(t_{RL}) \cdot g \cdot H_{geod} \qquad \text{F 3-1}$$

| | |
|---|---|
| $p_{min}$ | einzuhaltender Mindestdruck, eingestellt am MinDB |
| $p_s$ | Siededruck, siehe Wasserdampftafel bzw. Tabelle 3-1 |
| $t_{STB}$ | maximale Temperatur (begrenzt durch STB) |
| $\rho$ | Dichte |
| $t_{RL}$ | Rücklauftemperatur |
| $g$ | Erdbeschleunigung |
| $H_{geod}$ | geodätische Höhe der Anlage |

**Tabelle 3-1:** Siededrücke in bar (Absolutdrücke)

| t | 100 | 105 | 110 | 115 | 120 | °C |
|---|---|---|---|---|---|---|
| $p_s$ | 1,0133 | 1,2080 | 1,4327 | 1,6906 | 1,9854 | bar |

Die Temperaturabsicherung umfasst drei Komplexe:

- Temperaturregeleinrichtung
  Muss die Wärmezufuhr drosseln/abbrechen, wenn die Vorlauftemperatur den Sollwert erreicht.
- Sicherheitstemperaturwächter (nur bei indirekt beheizten Wärmeerzeugern)
  Schaltet ab, wenn Vorlauf-Temperatur überschritten wird; schaltet wieder zu, wenn Vorlauf-Temperatur wieder absinkt.
- Sicherheitstemperaturbegrenzer STB
  Schaltet Energiezufuhr bei Überschreiten der Vorlauf-Temperatur ab und verriegelt.

Jeder Wärmeerzeuger ist zum Schutz gegen unzulässige Erwärmung bei Wassermangel oder ungenügender Durchströmung mit einer bauteilgeprüften Wassermangelsicherung auszurüsten. Bei Wärmeerzeugern, in denen das Wasser nach dem Zwangsdurchlaufprinzip geführt wird, sind Strömungsbegrenzer zu verwenden, welche bei Unterschreiten eines Mindestvolumenstromes die Wärmezufuhr unterbrechen.

### 3.2.6 Mess-, Steuer- und Regelungstechnik

Im Wesentlichen gibt es in einem Nahwärmesystem zwei Hauptregelaufgaben:

- Regelung der Erzeugeranlagen
- Regelung der Abnehmeranlagen.

An den Erzeugeranlagen wird im Allgemeinen die Vorlauftemperatur in Abhängigkeit der Außentemperatur geregelt. Dabei wird die Kesselwassertemperatur gemessen und der Brenner wird entsprechend zugeschaltet bzw. modulierend geregelt. Bei Mehrkesselanlagen kann auch die Temperatur in der hydraulischen Weiche als Führungsgröße dienen.

Zusätzlich zu der beschriebenen Kesselregelung kann eine Temperaturregelung für die Netzvorlauftemperatur realisiert werden. Dazu dient die Mischerregelung in Abbildung 3-36. Mit Hilfe des kalten Rücklaufwassers kann das vom Kessel kommende Vorlaufwasser auf eine definierte Temperatur gemischt werden.

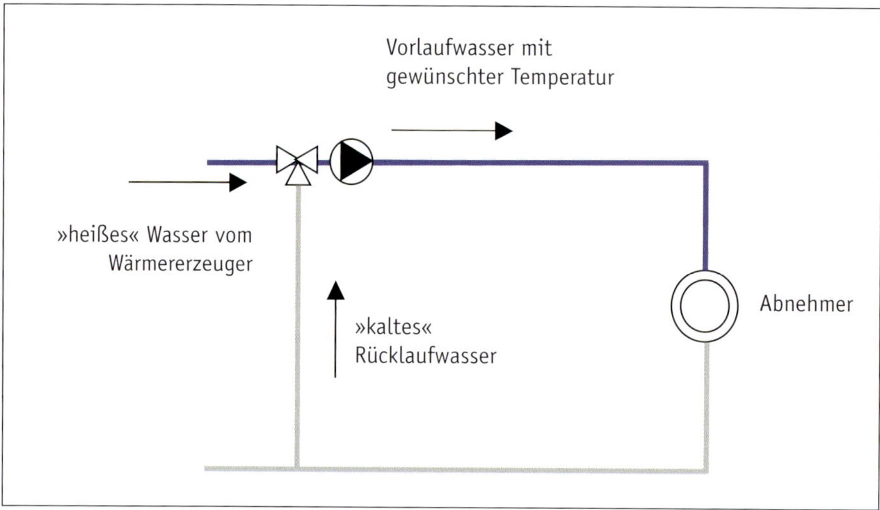


**Abbildung 3-36:** Mischerregelung für die Netzvorlauftemperatur

Als Armaturen kommen Dreiwege-Mischer oder Dreiwege-Ventile zum Einsatz.

An den Stationen wird die sekundärseitige Vorlauftemperatur geregelt, siehe Abbildung 3-37. Die Regelfunktion wird mit Hilfe von Durchgangsventilen mit Stellantrieb realisiert.

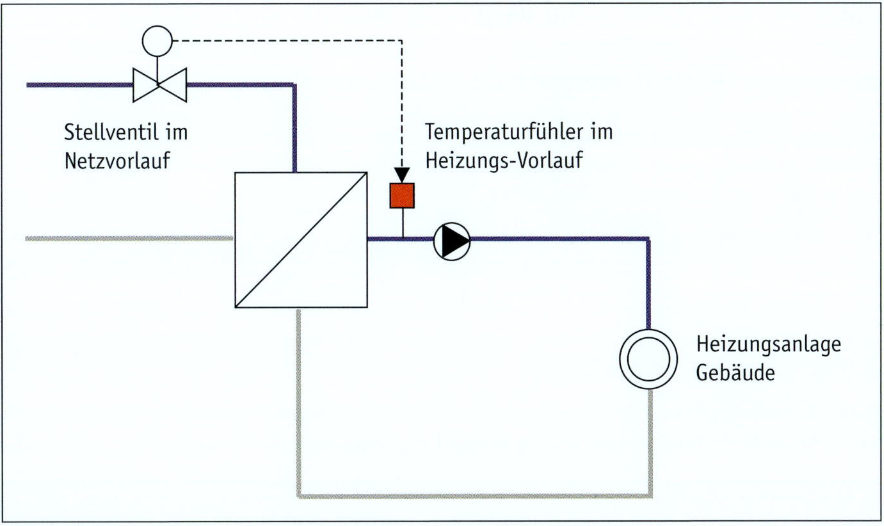


**Abbildung 3-37:** Temperaturregelung an den Hausstationen

## 3.2.7 Entlüfter

Bei der Montage bzw. bei Reparaturarbeiten gelangt Luft in die Anlage, welche sich dann an den Hochpunkten sammelt und die Funktionsfähigkeit des Systems einschränkt. Die Luft kann mit Hilfe verschiedener Einrichtungen aus dem System gebracht werden:

- durch automatische Entlüfter (Schwimmerentlüfter), wie sie auch in Gebäudeheizungsanlagen verwendet werden. Diese sind an den Hochpunkten der Anlage in der Heizzentrale zu platzieren (Abbildung 3-38)
- durch Luftabscheider, welche mit Prallplatten oder nach dem Zentrifugalprinzip arbeiten (Abbildung 3-39).

**Abbildung 3-38:** Automatischer Entlüfter

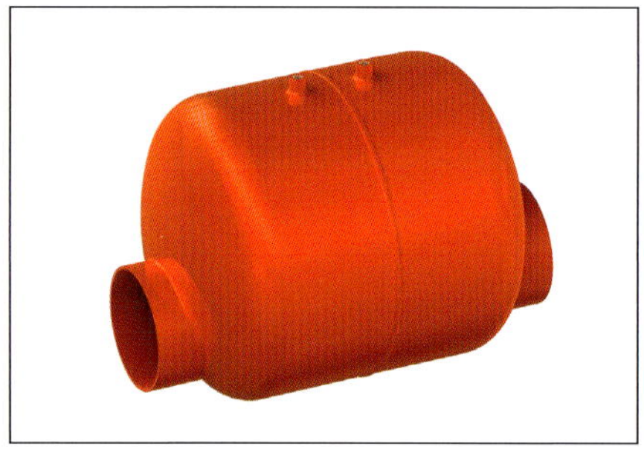

**Abbildung 3-39:** Luftabscheider
[Quelle: Fa. Reflex]

## 3.2.8 Wasseraufbereitung

Bei Nahwärmesystemen sind drei Aufbereitungsangaben zu erfüllen:

- Enthärtung des Füll- bzw. Ergänzungswassers
- Zugabe von Schutzschichtbildnern
- Bindung des Sauerstoffes beim Füll- bzw. Ergänzungswasser.

Die Enthärtung wird mit Hilfe von Ionenaustauschern durchgeführt (Abbildung 3-40). Diese sind oft als Doppelanlagen ausgeführt, bei welchen in einem Teil der Enthärter regeneriert wird und der andere Teil enthärtetes Wasser bereit hält. Die Zugabe von Schutzschichtbildnern erfolgt mit Hilfe von automatisch arbeitenden Dosieranlagen (Abbildung 3-41).

**Abbildung 3-40:** Enthärtungsanlage
[Quelle: Fa. Berkefeld]

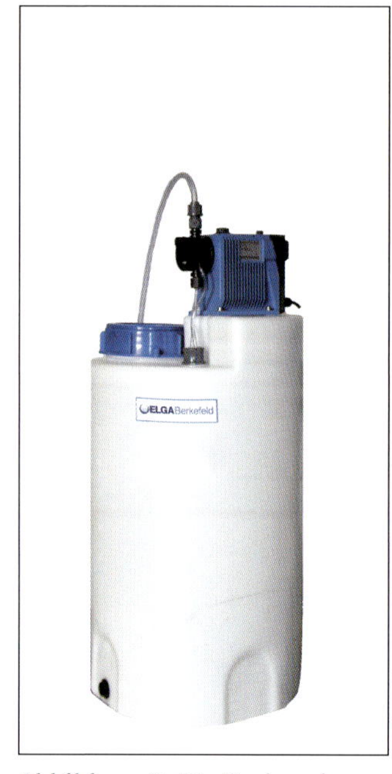


**Abbildung 3-41:** Dosieranlage
[Quelle: Fa. Berkefeld]

## 3.3 Wärmeverteilung

### 3.3.1 Hydraulische Grundschaltungen

Unter hydraulischen Grundschaltungen sind die rohrleitungsseitige Verschaltung der Wärmeerzeuger einerseits und die Verknüpfung mit dem Nahwärmenetz andererseits zu verstehen. Nach VDI 2073 sind dabei folgende Erfordernisse maßgeblich:

- *»eine genügend hohe oder eine möglichst tiefe Rücklauftemperatur am Erzeuger,*
- *ein ausreichender Wasserstrom (Mindest-, Nennwasserstrom),*
- *möglichst lange Laufzeiten des Erzeugers, ohne dass eine maximale Vorlauftemperatur [...] überschritten [...] wird,*
- *eine bestimmte Vorlauftemperatur am Erzeugeraustritt für einen Speicher oder das Verteilsystem.«*

Im einfachsten Fall hat man es mit einem Wärmeerzeuger, beispielsweise einem Pellet- oder Erdgaskessel zu tun, welcher ein kleines Nahwärmenetz versorgen soll (Abbildung 3-42). Entsprechend VDI 2073 ist das System in einen Erzeuger- und einen Verteilkreis aufzuspalten.

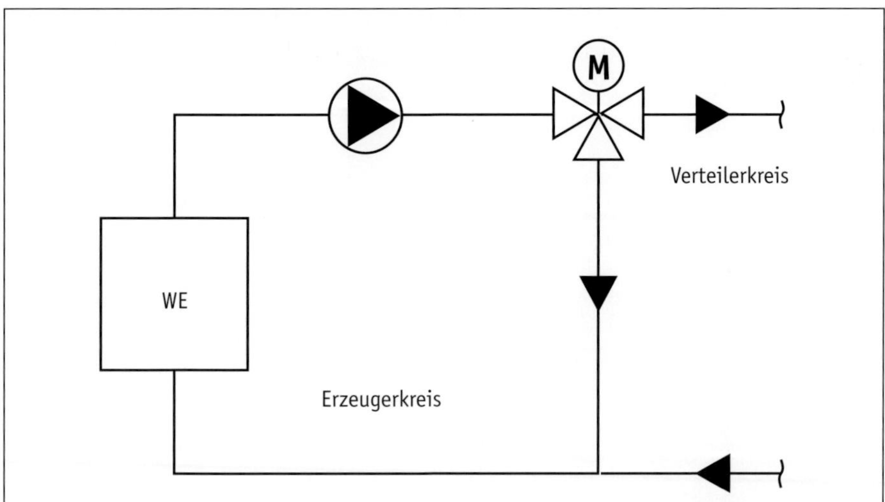


**Abbildung 3-42:** Hydraulische Grundschaltung mit einem Wärmeerzeuger

Aus Redundanzgründen werden vielfach zwei Wärmeerzeuger verwendet. Handelt es sich um zwei Niedertemperaturkesselanlagen, so wird oft die Schaltung in Abbildung 3-43 verwendet. Der Kessel- und der Netzkreislauf sind durch eine hydraulische Weiche entkoppelt.

Die hydraulische Weiche (auch als Entkoppler bezeichnet) dient zur Entkopplung von Erzeugerkreis und Nahwärmenetz. Es handelt sich um einen größeren Behälter, welcher so bemessen wird, dass die Strömungsgeschwindigkeit im Bereich < 0,2 m/s liegt

(Abbildung 3-44). Bei der Auslegung sollten die Wassermengen im Erzeugerkreis um 10 bis 30 % über denen auf der Netzseite liegen.

Handelt es sich bei einem der beiden Wärmeerzeuger um einen Brennwertkessel, so muss dieser entsprechend der Abbildung 3-45 eingebunden werden. Dadurch erhält dieser Kessel Rücklauftemperaturen direkt aus dem Netz, welche im Allgemeinen etwas niedriger sind, als die aus der hydraulischen Weiche. In der Weiche kommt es zu Vermischungseffekten, wodurch die Rücklauftemperatur angehoben wird.

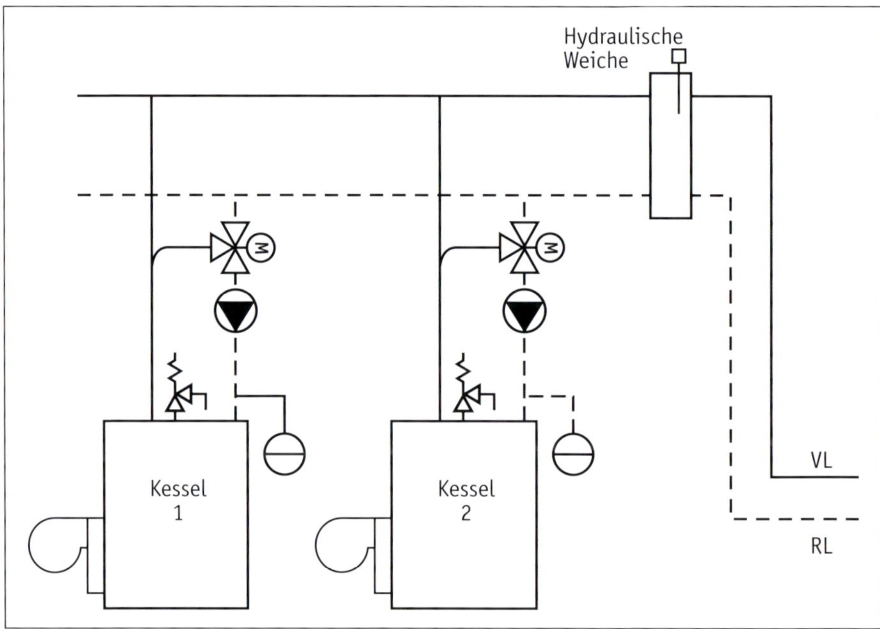


**Abbildung 3-43:** Hydraulische Grundschaltung mit zwei Wärmeerzeugern und hydraulischer Weiche

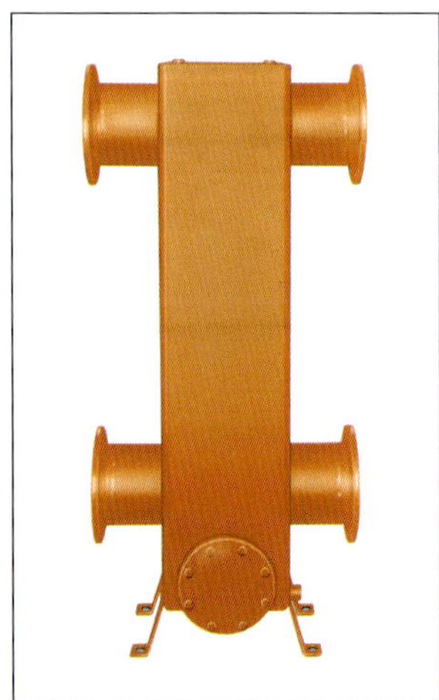

**Abbildung 3-44:** Hydraulische Weiche für Mehrkesselanlage ohne Isolierung [Quelle: Fa. Magra]

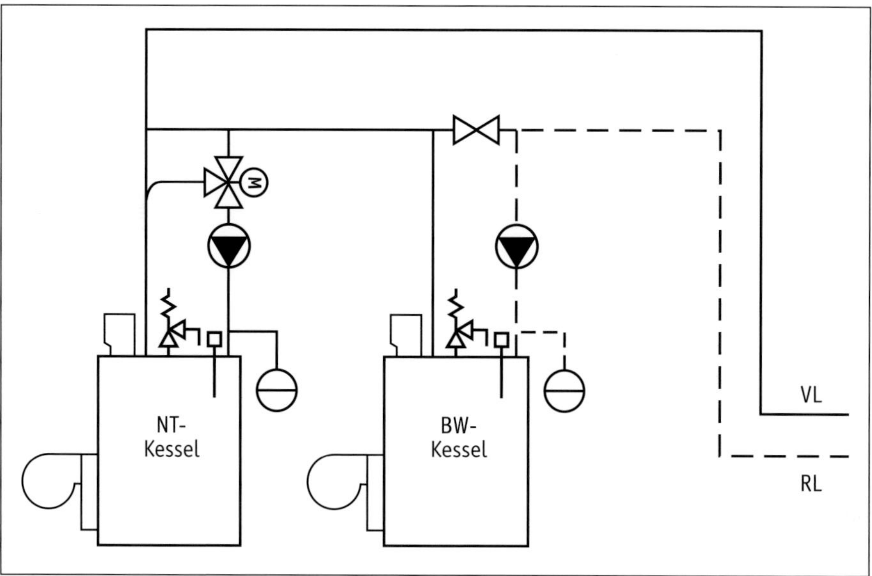


**Abbildung 3-45:** Einbindung eines Brennwertkessels

Bei Mehrkesselanlagen größerer Leistung ist jetzt noch die Frage zu klären, in welcher Reihenfolge die Kessel bzw. die Brennerstufen der Kessel zu schalten sind. Man unterscheidet zwischen:

- serieller Kesselfolge und
- paralleler Kesselfolge.

Die Unterscheidung macht unter dem Aspekt Sinn, dass die Kessel unterschiedliche Wirkungsgrade im Teillast- und Volllastbereich haben. Bei einer Vielzahl von größeren Kesseln ist der Teillastwirkungsgrad größer als der Volllastwirkungsgrad. Betrachtet man beispielsweise eine Zweikesselanlage mit jeweils zweistufigem Brenner (Tabelle 3-2), so wird deutlich, dass die Parallelschaltung einen besseren Jahresnutzungsgrad haben wird als die serielle Schaltung.

**Tabelle 3-2:** Beispiel Kesselfolgeschaltungen

| | **Teillastwirkungsgrad** | **Seriell** | **Parallel** |
|---|---|---|---|
| Kessel 1, Stufe 1 | 94 % | 1. | 1. |
| Kessel 1, Stufe 2 | 90 % | 2. | 3. |
| Kessel 2, Stufe 1 | 94 % | 3. | 2. |
| Kessel 2, Stufe 2 | 90 % | 4. | 4. |

Blockheizkraftwerke (BHKW) werden im Regelfall immer in Verbindung mit mindestens einem Spitzenlastkessel konzipiert (siehe dazu Abschnitt 4.3). Die einfachste Möglichkeit ist eine Reihenschaltung zwischen BHKW und Kessel (Abbildung 3-46). Am sinnvollsten erscheint die Kombination mit einem Niedertemperaturkessel. Die

Einbindung eines Speichers führt bei richtiger Dimensionierung zu längeren Laufzeiten für das BHKW, und verhindert außerdem das häufige Takten des Moduls, was dessen Lebensdauer einschränkt (siehe Abbildung 3-47). Weitere hydraulische Schaltungen für BHKW findet man in [10].

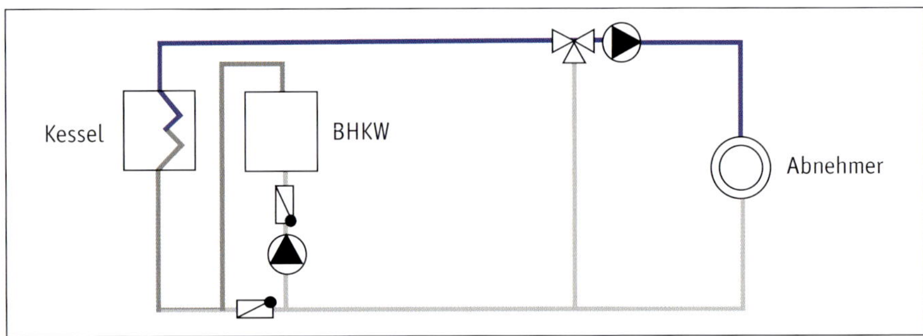


**Abbildung 3-46:** Hydraulische Schaltung für eine Anlage mit BHKW

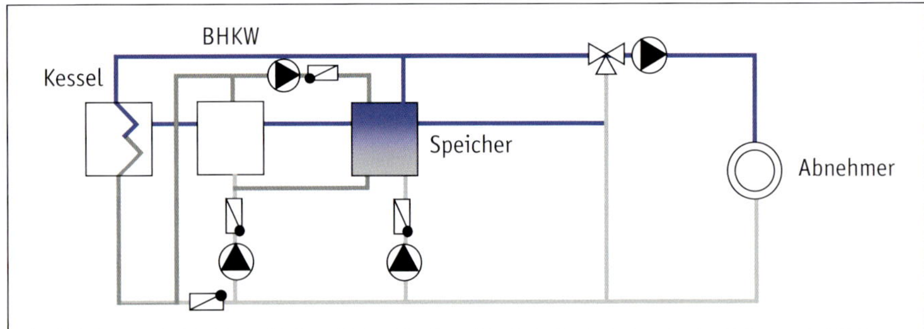


**Abbildung 3-47:** Hydraulische Schaltung für eine Anlage mit BHKW mit Speicher

Die elektrische Einbindung des BHKW erfolgt in der Regel im Netzparallelbetrieb. Das BHKW wird dreiphasig auf der 400 V Ebene angeschlossen. Dadurch bestehen hinsichtlich der Verwertung des erzeugten Stroms zwei Möglichkeiten:

- komplette Einspeisung des erzeugten Stroms oder
- Eigennutzung des erzeugten Stroms soweit möglich und Einspeisung des Überschussstroms.

Bei Anlagen mit erneuerbaren Brennstoffen, welche unter das EEG fallen wird man die erste Variante wählen. Anlagen mit fossilen Brennstoffen fallen unter das KWKG; bei diesen ist meistens die zweite Variante sinnvoll. Die Umsetzung des jeweiligen Konzepts erfolgt über die entsprechende Platzierung von elektrischem Bezugs- bzw. Einspeisezähler.

## 3.3.2 Umwälzpumpen

Im Nahwärmebereich kommen in der Regel Inlinepumpen, bei welchen Saug- und Druckstutzen in einer Linie angeordnet sind, zur Anwendung. Dabei handelt es sich um Strömungs- bzw. Kreiselpumpen. Letztere fördern das Wasser mit Hilfe des Zentrifugalkraftprinzips.

Man unterscheidet zwischen:

- Nassläufern, bei welchen sich alle rotierenden Teile von Motor und Pumpe im Wasser befinden und
- Trockenläufern, bei welchen die Welle mit Gleitringdichtungen abgedichtet wird.

Die Nassläuferpumpen werden im unteren Leistungsbereich der Heizungstechnik angewendet, sodass in Nahwärmesystemen häufiger Trockenläuferpumpen anzutreffen sind. Für größere Netzpumpen werden Normpumpen verwendet. Pumpe und Motor sind separat auf einer Grundplatte montiert und durch die Antriebswelle miteinander verbunden.

**Abbildung 3-48:** Beispiel einer Inline-Pumpe [Quelle: Fa. Grundfos]

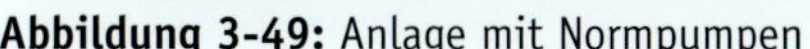

**Abbildung 3-49:** Anlage mit Normpumpen

Die Leistungsfähigkeit einer bestimmten Pumpe wird durch deren Pumpenkennlinie beschrieben, welche einen funktionalen Zusammenhang zwischen Förderhöhe und Förderstrom darstellt (Abbildung 3-50). Die alleinige Angabe eines Förderstroms oder einer Förderhöhe ist eine nicht ausreichende Aussage. Der Arbeitspunkt der Pumpe ergibt sich bei den konkreten Bedingungen des Systems als Schnittpunkt zwischen Pumpen- und Netzkennlinie. Die Netzkennlinie ist eine quadratische Parabel (siehe Abschnitt 4.5.1).

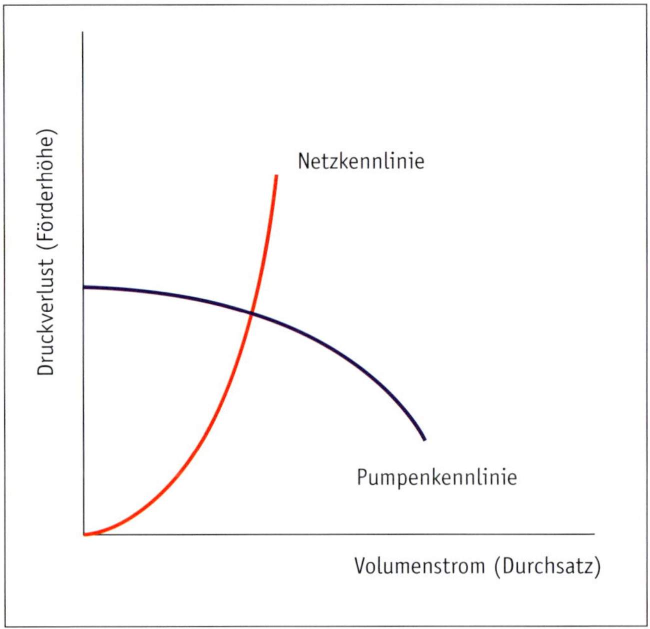


**Abbildung 3-50:** Prinzipdarstellung von Pumpen und Netzkennlinie

Für die Umwälzung des Heizungswassers im Netz kann die Kombination mehrer Pumpen sinnvoll sein. Prinzipiell kann man Pumpen auf zwei Arten kombinieren:

- Reihenschaltung, was zu einer Vergrößerung der Förderhöhe führt und
- Parallelschaltung, was zu einer Vergrößerung des Förderstroms führt.

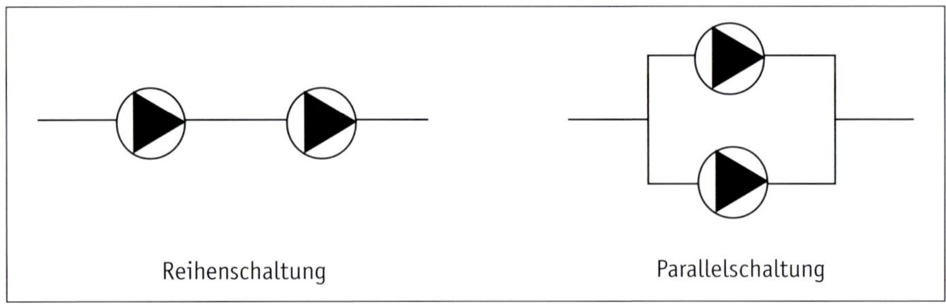


**Abbildung 3-51:** Reihen- und Parallelschaltung von jeweils zwei Pumpen

Die Reihenschaltung wird eher selten angewendet. Sie kann bei lang gezogenen Streckennetzen (Abbildung 2-12) erforderlich sein. Dazu wird im Leitungsverlauf eine Pumpe eingebaut, welche ein neues Druckpotenzial schafft.

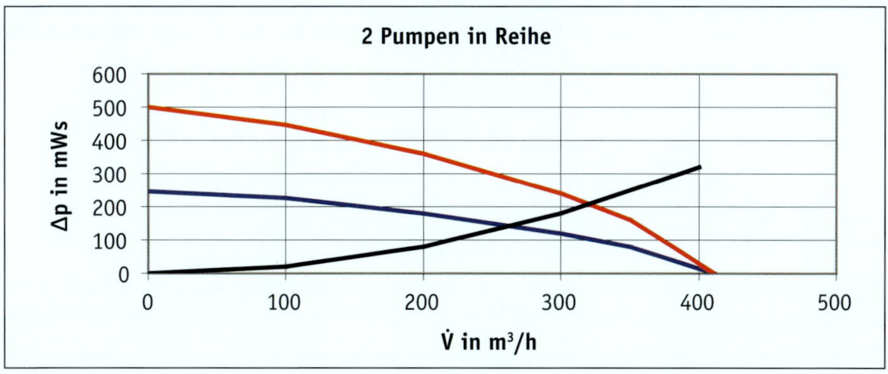


**Abbildung 3-52:** Reihenschaltung von zwei gleich großen Pumpen (rot: resultierende Kennlinie)

Die Parallelschaltung wird häufig in Kombination mit einer Drehzahlregelung der Pumpen kombiniert. Die sich durch die Parallelschaltung ergebende Kennlinie ist in Abbildung 3-53 dargestellt.

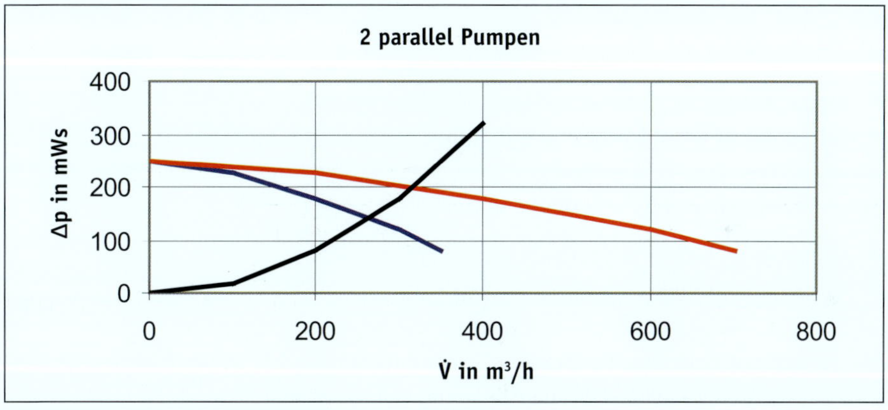


**Abbildung 3-53:** Parallelschaltung von zwei gleich großen Pumpen (rot: resultierende Kennlinie)

Üblicherweise regelt man bei den Netzpumpen die Drehzahl. Im Teillastbereich schließen die Differenzdruckregler an den Stationen. Die Pumpe würde dann mit voller Leistung gegen die ganz oder teilweise geschlossenen Armaturen arbeiten. Durch eine automatische Reduzierung der Drehzahl wird die Leistungsaufnahme verringert und Elektroenergie gespart. Die Drehzahl einer Pumpe kann in Abhängigkeit einer Führungsgröße durch einen Frequenzumformer [11, Seite 54 ff.] verändert werden. Führungsgröße ist der Differenzdruck, welcher entweder direkt an der Pumpe oder am sogenannten Schlechtpunkt, d. h. dem hydraulisch ungünstigsten Abnehmer gemessen wird. Letzteres ist die bessere Variante, allerdings ist sie auch teurer und nur im Zuge des Neubaus des Nahwärmenetz zu realisieren. Dazu muss ein Signalkabel zwischen ungünstigstem Abnehmer und Heizzentrale gelegt werden, welches das Messsignal für das Regelgerät überträgt. Die Regelung erfolgt so, dass durch die Drehzahlreduzierung der vorgegebene Differenzdruck konstant bleibt (siehe Abbildung 3-54). Das Regelprinzip wird als Konstant-Differenzdruckregelung bezeichnet. Außerdem gibt es die Regelung mit variablem Differenzdruck, bei welcher der Druck nicht nur konstant, sondern nach einer bestimmten Funktion reduziert wird.

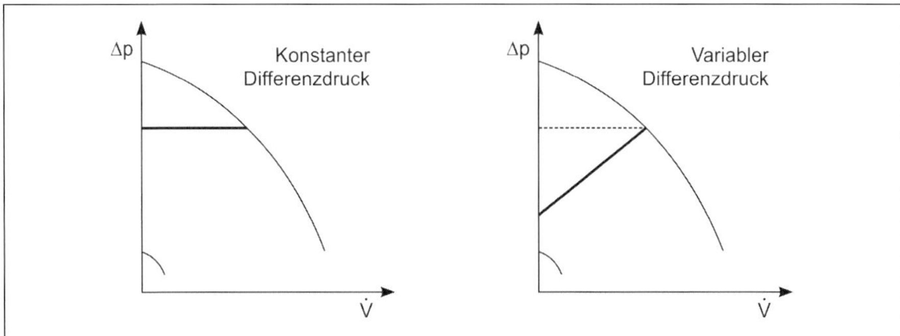


**Abbildung 3-54:** Grundprinzipien der Differenzdruckregelung

## 3.3.3 Druckhaltung

Die Druckhaltung hat folgende Aufgaben:

- Kompensation der Volumenänderung des Heizwassers
- Halten des Betriebsdruckes innerhalb festgelegter Druckgrenzen ($p_{min}$, $p_{max}$).

Es gibt zwei gebräuchliche Grundbauformen:

- Ausdehnungsgefäße mit Eigendruckaufprägung
- Ausdehnungsgefäße mit Fremddruckaufprägung.

Die Gefäße mit Eigendruckaufprägung werden hauptsächlich im Gebäudebereich verwendet. Sie werden als Membranausdehnungsgefäße ausgeführt.

In Systemen mit großem Wasserinhalt bzw. großer statischer Höhe ist der Einsatz von Ausdehnungsgefäßen mit Fremddruckaufprägung oftmals wirtschaftlicher. Hier gibt es zwei Bauarten:

- Druckhaltung mit Kompressor (luftseitige Druckaufprägung)
- Druckhaltung mit Druckdiktierpumpe (wasserseitige Druckaufprägung).

Bei der Anlagenart mit Kompressor (Abbildung 3-55) wird der Druck auf der Gasseite des Gefäßes gemessen und konstant gehalten. Bei Erwärmung steigt der Druck bis zur zulässigen Grenze. Darüber hinaus wird Luft über das Ventil abgelassen. Bei Abkühlung wird der Druck konstant gehalten, indem durch den Kompressor Luft in das Gefäß gefördert wird. Bei der Anlage mit Druckdiktierpumpe wird der Anlagendruck analog, jetzt aber auf der Wasserseite durch die Druckdiktierpumpe in Verbindung mit einem Überströmventil innerhalb der Druckgrenzen gehalten.

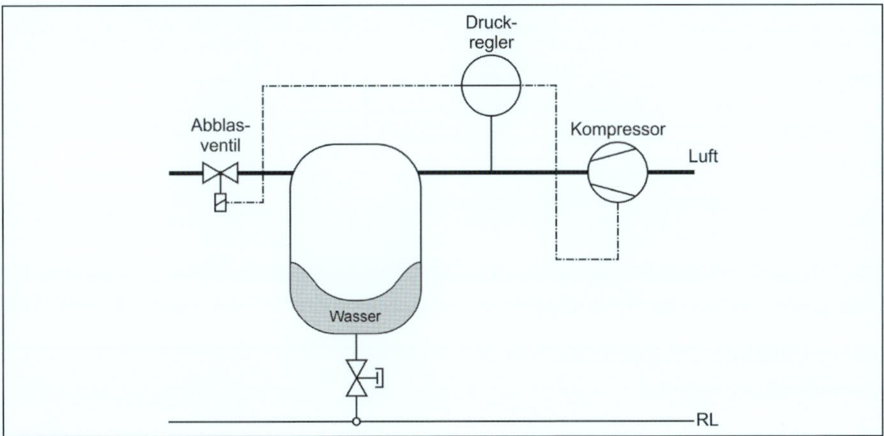


**Abbildung 3-55:** Druckhaltung mit Kompressor

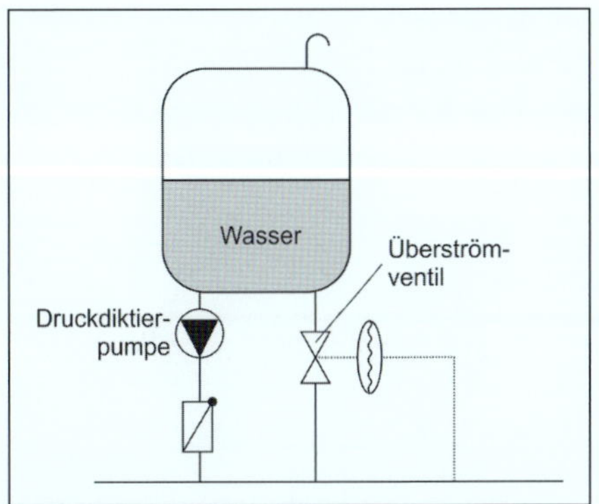


**Abbildung 3-56:** Druckhaltung mit Druckdiktierpumpe

**Abbildung 3-57:** Ausdehnungsgefäß mit Druckdiktierpumpe [Quelle: Fa. Reflex]

Bei Anlagen mit Rücklauftemperaturen über 70 °C sind zum Schutz der Membran Vorschaltgefäße einzusetzen, welche eine Abkühlung des Ausdehnungswassers bewirken. Es handelt sich um einfache unisolierte Stahlbehälter, entsprechend der Abbildung 3-58.

**Abbildung 3-58:** Vorschaltgefäß [Quelle: Fa. Reflex]

### 3.3.4 Rohrverlegesysteme

#### Verlegearten

Es gibt drei grundsätzliche Arten der Verlegung von Nah- und Fernwärmewärmeleitungen:

- Freileitungen
- Kanalsysteme
- Erdverlegte Systeme (Mantelrohrsysteme).

Freileitungen werden heute nur noch selten verlegt. Winkens nennt ein Bespiel für eine große Transportleitung neueren Datums, welche oberirdisch verlegt wurde [12]:

Transportleitung von Melnik nach Prag
Wärmeleistung: 600 MW
DN 1200 (ausgelegt für 1200 MW)
Länge: 34,2 km

Interessant sind Freileitungen vor allem wegen der gegenüber den anderen Systemen günstigen Kosten, allerdings sind sie aus städte- und landschaftsplanerischer Sicht nicht akzeptabel und kaum genehmigungsfähig. Eine Ausnahme bilden Nahwärmesysteme in Industrie- und Gewerbeunternehmen auf deren eigenem Gelände.

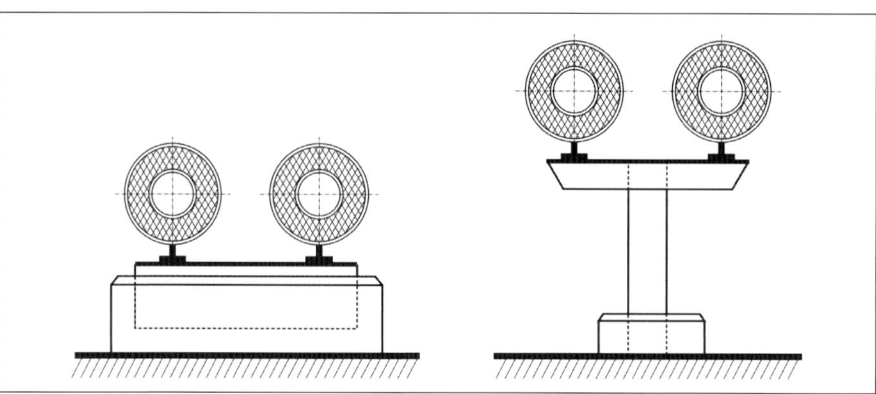

**Abbildung 3-59:** Freileitungen (links Sockelleitung, rechts Stützenleitung)

Die Kanalverlegung wurde vor allem in der Vergangenheit angewendet. Sie ist durch erdverlegte Systeme weitestgehend verdrängt worden. Anwendung findet die Kanalbauweise dort, wo erdverlegte Systeme an ihre Einsatzgrenzen stoßen, z. B. bei Bodenverwerfungen. Es gibt folgende Kanalformen (Abbildung 3-60):

- Haubenkanal
- U-Kanal
- Doppel-Winkel-Kanal
- Doppel-U-Kanal.

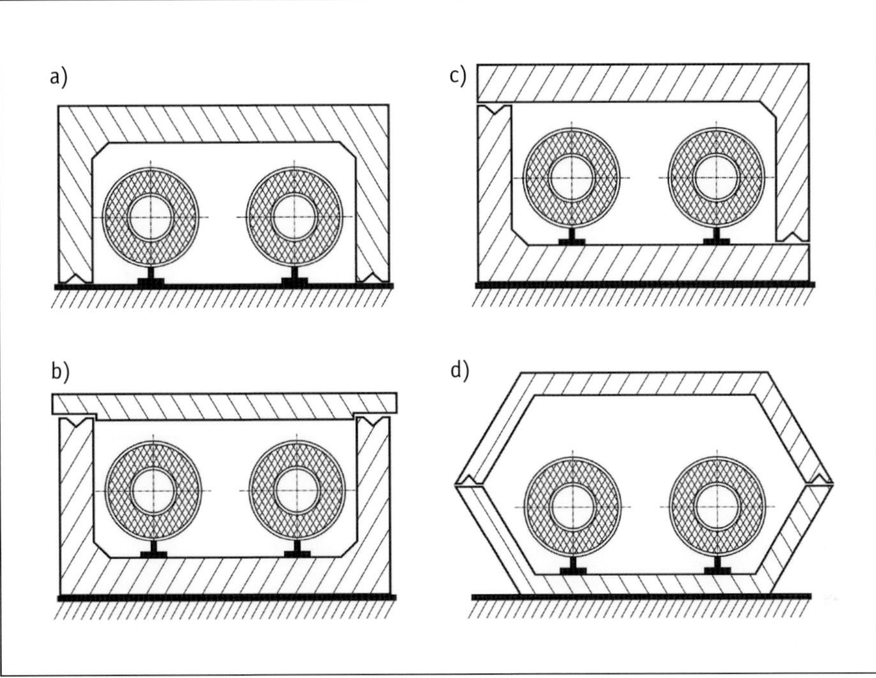


**Abbildung 3-60:** Verschiedene Kanalformen (a) Haubenkanal, b) U-Kanal, c) Doppel-Winkel-Kanal, d) Doppel-U-Kanal)

Die Tendenz geht zur kanallosen Verlegung von erdverlegten Systemen (Mantelrohrsysteme). Es gibt folgende Mantelrohrsysteme:

- Stahlmantelrohr (bei schweren Verkehrslasten u. unter Gewässern)
- Flexibles Stahlmantelrohr (bis max. DN 150)
- Kunststoffmantelrohr (KMR – am meisten verbreitet)
- flexibles Kunststoffmantelrohr (KMR).

Auf ein Medienrohr aus Stahl wird werksseitig eine Isolierschicht aus PUR-Schaum aufgeschrumpft. Die Isolierschicht wird mit einem Kunststoffmantel umhüllt. Die einzelnen Schichten sind kraftschlüssig miteinander verbunden. Die obere Temperatureinsatzgrenze beträgt 130 °C. Außerdem gibt es ein Kunststoffmantelrohr, bei welchem das Mediumrohr ebenfalls aus Kunststoff besteht. Deren Einsatzgrenze liegt bei 100 °C. Die Kunststoffmantelrohre werden in vorgefertigten Stangen geliefert, kleinere Nennweiten auch als flexible Rohre in Rollen. Die Rohre werden im Graben mit Hilfe einer speziellen Muffenverbindung (Abbildung 3-61) verbunden. Über die miteinander verschweißten Rohrenden wird ein Muffenrohr aufgeschoben. Der verbleibende Hohlraum wird auf der Baustelle ausgeschäumt.

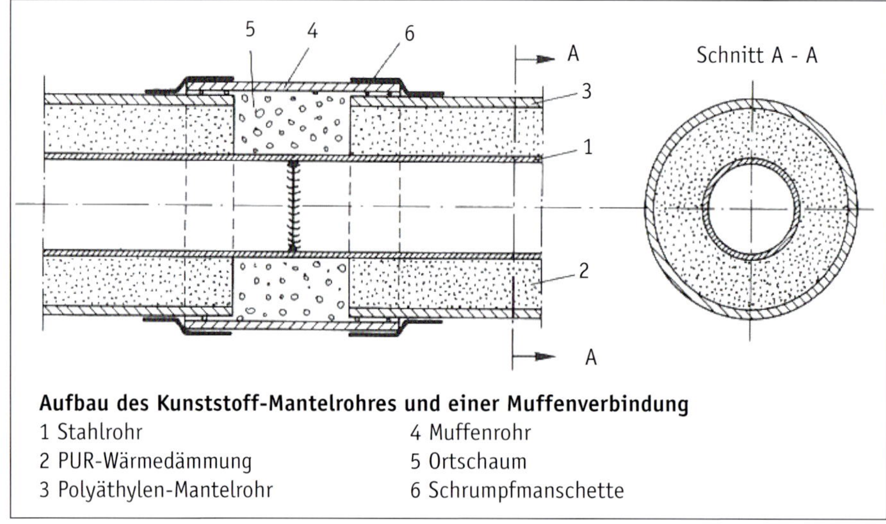


**Abbildung 3-61:** Aufbau des KMR und einer Muffenverbindung [13]

Die Rohre werden in der Regel nebeneinander, mitunter aber auch übereinander verlegt (Abbildung 3-62). Das Ziel der Übereinanderverlegung besteht in der Senkung der Tiefbaukosten.

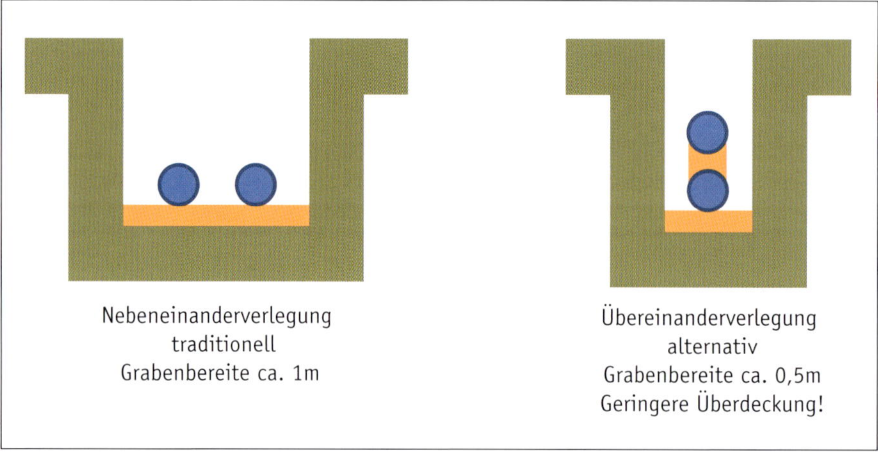


**Abbildung 3-62:** Verlegemöglichkeiten bei kanalloser Erdverlegung

Für Nahwärmesysteme sind aufgrund der oft geringen zu übertragenden Leistungen flexible Rohre interessant. Sie können direkt von der Rolle verlegt werden, was sich günstig auf die Netzbaukosten auswirkt. Mit den flexiblen Rohren können Hindernisse einfach umgangen bzw. Hausanschlüsse problemlos hergestellt werden (Abbildung 3-63).

**Abbildung 3-63:** Verlegung von KM-Rohren. Links flexibles Rohr [Quelle: Fa. Rehau]; rechts traditionelle KMR-Verlegung

Ebenfalls gut geeignet für Nahwärmesysteme sind aufgrund der geringen Systemtemperaturen unter 100 °C Mediumrohre aus Kunststoff. Diese sind auch als Doppelrohre erhältlich, bei welchen Vor- und Rücklauf in einer Isolierung angeordnet sind (Abbildung 3-64). Abbildung 3-65 zeigt die Verbindungstechnologie mit Hilfe eines elektrischen Widerstandsschweißgeräts.

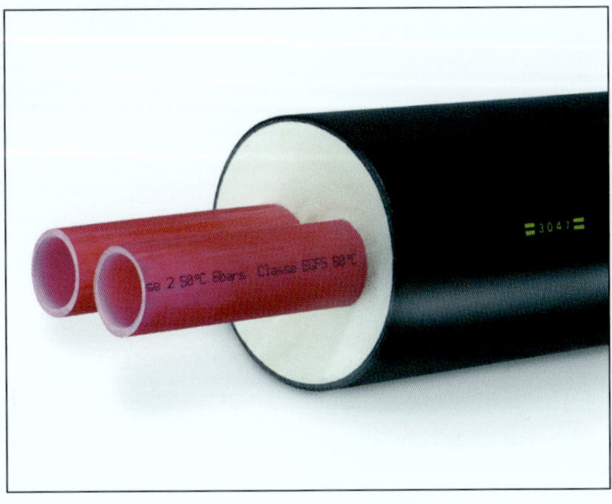

**Abbildung 3-64:** Flexibles Fernwärmerohr, vorisoliert [Quelle: Fa. Rehau]

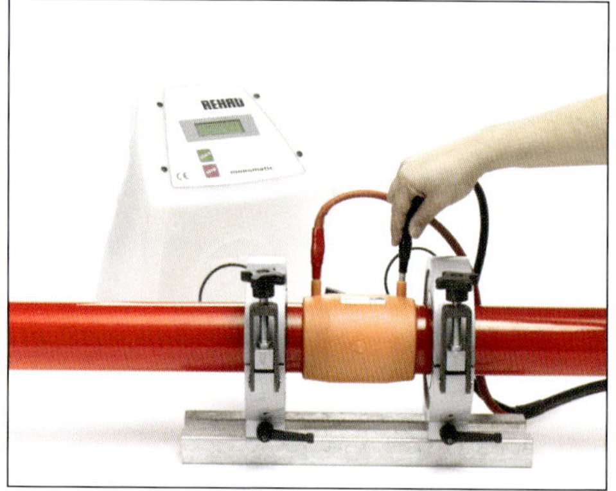

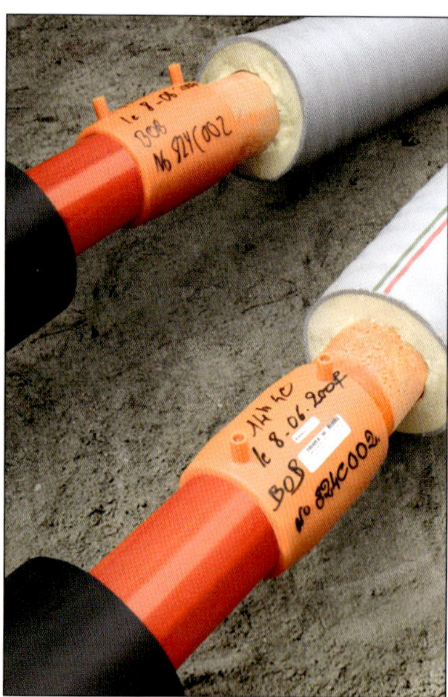

**Abbildung 3-65:** Schweißgerät (links) und fertige Muffenverbindung (rechts) [Quelle: Fa. Rehau]

Die Abbildung 3-66 zeigt die Rohreinführung ins Gebäude und die Abdichtung mit einem Mauerdichtring nach außen.

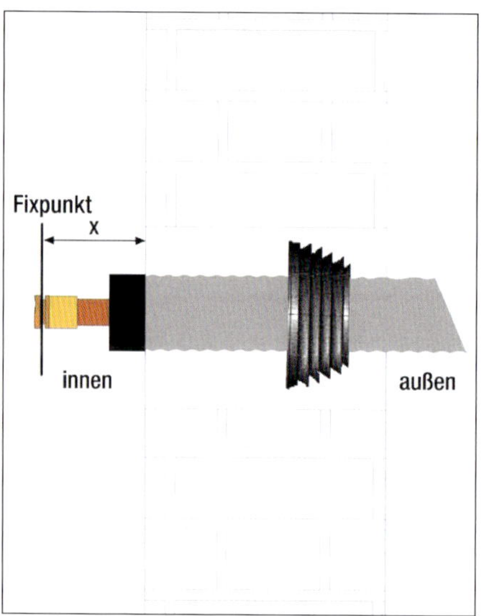

**Abbildung 3-66:** Hauseinführung mit Dichtring [Quelle: Fa. Rehau]

### Dehnungsausgleich

Durch die Erwärmung des Trägermediums kommt es zur Ausdehnung der Rohrleitungen. Deshalb erfolgt die Verlegung von KMR-Systemen entweder

- unter Verwendung von Dehnungsausgleichern, die die Wärmedehnung »auffangen« oder
- kompensationslos, in dem die Rohre thermisch vorgespannt werden.

Der Dehnungsausgleich kann mit Hilfe folgender Methoden realisiert werden:

- natürlich, indem bestimmte Rohrverlegeformen, wie U-Bogen, L-Schenkel, Z-Schenkel (Abbildung 3-67) angewendet werden, oder
- durch den Einbau spezieller Kompensatoren.

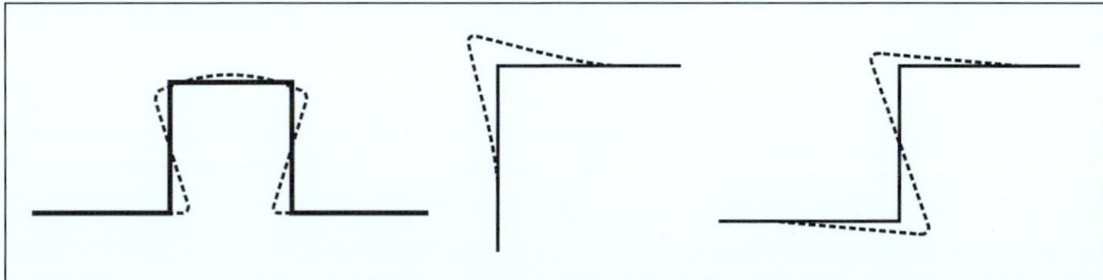

**Abbildung 3-67:** U-Bogen, L-Schenkel und Z-Schenkel

Der natürliche Dehnungsausgleich wird durch den Einbau sogenannter Dehnpolster realisiert, welche im Dehnungsbereich mehrlagig um das Rohr gelegt werden (Abbildung 3-67). Der Abstand zwischen den Dehnungsmöglichkeiten wird vom Rohrhersteller vorgegeben.

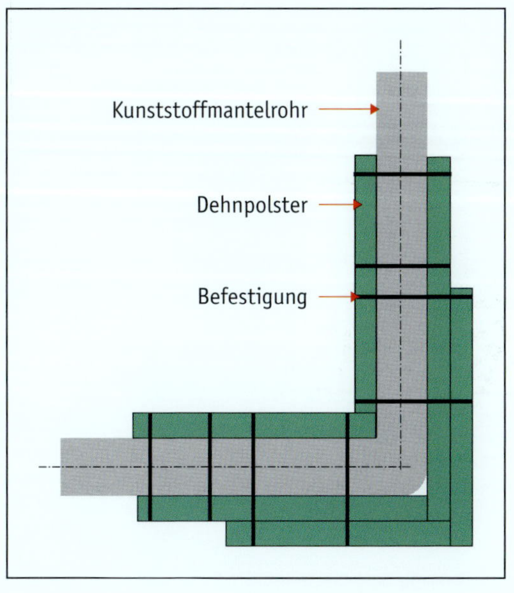


**Abbildung 3-68:** Grundprinzip von Dehnpolstern am Beispiel eines 90°-Bogens

Kompensatoren werden dort eingesetzt, wo ein natürlicher Dehnungsausgleich im Zuge der Rohrverlegung nicht realisierbar ist. Solche Kompensatoren können beispielsweise bei längeren Leitungen in Kellerbereichen der Gebäude eingebaut werden. Dabei verwendet man meistens Wellrohrkompensatoren.

Erdverlegte Kunststoffmantelrohre werden häufig kompensationslos verlegt. Die notwendige Vorspannung erhält man:

- Durch Warmverlegung, indem das Rohr vor der Verfüllung auf Betriebstemperatur (50-70 °C) vorgewärmt wird und demzufolge im abgekühlten Zustand unter Zugspannung steht. Die bei der Erwärmung auftretenden Druckspannungen verringern sich zunächst und bleiben dann im zulässigen Bereich.
- Durch Kaltverlegung, bei welcher bei der ersten Aufwärmung plastische Verformungen des Rohres auftreten. Dadurch bleibt das Rohr beim Abkühlen quasi gestaucht.

### Armaturen

Von den in der DIN EN 736-1: »Armaturen. Technologie. Teil 1: Definition der Grundbauarten. April 1995.« genannten grundlegenden Armaturenarten kommen folgende in Nahwärmesystemen zur Anwendung (Abbildung 3-69):

- Schieber
- Ventil
- Hahn
- Klappe.

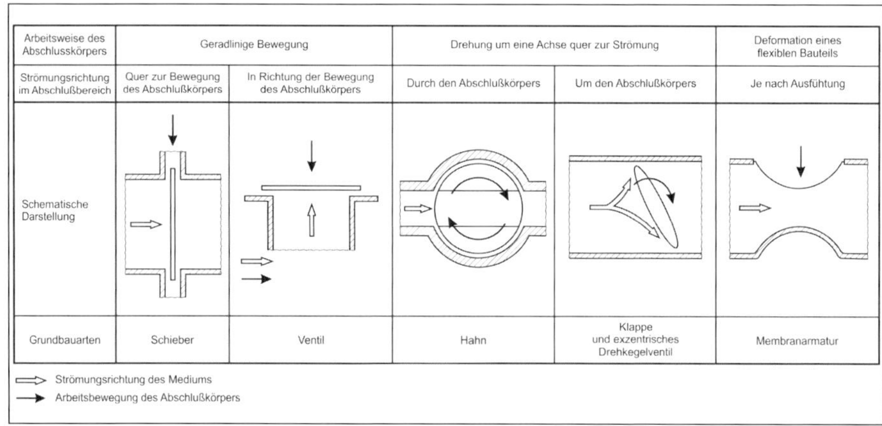


**Abbildung 3-69:** Grundbauarten von Armaturen nach DIN EN 736-1

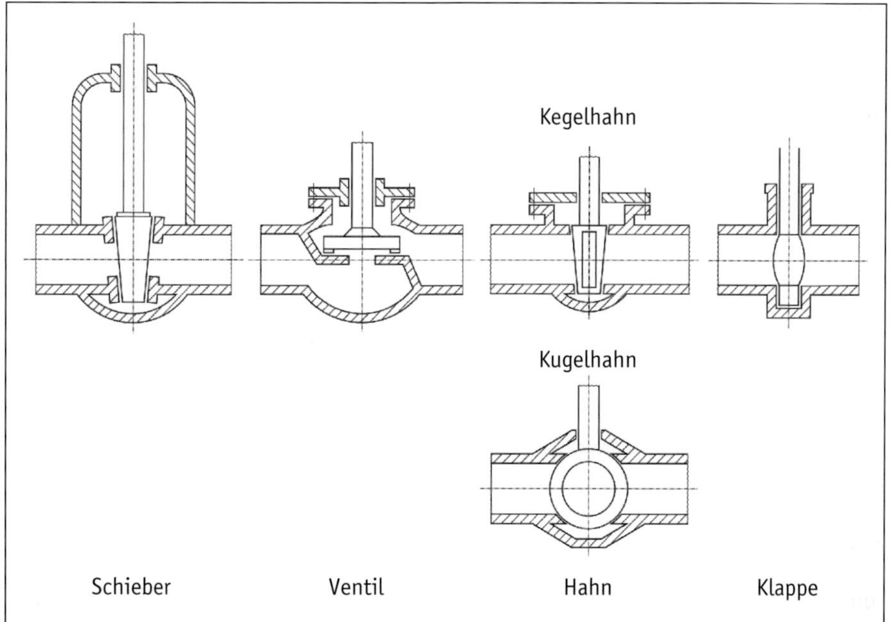


**Abbildung 3-70:** Ausführungsbeispiele von Armaturen nach DIN EN 736-1

Hinsichtlich der Armaturenverwendung kann man sich am Arbeitsblatt AGFW FW 428 »Armaturenauswahl für Fernwärmeleitungen« orientieren. Armaturen nutzt man zum:

- Absperren
- Entleeren
- Entlüften und bei
- Hausanschlüssen.

In dem für Nahwärmesysteme relevanten Temperaturbereich <110 °C werden bei Kunststoffmantelrohren zum Absperren überwiegend Kugelhähne eingesetzt. Bei freiliegenden Leitungen, z. B. in Kellergängen oder Schächten, verwendet man dazu auch Ventile (Ausführung als Faltenbalgventile), aber mehr noch Absperrklappen (metallisch dichtende Klappen) oder Schieber.

Die Funktion des Entleerens ist ebenfalls die Domäne des Kugelhahns. Mitunter werden Schieber oder Ventile verwendet.

Entlüftungsöffnungen werden bei KM-Rohren ebenfalls mit Kugelhähnen abgesperrt, mitunter auch durch Ventile.

Bei Hausanschlüssen kommen alle Armaturenarten vor.

Letztlich ist die Armaturenauswahl nach den spezifischen Objektgegebenheiten vorzunehmen. Dabei spielen in erster Linie der Preis eine Rolle, aber auch die Einbaumaße und betriebliche Aspekte.

### Leckwarnsysteme

Mit Hilfe eines Leckwarnsystems kann ein in der Erde verlegtes KMR-Netz auf Leckagen und Beschädigungen überwacht werden. Dazu werden in der Isolierung Überwachungskabel geführt (siehe Abbildung 3-71).

Die Überwachung kann z. B. mit Hilfe des Impulsreflexionsverfahrens erfolgen. Dabei wird vom Überwachungsgerät aus ein hochfrequenter Stromimpuls in den Überwachungsdrähten (eine isolierte Kupferlitze und eine verzinnte Kupferlitzel) ausgesendet, welcher am Fehlerpunkt reflektiert wird, wodurch das Leck oder die Beschädigung geortet werden können. Weiter verbreitet ist das sogenannte skandinavische System, bei welchem blanke Kupferdrähte (einer davon verzinnt) innerhalb der Isolierung angeordnet werden. Durch die Messung kann die Feuchteänderung in der Isolierung festgestellt werden, da sich durch die Feuchte der Widerstand der Isolierung zwischen den Drähten verändert. Bei Unterschreitung eines Grenzwertes am Ortungsgerät kommt es zu einer Alarmmeldung. Die genaue Ortung erfolgt ebenfalls durch eine Laufzeitmessung.

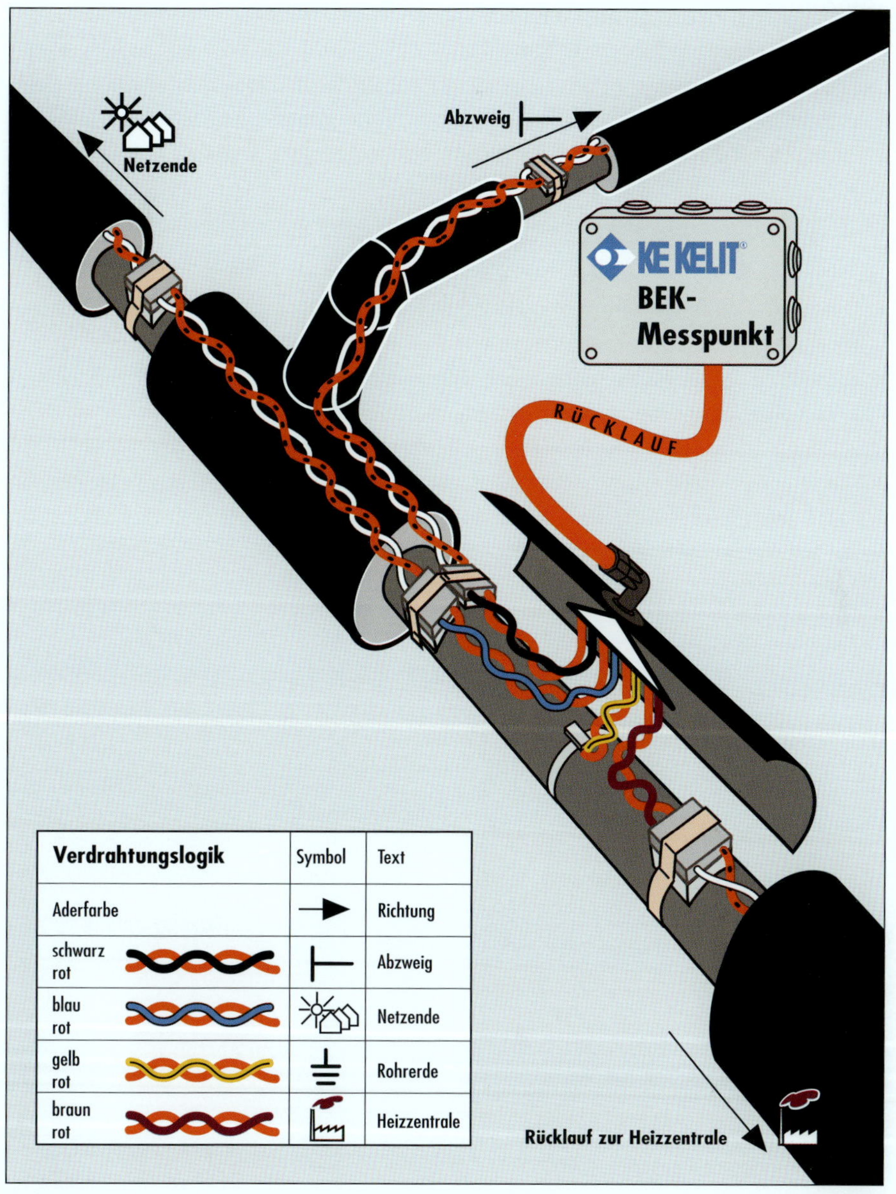


**Abbildung 3-71:** Grundprinzip eines Leckwarnsystems (Fernwärmekatalog 01/04 KE KELIT GesmbH)

Alternativ können Leckagen im Nahwärmenetz mit Hilfe einer Thermografiemessung festgestellt werden. Hierbei werden die Oberflächentemperaturen über dem Rohr im Verhältnis zur sonstigen Oberflächentemperatur dargestellt.

## 3.4 Wärmeübergabe

Die Übergabe der Wärme an das Gebäude erfolgt in der Hausübergabestation. Solche Hausübergabestationen gibt es für die typischen Fernwärmesysteme in großer Auswahl. Die meisten können auch in Nahwärmesystemen eingesetzt werden.

Der hydraulische Anschluss an das Nahwärmenetz kann auf zwei prinzipiellen Wegen erfolgen:

- Direkt, d. h. ohne Systemtrennung. Damit würde das Heizwasser des Nahwärmesystems auch im Gebäude zirkulieren.
- Indirekt, d. h. Systemtrennung einen Wärmeübertrager. Beide Systeme sind hydraulisch vollständig separat, was vor allem betriebliche Vorteile hat.

Während in den großen städtischen Fernwärmesystemen tendenziell aus betrieblichen Gründen der indirekte Anschluss favorisiert wird, ist bei kleineren Nahwärmesystemen schon aus Kostengründen der direkte Anschluss oft sinnvoller.

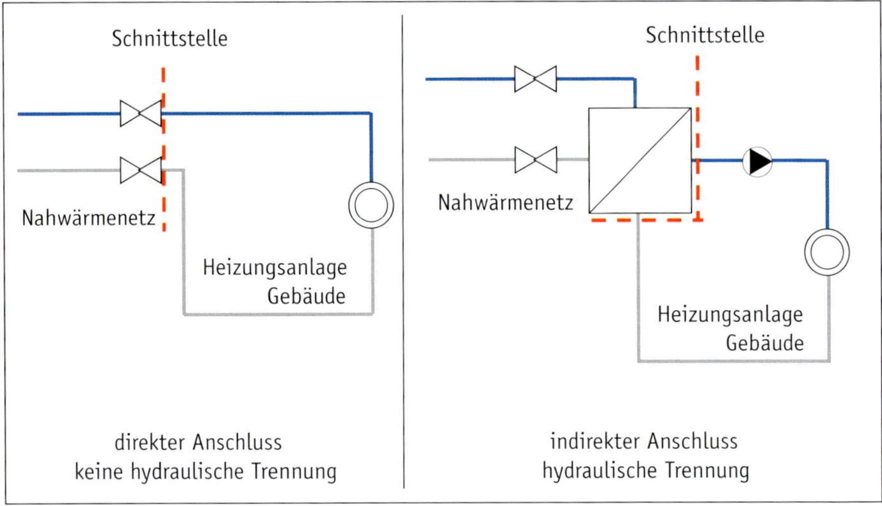


**Abbildung 3-72:** Grundprinzip direkter und indirekter Anschluss

Hausstationen werden in zwei Grundmodule unterteilt:

- Hausübergabestation (HÜS)
- Hausanschlussstation (HAST).

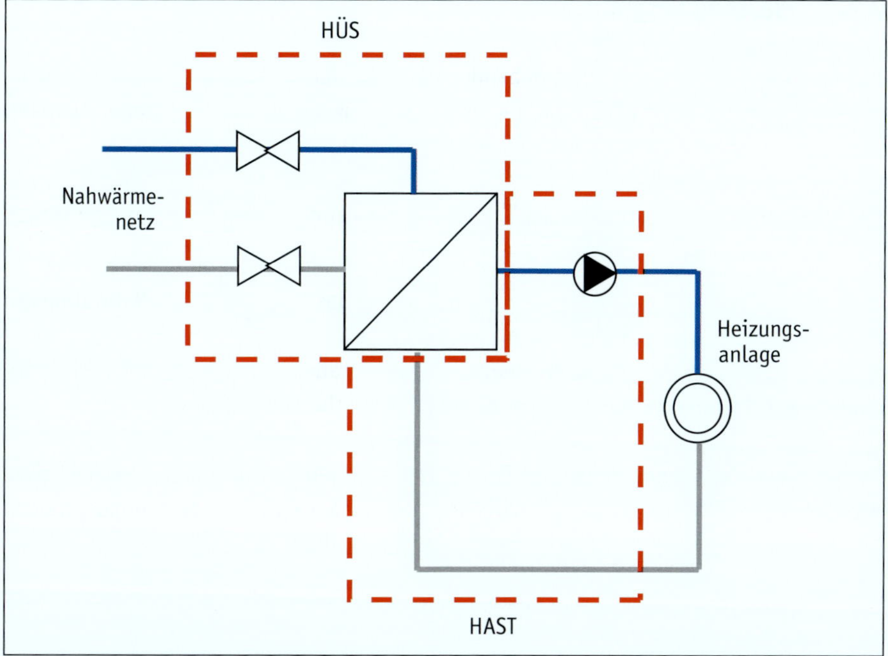


**Abbildung 3-73:** Abgrenzung von HÜS und HAST am Beispiel einer indirekten Station

In den meisten Fällen liegt die Eigentumsgrenze zwischen HÜS und HAST, d. h. dem Versorgungsunternehmen gehört die HÜS und die anderen Module gehören dem Gebäudebesitzer. Handelsübliche Kompaktstationen umfassen HÜS und HAST. Sie sind mit oder ohne einen Anschluss für die Warmwasserbereitung ausgerüstet (Abbildungen 3-77, 3-78).

Die HÜS (Abbildung 3-74) umfasst folgende Komponenten:

- Absperrarmaturen gegen das Heiznetz
- Schmutzfilter
- Verrechnungseinheit
- Differenzdruckregler
- Mengenbegrenzer
- Druckabsicherung nach DIN 4747 (bei direkten Stationen).

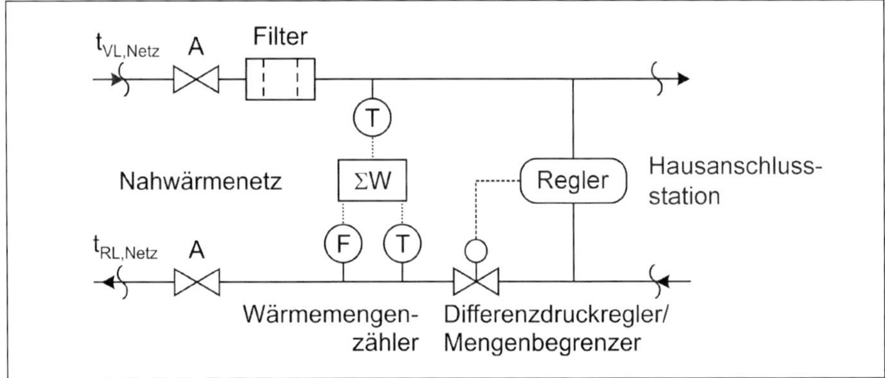


**Abbildung 3-74:** Prinzipieller Aufbau einer HÜS

Entsprechend den beiden genannten Anschlussprinzipien gibt es direkte oder indirekte HAST.

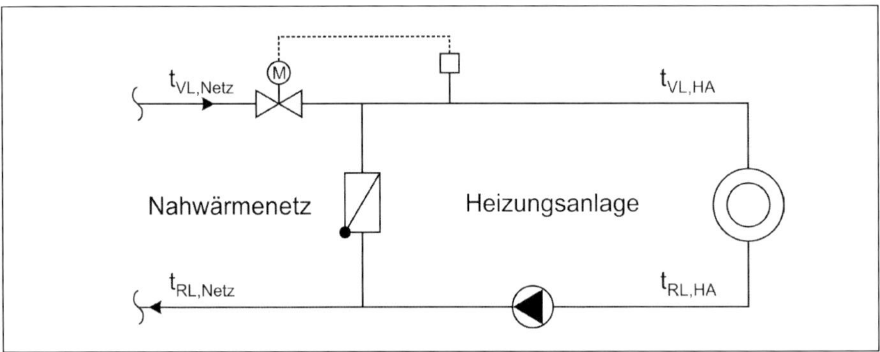


**Abbildung 3-75:** Direkte HAST

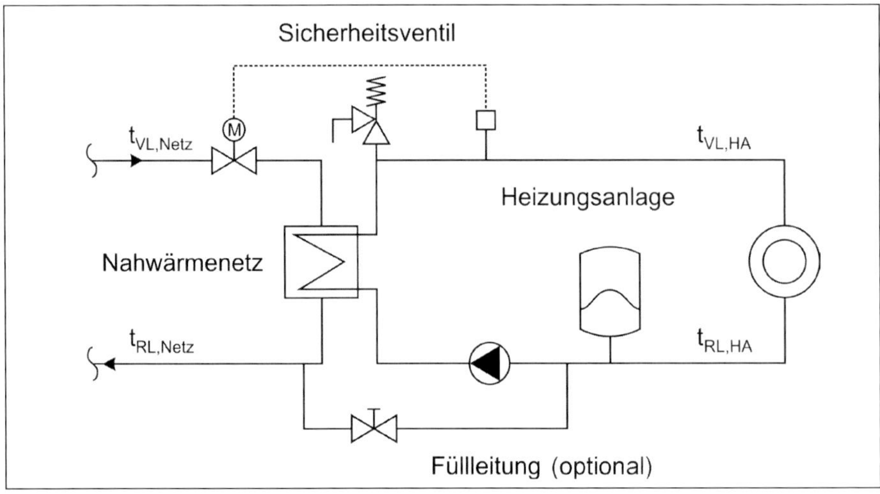


**Abbildung 3-76:** Indirekte HAST

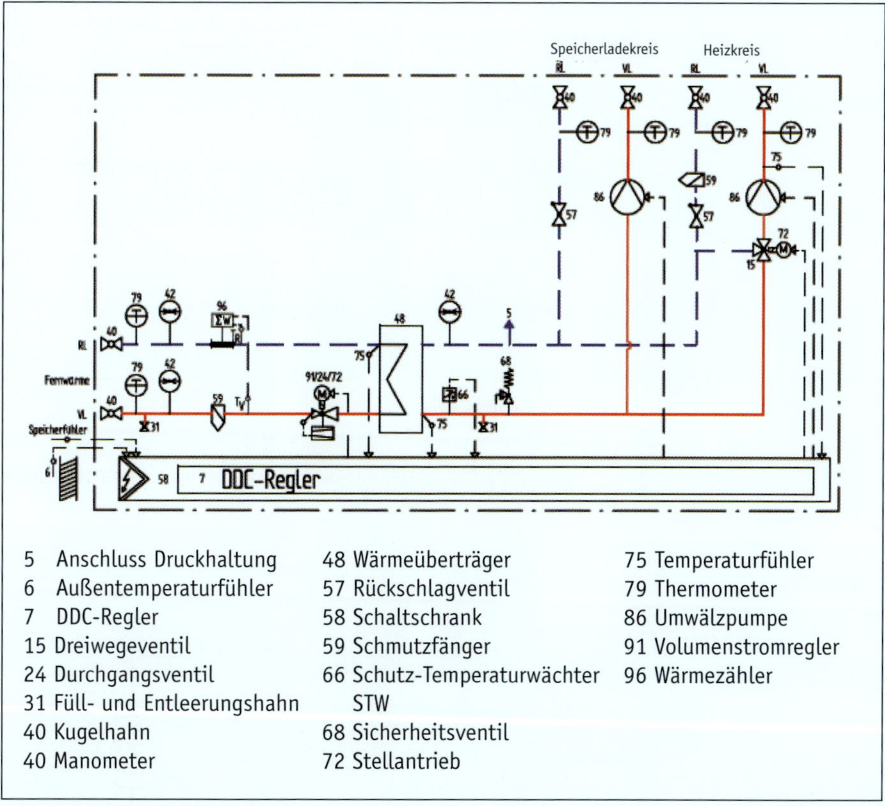


**Abbildung 3-77:** Funktionsschema für eine indirekte Kompaktstation mit einem Heizkreis und Anschluss für einen Warmwasserspeicher [Quelle: Fa. PeWo]

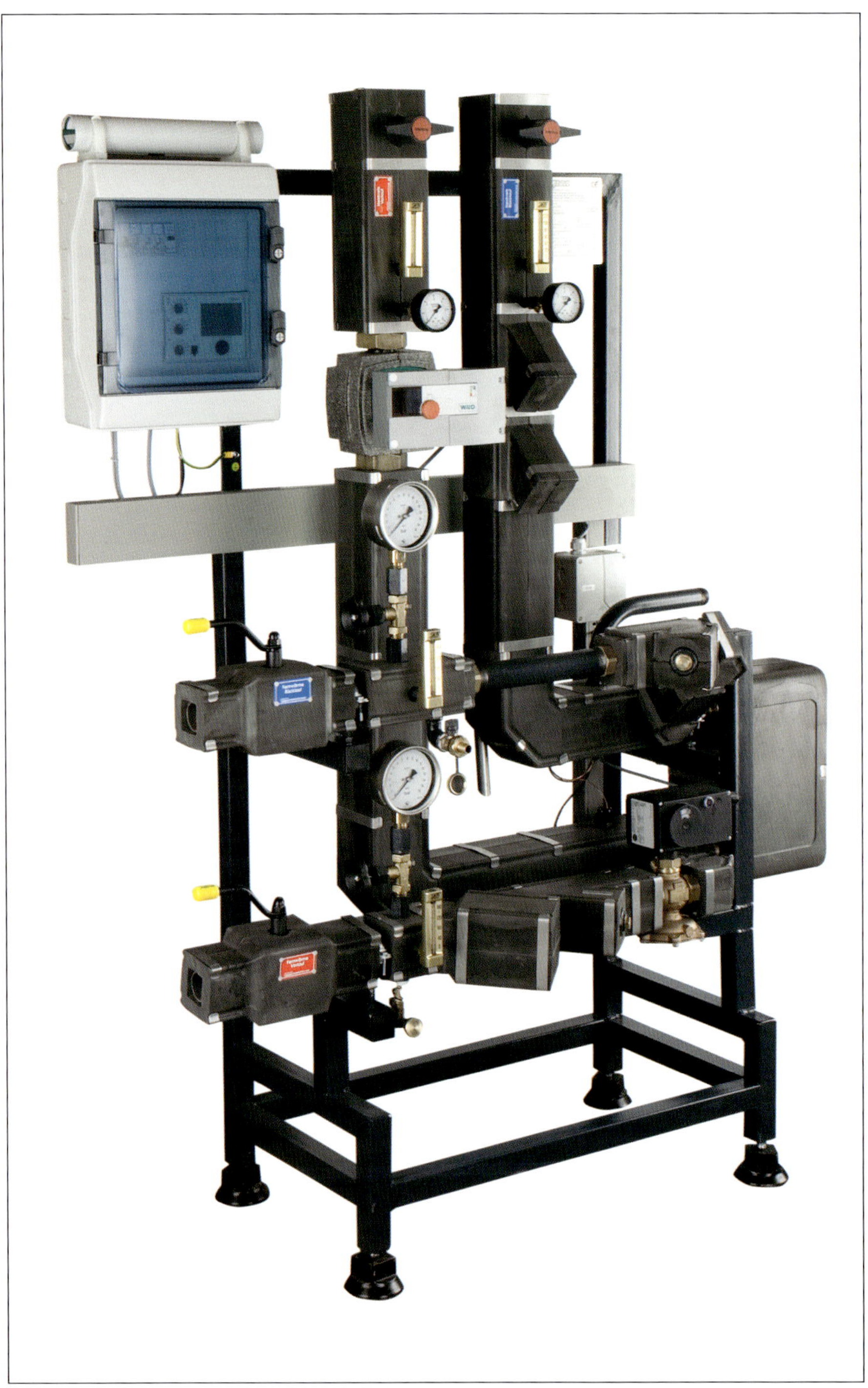

**Abbildung 3-78:** Indirekte Kompaktstation mit einem Heizkreis [Quelle: Fa. PeWo]

Es gibt Stationen mit und ohne Warmwasserbereitung, je nach den Anforderungen des Gebäudes. Die Warmwasserbereitung kann in drei Systemen gebaut werden:

- Speichersystem
- Durchflusssystem
- Speicherladesystem.

Bei Wohngebäuden wird häufig das Speicherladesystem verwendet.

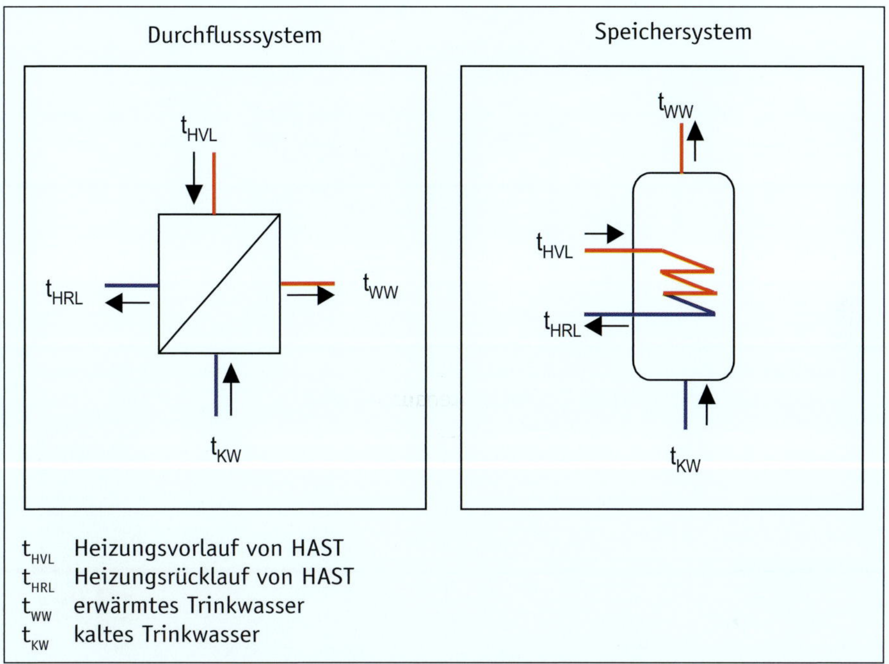


**Abbildung 3-79:** Grundprinzip von Durchfluss- und Speichersystems

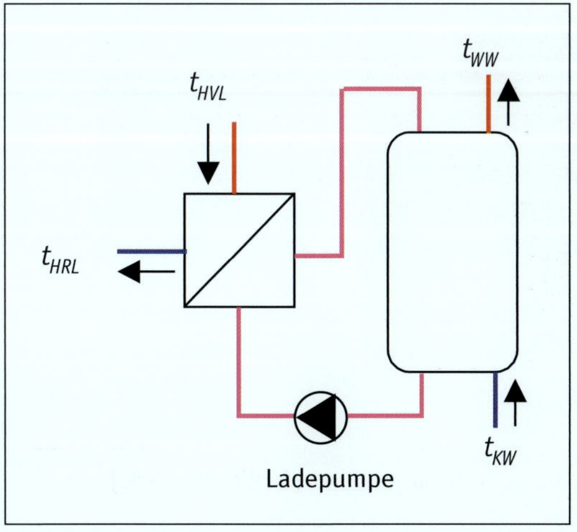


**Abbildung 3-80:** Grundprinzip des Speicherladesystems

## 3.5 Nahwärmezentralen

Die Wärmeerzeuger des Nahwärmesystems können entweder in einem der zu versorgenden Gebäude (Abbildung 3-81) oder in einem separaten, frei stehenden Gebäude der Nahwärmezentrale (Abbildung 3-82) angeordnet werden.

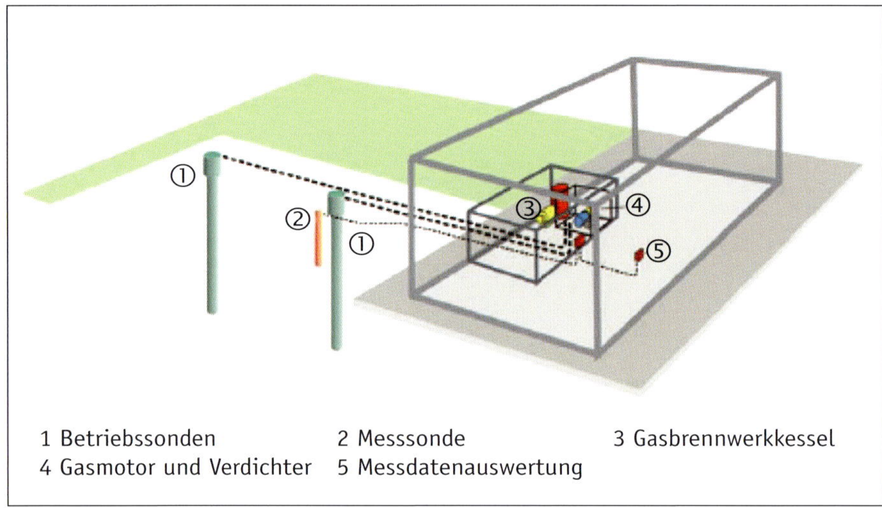


**Abbildung 3-81:** Integration einer Nahwärmezentrale in eines der zu versorgenden Gebäude (schematisch)

**Abbildung 3-82:** Freistehende Nahwärmezentrale

Grundsätzliche Hinweise für die Gestaltung von freistehenden Heizzentralen findet man in der VDI 2050-2: »Heizzentrale. Freistehende Heizzentralen. Technische Grundsätze für Planung und Ausführung. September 1995«. Schwerpunkte sind dabei die räumliche Gestaltung (Abbildung 3-83), der Platzbedarf sowie technische Aspekte.

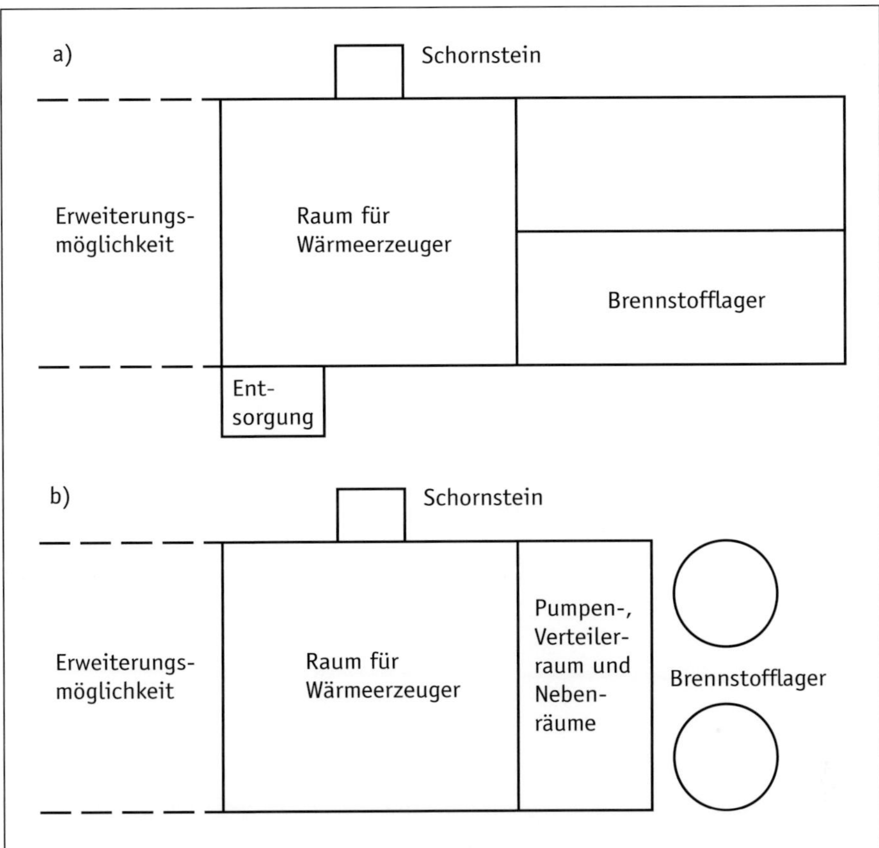


**Abbildung 3-83:** Funktionsschema von freistehenden Heizzentralen: a) Festbrennstoffanlage, b) Öl- oder Gasanlage [Quelle: VDI 2050-2]

## Quellen

[1] Netz, H.: Wärme und Dampf. Verlag Dr. Ingo Resch GmbH. 4. Auflage 1996. S. 275.

[2] Krimmling, J. u. a.: Atlas Gebäudetechnik. Rud. Müller Verlag. 2008. S. 63.

[3] Cerbe, G.: Grundlagen der Gastechnik. München, Wien: Carl Hanser Verlag. 1999. S. 302.

[4] Schmitz, K.-W. u. G. Schaumann: Kraft-Wärme-Kopplung. VDI-Verlag Düsseldorf. 2005. S. 9.

[5] Einbindung von kleinen und mittleren Blockheizkraftwerken/KWK-Anlagen. Hydraulik, Elektrik, Regelung. Hrsg.: Arbeitsgemeinschaft für sparsamen und umweltverträglichen Energieverbrauch e.V. Kaiserslautern.

[6] Krimmling, J.: Erneuerbare Energien. Rudolf Müller Verlag. 2009.

[7] Krimmling, J. und A. Preuß: Sind innovative Energiesysteme wettbewerbsfähig? In: VDI-Berichte Nr. 1457, 1999, S. 333–341.

[8] Dörr, D., J. Krimmling, G. Martin und A. Preuß: Innovative Abwärmenutzung in einem Schmiedewerk durch Einspeisung in ein kommunales Versorgungsnetz. EuroHeat&Power. 34. Jahrgang (2005), Heft 4. S. 52–55.

[9] FWU Ingenieurbüro GmbH, Dresden. Unveröffentlichter Projektbericht.

[10] Einbindung von kleinen und mittleren Blockheizkraftwerken/KWK-Anlagen. Hydraulik, Eelektrik, Regelung. Hrsg.: Arbeitsgemeinschaft für sparsamen und umweltverträglichen Energieverbrauch e.V. Kaiserslautern.

[11] Zschernig, J.: Wärmeversorgung. Studienbrief der TU Dresden. 1998.

[12] Winkens, P.: Heizkraftwirtschaft und Fernwärmeversorgung. S. 133.

[13] Bau von Fernwärmenetzen. VWEW, Frankfurt (Main) 1984. S. 43.

# 4 Planungsansätze

## 4.1 Bedarfsstrukturen

### 4.1.1 Überblick

Die Wärmebedarfsstruktur eines Versorgungsgebietes ist durch folgende Angaben gekennzeichnet:

- maximaler und minimaler Wärmeleistungsbedarf
- zeitlicher Verlauf der Wärmeleistung (Tages-, Wochen- und Jahresgänge)
- Jahreswärmebedarf.

### 4.1.2 Maximaler Wärmeleistungsbedarf

Durch den maximalen Wärmeleistungsbedarf wird die Anlagengröße fixiert:

$$\dot{Q}_{Anl,max} \geq \dot{Q}_{Nutz,max} \qquad \text{F 4-1}$$

$\dot{Q}_{Anl,max}$ Summe der zur Verfügung stehenden Erzeugerleistungen in kW

$\dot{Q}_{Nutz,max}$ Effektiver Wärmeleistungsbedarf der Abnehmer (Gebäude) in kW

Der effektive Wärmeleistungsbedarf ergibt sich aus dem summierten Bedarf der einzelnen Gebäude unter Beachtung der Bedarfsminderung durch Gleichzeitigkeitseffekte:

$$\dot{Q}_{Nutz,max} = GF \cdot \sum_{i=1}^{n} \dot{Q}_{N,i} + \dot{Q}_S \qquad \text{F 4-2}$$

$\dot{Q}_{N,i}$ Wärmeleistungsbedarf des einzelnen Gebäudes, berechnet als Heizlast nach DIN EN 12831 in kW

$\dot{Q}_S$ Sonderbedarf, z. B. Industrie, Schwimmbad o. ä.

GF Gleichzeitigkeitsfaktor; GF = 0,6 ... 1

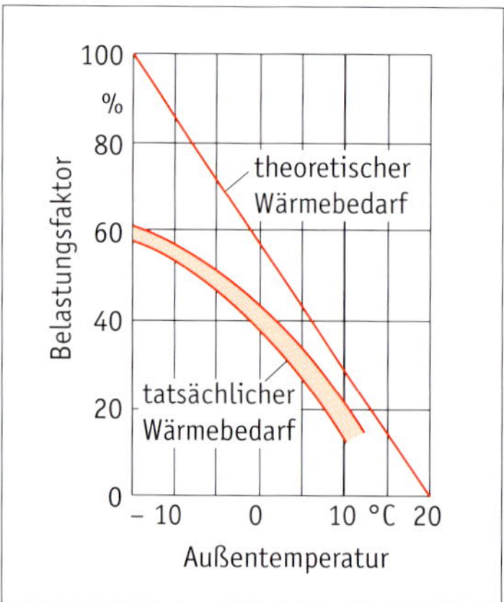


**Abbildung 4-1:** Mittlere Belastung von Fernheizwerken nach [1]

Die Schwierigkeit besteht in der Bestimmung des Gleichzeitigkeitsfaktors GF. Die Bedarfsminderung ergibt sich aufgrund statistischer Einflüsse, hängt also eigentlich nicht von der Höhe des Wärmeleistungsbedarfes ab, sondern vielmehr von der Anzahl gleichartiger Abnehmer (Abbildung 4-1). In [2] werden für Wohnbebauungen folgende Werte abgegeben:

- große Fernwärmesysteme (Stadtheizungen): GF = 0,6
- Nahwärmesysteme (Blockheizungen): GF = 0,8.

## 4.1.3 Minimaler Wärmeleistungsbedarf

Der minimale Wärmeleistungsbedarf wird benötigt, um bei Mehrkesselanlagen die Kesselsplittung bzw. das Regelregime festzulegen. In gleichem Sinne wird er bei KWK-Anlagen benötigt, wobei dort mehr noch der zeitliche Verlauf der Wärmeleistung (dargestellt als Jahresgangkurve) interessant ist. Durch den minimalen Wärmeleistungsbedarf wird die Grundlast der Versorgungsaufgabe bestimmt. Dadurch kann die jährliche Auslastung einer KWK-Anlage abgeschätzt werden.

## 4.1.4 Zeitlicher Verlauf der Wärmeleistung

Da der Leistungsverlauf in dieser Form mathematisch schwer handhabbar ist, wird die Leistungskurve in eine sogenannte geordnete Jahresganglinie (Jahresgangkurve) überführt. Die Abbildung 4-2 zeigt den Tagesverlauf der Wärmeleistung als Säulendiagramm. Ordnet man die Säulen nach deren Größe, erhält man einen geordneten Tagesgang.

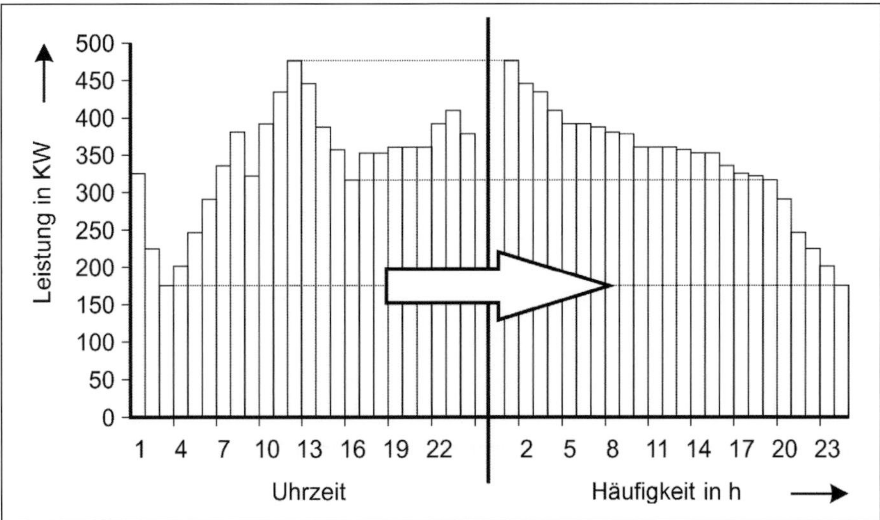


**Abbildung 4-2:** Ungeordnetes und geordnetes Säulendiagramm

Die Abbildung 4-3 demonstriert die analoge Entwicklung einer geordneten Jahresganglinie aus einem gemessenem Verlauf der benötigten Wärmeleistung. Dabei sind immer die Stunden zu bilanzieren, in denen die Wärmeleistung größer als ein bestimmter Wert waren. Auf diesem Wege kommt man punktweise zu der entsprechenden Kurve. Die Fläche unter beiden Kurven ist identisch und entspricht dem Jahreswärmebedarf.

In der geordneten Ganglinie kann der genaue Zeitpunkt einer bestimmten Leistung nicht mehr nachvollzogen werden, sondern lediglich deren Häufigkeit.

Die Form der Jahresganglinie eines Gebäudes hängt stark von dessen Nutzung ab. So ist z. B. in einem Krankenhaus oder einer Schwimmhalle der Warmwasserwärmebedarf hoch einzuordnen, während er in einem Wohnhaus geringer ausfällt. Ebenso spielt die Gebäudedämmung eine wichtige Rolle. Ist ein Haus sehr gut gedämmt, wirkt sich die Außentemperatur weniger stark auf den Wärmebedarf aus. Bei einer schlechten Dämmung steigen die Verluste bei sinkenden Außentemperaturen stärker an.

Das Hauptproblem besteht derzeit in der verlässlichen Bestimmung dieser Jahresganglinie für ein konkretes Gebäude bzw. Versorgungsgebiet. In [4] findet man Beispiele für Jahresgangkurven. Inwieweit diese auf andere Objekte übertragbar sind, muss jedoch geprüft werden.

Am sichersten, aber auch am aufwendigsten, ist die Bestimmung durch Messungen, was allerdings nur bei vorhandenen Gebäuden funktioniert. Dazu muss das betreffende Gebäude mit einer Leistungsmessung ausgestattet werden, welche im Viertelstundentakt die benötigte Wärmeleistung misst und abspeichert.

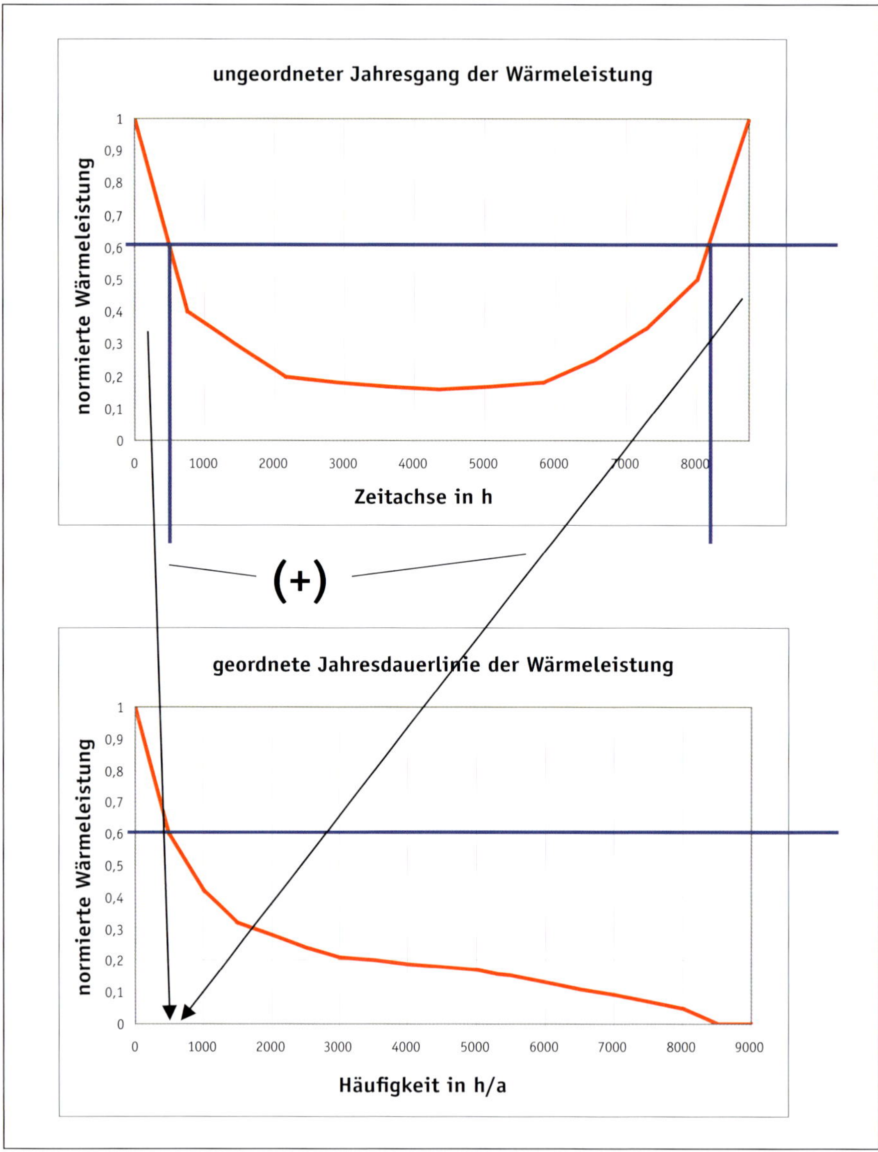


**Abbildung 4-3:** Entwicklung einer geordneten Jahresganglinie der Wärmeleistung [3]

Die Wärmeleistung ergibt sich aus folgenden Größen:

$$\dot{Q} = \rho \cdot \dot{V} \cdot c_p \cdot (t_{VL} - t_{RL}) \qquad \text{F 4-3}$$

| | |
|---|---|
| $\dot{Q}$ | berechnete Wärmeleistung |
| $\rho$ | Dichte des Heizwassers beim Mittelwert von $t_{VL}$, $t_{RL}$ |
| $c_p$ | spezifische Wärmekapazität |
| $\dot{V}$ | gemessener Volumenstrom des Heizwassers |
| $t_{VL}$, $t_{RL}$ | gemessene Vor- und Rücklauftemperatur |

Außerdem muss parallel die dazugehörige Außentemperatur gemessen werden, um die Jahresdauerlinie normieren zu können. Diese Methode kann für ein vorhandenes Gebäude durchgeführt werden, ist allerdings sehr zeitaufwendig, da mindestens ein komplettes Jahr gemessen werden müsste. Im Allgemeinen sind solche Messungen aber nicht verfügbar.

In der VDI 4655: »Referenzlastprofile von Ein- und Mehrfamilienhäusern für den Einsatz von KWK-Anlagen Mai 2007.« werden Messwerte für den Wärmeleistungsbedarf von Wohngebäuden mitgeteilt. Die Werte sind als Tagesgangkurven für Typtage dargestellt. Durch Aneinanderreihung dieser Tageswerte kann man die Jahresgangkurve ermitteln. Die Anwendung der Richtlinie wird im Abschnitt 4.3 demonstriert.

In [3] wird die Anwendung einer analytischen Regressionsfunktion erläutert, mit deren Hilfe man Jahresgangkurven beschreiben kann. Die Anwendung löst zwar nicht das generelle Problem der Nichtverfügbarkeit einer Jahresgangkurve, aber für bestimmte Aufgabenstellungen kann es von Vorteil sein, eine analytisch integrierbare Funktion zur Verfügung zu haben.

$$\alpha(\omega) = 1 - (1 - \alpha_{min}) \cdot \omega^{b}$$

$$b = \frac{\alpha_m - \alpha_{min}}{1 - \alpha_m} \quad \omega = \frac{\tau}{\tau_a} \quad \alpha = \frac{\dot{Q}(\tau)}{\dot{Q}_{max}} \quad \alpha_{min} = \frac{\dot{Q}_{min}}{\dot{Q}_{max}} \quad \alpha_m = \frac{\dot{Q}_m}{\dot{Q}_{max}} \qquad \text{F 4-4}$$

| | |
|---|---|
| $\dot{Q}(\tau)$ | momentane Wärmeleistung zum Zeitpunkt $\tau$ |
| $\dot{Q}_{max}$ | maximale Wärmeleistung |
| $\dot{Q}_{min}$ | minimale Wärmeleistung |
| $\dot{Q}_m$ | mittlere Wärmeleistung |
| $\tau$ | Häufigkeit |
| $\tau_a$ | maximale Häufigkeit (i. d. R. 8760 h) |

**Beispiel 4-1: Ermittlung der Jahresgangkurven für ein Versorgungsgebiet**

Ausgehend von F 4-4 ist die Jahresgangkurve für ein Versorgungsgebiet zu variieren. Ausgangspunkt ist die Variante 1 in Tabelle 4-1. Durch den Parameter $\dot{Q}_{min}$ kann die außentemperaturunabhängige Grundlast variiert werden (Variante 2). Die Bauchigkeit der Kurve wird durch $\dot{Q}_m$ beeinflusst (Variante 3).

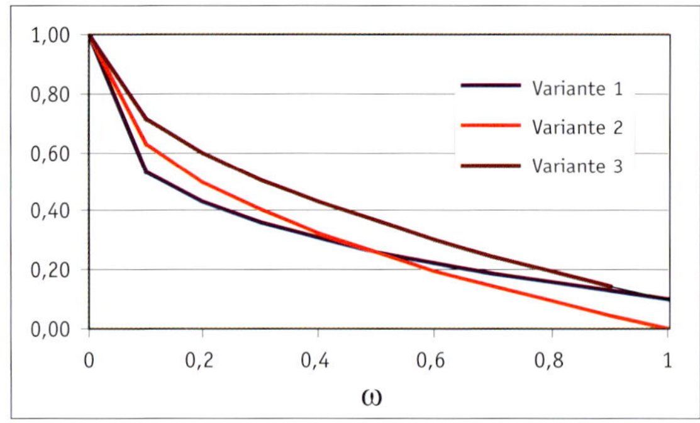


**Abbildung 4-4:** Jahresgangkurven

**Tabelle 4-1:** Jahresgangkurven (Werte der Abbildung 4-4)

| Variante 1 | | | Variante 2 | | | Variante 3 | | |
|---|---|---|---|---|---|---|---|---|
| $Q_{max}$ | in MW | 1 | $Q_{max}$ | in MW | 1 | $Q_{max}$ | in MW | 1 |
| $Q_{min}$ | in MW | 0,1 | $Q_{min}$ | in MW | 0 | $Q_{min}$ | in MW | 0,1 |
| $Q_m$ | in MW | 0,3 | $Q_m$ | in MW | 0,3 | $Q_m$ | in MW | 0,4 |
| $\alpha_{min}$ | | 0,100 | $\alpha_{min}$ | | 0,000 | $\alpha_{min}$ | | 0,100 |
| $\alpha_m$ | | 0,300 | $\alpha_m$ | | 0,300 | $\alpha_m$ | | 0,400 |
| $\beta$ | | 0,286 | $\beta$ | | 0,429 | $\beta$ | | 0,500 |

| ω | α | ω | α | ω | α |
|---|---|---|---|---|---|
| 0 | 1,000 | 0 | 1,000 | 0 | 1,000 |
| 0,1 | 0,534 | 0,1 | 0,627 | 0,1 | 0,715 |
| 0,2 | 0,432 | 0,2 | 0,498 | 0,2 | 0,598 |
| 0,3 | 0,362 | 0,3 | 0,403 | 0,3 | 0,507 |
| 0,4 | 0,307 | 0,4 | 0,325 | 0,4 | 0,431 |
| 0,5 | 0,262 | 0,5 | 0,257 | 0,5 | 0,364 |
| 0,6 | 0,222 | 0,6 | 0,197 | 0,6 | 0,303 |
| 0,7 | 0,187 | 0,7 | 0,142 | 0,7 | 0,247 |
| 0,8 | 0,156 | 0,8 | 0,091 | 0,8 | 0,195 |
| 0,9 | 0,127 | 0,9 | 0,044 | 0,9 | 0,146 |
| 1 | 0,100 | 1 | 0,000 | 1 | 0,100 |

## 4.1.5 Jahreswärmebedarf

Der Jahreswärmebedarf ergibt sich durch Integration über den Verlauf der Wärmeleistung:

$$Q_a = \int_a \dot{Q}(\tau) \cdot d\tau \qquad \text{F 4-5}$$

$\dot{Q}(\tau)$ momentane Wärmeleistung zum Zeitpunkt τ in kW

$Q_a$ Jahreswärmebedarf in kWh/a

In der Abbildung 4-5 ist die fiktive Größe der Volllaststundenzahl dargestellt. Sie beschreibt die Anzahl der Stunden, welche der Wärmeerzeuger mit voller Last laufen müsste, um den Jahreswärmebedarf abzudecken. Diese Größe wird in der Gebäudeheiztechnik heute nicht mehr verwendet. Nichtsdestotrotz kann der Praktiker mit ihrer Hilfe bei bekannter installierter Leistung schnell den Jahreswärmebedarf abschätzen. Die Volllaststundenzahl ergibt sich als flächengleiches Rechteck, wobei eine Seitenlänge durch die Maximalleistung bestimmt ist:

$$Q_a = \int_a \dot{Q}(\tau) \cdot d\tau = \dot{Q}_{max} \cdot b_V \qquad \text{F 4-6}$$

$\dot{Q}_{max}$ maximal benötigte Leistung

$b_V$ Volllaststundenzahl in h/a

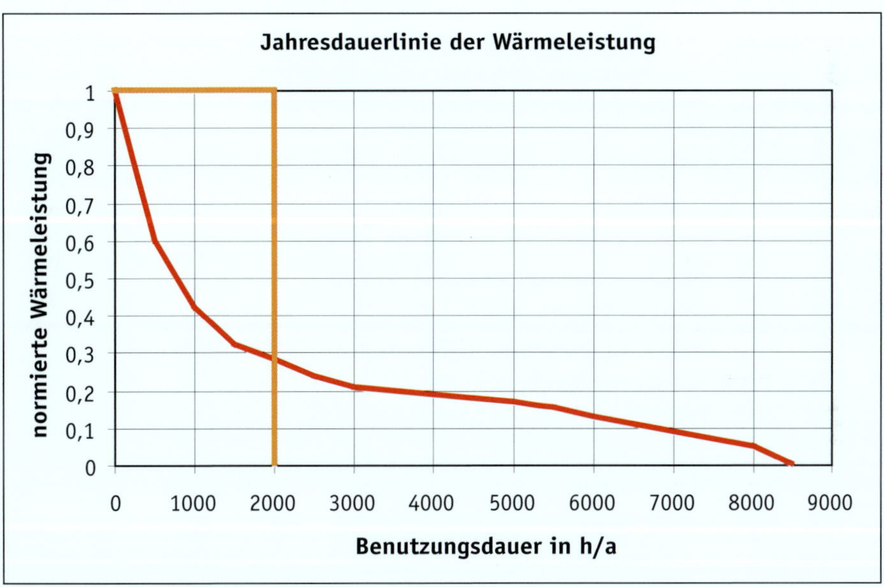


**Abbildung 4-5:** Volllaststundenzahl

**Tabelle 4-2:** Typische Volllaststundenzahlen [5]

| **Gebäudeart** | **$b_V$** |
|---|---|
| Einfamilienhaus | 2100 |
| Mehrfamilienhaus | 2000 |
| Bürohaus | 1700 |
| Krankenhaus | 2400 |
| Schule, einschichtig | 1100 |
| Schule, mehrschichtig | 1300 |

Genauer kann der Wärmebedarf mit Hilfe des Heizperioden- bzw. des Monatsperiodenbilanzverfahrens (DIN 4108-6) abgeschätzt werden. Der Jahresheizenergiebedarf Q berechnet sich aus vier Komponenten:

$$Q_a = Q_h + Q_W + Q_t - Q_r \qquad \text{F 4-7}$$

| | |
|---|---|
| $Q_a$ | Jahresheizenergiebedarf in kWh/a |
| $Q_h$ | Jahresheizwärmebedarf in kWh/a |
| $Q_W$ | jährlicher Wärmebedarf für Warmwasserbereitung in kWh/a |
| $Q_t$ | Summe der technischen Anlagenverluste in kWh/a |
| $Q_r$ | regenerative und rückgewinnbare Energie in kWh/a |

Während beim Monatsperiodenbilanzverfahren F 4-7 für jeden Monat aufzustellen ist, wird beim Heizperiodenbilanzverfahren das gesamte Jahr bzw. die Heizperiode betrachtet. Für die Abschätzung des Jahreswärmebedarfs von Nahwärmeversorgungsgebieten genügt das Heizperiodenverfahren mit einer Reihe nachfolgend dargestellter Vereinfachungen. Der Heizwärmebedarf setzt sich aus dem Transmissionswärmebedarf $Q_T$ und dem Lüftungswärmebedarf $Q_L$ abzüglich innerer Quellen $Q_i$ und solarer Einstrahlung $Q_s$ zusammen:

$$Q_h = Q_T + Q_L - \eta \left(Q_i + Q_s\right) \qquad \text{F 4-8}$$

| | |
|---|---|
| $Q_T$ | Transmissionswärmebedarf in kWh/a |
| $Q_L$ | Lüftungswärmebedarf in kWh/a |
| $Q_i$ | innere Wärmequellen in kWh/a |
| $Q_S$ | Solarenergiegewinne in kWh/a |
| $\eta$ | Ausnutzungsgrad für Wärmegewinne |

Der Transmissionswärmebedarf kann stark vereinfacht bzw. analog dem Hüllflächenverfahren bestimmt werden:

$$Q_T = U_m \cdot A_{Hülle} \cdot G_t \cdot 0{,}024 \qquad \text{F 4-9}$$

| | |
|---|---|
| $Q_T$ | Transmissionswärmebedarf in kWh/a |
| $U_m$ | integraler Mittelwert der Wärmedurchgangskoeffizienten der Außenhülle in $W/(m^2 K)$ |
| $G_t$ | Gradtagszahl $G_t = \sum_1^z \left(t_i - t_{am}\right)$ in Kd/a mit<br>z Anzahl der Heiztage, $t_i$ mittlere Innentemperatur, $t_{am}$ Tagesmittel der Außentemperaturen je Heiztag |

Der Lüftungswärmebedarf ergibt sich für einen konstanten Luftwechsel (gemittelt für das ganze Haus):

$$Q_L = 0{,}34 \cdot n \cdot V_L \cdot G_t \cdot 0{,}024 \qquad \text{F 4-10}$$

| | |
|---|---|
| $Q_L$ | Lüftungswärmebedarf in kWh/a |
| $n$ | mittlerer stündlicher Luftwechsel im Gebäude in 1/h |
| $G_t$ | Gradtagszahl $G_t = \sum_1^z (t_i - t_{am})$ in Kd/a mit<br>z Anzahl der Heiztage, $t_i$ mittlere Innentemperatur, $t_{am}$ Tagesmittel der Außentemperaturen je Heiztag |
| $V_L$ | Netto-Lüftungsvolumen des Gebäudes in m³ |

Die Wärmegewinne durch innere Quellen müssen entsprechend den jeweiligen Gegebenheiten abgeschätzt werden. Die solaren Gewinne hängen von der Lage und Ausrichtung der transparenten Flächen ab und müssen ebenso projektspezifisch bestimmt werden, siehe dazu die DIN 4108-6. Für orientierende Abschätzungen beim Entwurf von Nahwärmesystemen können die beiden Terme für innere Quellen und solare Einstrahlungen in der ersten Näherung vernachlässigt werden.

Die Energie für die Aufbereitung eines bestimmten Volumens Trinkwasser V berechnet man nach folgender einfacher Formel:

$$Q_W = \rho \cdot V \cdot c_p \cdot (t_{WW} - t_{KW}) \cdot 0{,}2778 \qquad \text{F 4-11}$$

| | |
|---|---|
| $Q_W$ | Energiebedarf für Warmwasserbereitung in kWh/a |
| $\rho$ | Dichte des Wassers (rund 1000 kg/m³) |
| $V$ | Volumen des zu erwärmenden Wassers pro Jahr in m³/a |
| $c_p$ | spezifische Wärmekapazität des Wassers ($4{,}2 \frac{kJ}{kg \cdot K}$) |
| $t_{WW}$ | Temperatur des Warmwassers<br>($t_{WW}$ = 45 ... 60 °C, im gewerblichen Bereich auch darüber) |
| $t_{KW}$ | Temperatur des Kaltwassers (i. d. R. 10 °C) |

Für Wohngebäude kann der Warmwasserbedarf nach Tabelle 4-3 abgeschätzt werden. Weitere Angaben zum Warmwasserbedarf findet man in [1, Seite 1723].

**Tabelle 4-3:** Warmwasserbedarf von Wohngebäuden nach Feurich [6]

| Gebäudeart | Standard Gebäude | Warmwasserbedarf (Wassertemperatur 60 °C) in Liter pro Tag und Person | | |
|---|---|---|---|---|
| | | **niedriger Komfort** | **mittlerer Komfort** | **hoher Komfort** |
| Einfamilienhaus | Einfach | 30 | 40 | 50 |
| | Mittel | 35 | 50 | 60 |
| | Gehoben | 40 | 60 | 80 |
| Mehrfamilienhaus | Sozialer Wohnungsbau | 20 | 30 | 40 |
| | Allg. Wohnungsbau | 30 | 40 | 50 |
| | Gehobener Wohnungsbau | 40 | 50 | 70 |

## 4.2 Auslegung von Wärmeerzeugern und deren Komponenten

### 4.2.1 Kesselanlagen

Bei Kesselanlagen erfolgt die Größenbestimmung so, dass der oder die Kessel in Summe den maximalen Wärmeleistungsbedarf des Versorgungsgebietes abdecken könne (siehe F 2-2).

Bei einer Kesselanlage sind folgende Auslegungsaufgaben zu lösen:

- Dimensionierung des Brenners
- Dimensionierung der Brennstoffzufuhr
- Dimensionierung der Tankausrüstung
- Dimensionierung des Öltanks/Vorratslagers
- Dimensionierung der Verbrennungsluftzufuhr
- Dimensionierung der Abgasanlage.

#### Dimensionierung des Brenners

Obwohl die meisten Kesselhersteller für ihre Kessel in den Herstellerunterlagen einen geeigneten Brenner vorschlagen, sollte man die Grundzüge der Brennerauslegung kennen. Der Brenner muss nach

- der zu erbringenden Feuerungswärmeleistung und
- dem zu überwindenden Strömungswiderstand

ausgelegt werden. Dabei ergibt sich die Brennerleistung (Feuerungswärmeleistung) über den Wirkungsgrad im Nennlastfall:

$$\dot{Q}_F = \frac{\dot{Q}_{Nutz}}{\eta_{ges,Nenn}}$$ F 4-12

| | |
|---|---|
| $\dot{Q}_F$ | Feuerungswärmeleistung bei Nennlast |
| $\dot{Q}_{Nutz}$ | thermische Nutzleistung bei Nennlast |
| $\eta_{ges,Nenn}$ | Nennlastwirkungsgrad |

Der vom Brennergebläse aufzubringende Drucksprung ergibt sich als Summe von Brennerwiderstand, Kesselwiderstand und den Widerständen für Schalldämmeinrichtungen:

$$\Delta p_{erf,Br} = \Delta p_{Br} + \Delta p_{Kessel} + \sum \Delta p_{SD}$$ F 4-13

| | |
|---|---|
| $\Delta p_{erf,Br}$ | der vom Brenner aufzubringende Drucksprung |
| $\Delta p_{Br}$ | Druckverlust des Brenners |
| $\Delta p_{Kessel}$ | Druckverlust des Kessels (rauchgasseitig) |
| $\sum \Delta p_{SD}$ | Summe der Druckverluste der Schalldämmeinrichtungen |

Die Auswahl des Brenners für einen Kessel erfolgt mit Hilfe der Brenner-Kennfeld-Diagramme der Hersteller.

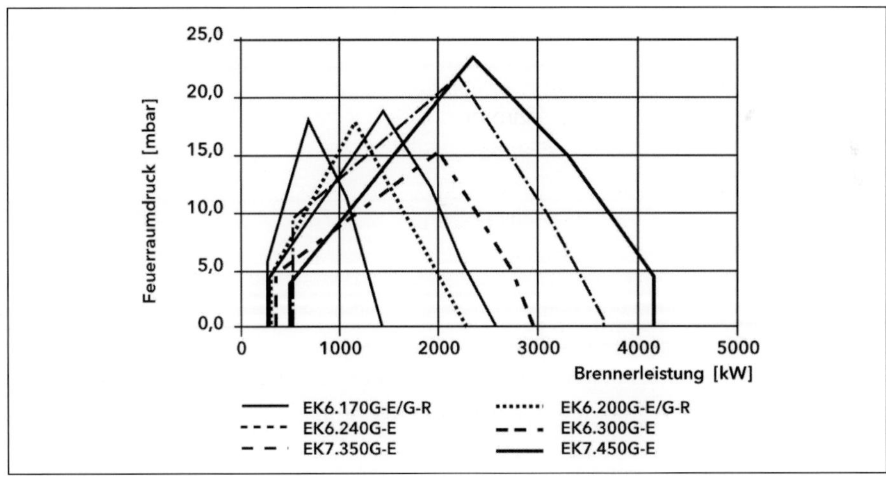


**Abbildung 4-6:** Beispiel für Brenner-Kennfeld-Diagramm [Quelle: Fa. ELCO]

### Beispiel 4-2: Auslegung eines Gasbrenners für einen Niedertemperaturkessel

| Nutzwärmeleistung | $Q_{Nutz}$ | 700,00 | kW |
|---|---|---|---|
| Nennlastwirkungsgrad | $\eta_{ges,Nenn}$ | 0,90 | |
| Druckverlust des Kessels | $\Delta p_{Kessel}$ | 8,00 | mbar |
| Druckverlust der Schalldämmeinrichtungen | $\Sigma\Delta p_{SD}$ | 4,50 | mbar |
| | | | |
| Feuerungswärmeleistung | $\dot{Q}_F$ | 777,78 | kW |
| vom Brenner aufzubringender Drucksprung | $\Delta p_{erf,Br}$ | 12,50 | mbar |

Mit diesen Werten ist in das entsprechende Brennerdiagramm nach Abbildung 4-6 hineinzugehen. Man würde den Brenner EK 6.170 G-E/G-R auswählen. Zu beachten ist, dass in den Herstellerdiagrammen, der Druckverlust des Brenners selbst gleich in das Diagramm integriert wurde und somit nicht mehr explizit betrachtet werden muss.

### Dimensionierung der Brennstoffzufuhr

Bei Ölbrennern sind einerseits die Ölleitungen zwischen Tank und Brenner sowie andererseits die Größe des Öltanks zu bestimmen. Die überschlägige Leitungsdimensionierung erfolgt in Abhängigkeit der Richtgeschwindigkeiten nach DIN 4755:

Saugleitung: v = 0,2 bis 0,5 m/s (Saugbetrieb)
v = 1,0 bis 1,5 m/s (Druckbetrieb)
Rücklaufleitung: v = < 1,5 m/s.

Aus der Kontinuitätsgleichung ergibt sich:

$$d = \sqrt{\frac{4\dot{V}_{Brenner}}{\pi \cdot v}} \qquad \text{F 4-14}$$

$d$ Durchmesser
$\dot{V}_{Brenner}$ Ölvolumenstrom
$v$ Richtgeschwindigkeit

Der Ölvolumenstrom ergibt sich aus der Brennerleistung:

$$\dot{V}_{Brenner} = \frac{\dot{Q}_F}{H_u \cdot \rho} \qquad \text{F 4-15}$$

$\dot{V}_{Brenner}$ Ölvolumenstrom
$\dot{Q}_F$ Feuerungsleistung
$\rho$ Dichte des Brennstoffs
$H_u$ Heizwert

Bei Einstrangsystemen werden die Leitungen mit dem auf diese Weise ermittelten Ölvolumenstrom dimensioniert. Bei Zweistrangsystemen bzw. Ringleitungssystemen ist die Förderleistung der Ölpumpe als Basis zu verwenden, d. h. der Pumpenförderstrom ist einzusetzen. Überschlägig kann man mit der doppelten Ölmenge, wie für den Nennlastfall benötigt, rechnen. Mit der vordimensionierten Leitung ist der Druckverlust des gesamten Ölversorgungssystems zu berechnen. Ggf. sind die Leitungen dann größer zu dimensionieren. Der Druckverlust durch Rohrreibung und Einzelwiderstände für eine Teilstrecke i wird wie folgt bilanziert:

$$\Delta p_{ges,i} = \frac{\rho}{2} v_i^2 (\lambda \frac{L_i}{d_i} + \sum_j \zeta_j) \qquad \text{F 4-16}$$

| | |
|---|---|
| $\Delta p_{ges,i}$ | Druckverlust der Teilstrecke i |
| $v_i$ | Strömungsgeschwindigkeit in der Teilstrecke |
| $\rho$ | Dichte des Brennstoffs |
| $\lambda$ | Rohrreibungsbeiwert |
| $L_i$ | Länge der Teilstrecke |
| $d_i$ | Durchmesser der Teilstrecke |
| $\sum_j \zeta_j$ | Einzelwiderstände auf der Teilstrecke |

Da die Bestimmung der Rohrreibungsbeiwerte vergleichsweise aufwendig ist, werden in der Praxis entweder Rechenprogramme oder Auslegungsdiagramme verwendet. Die DIN 4755 enthält im Anhang folgendes Nomogramm:

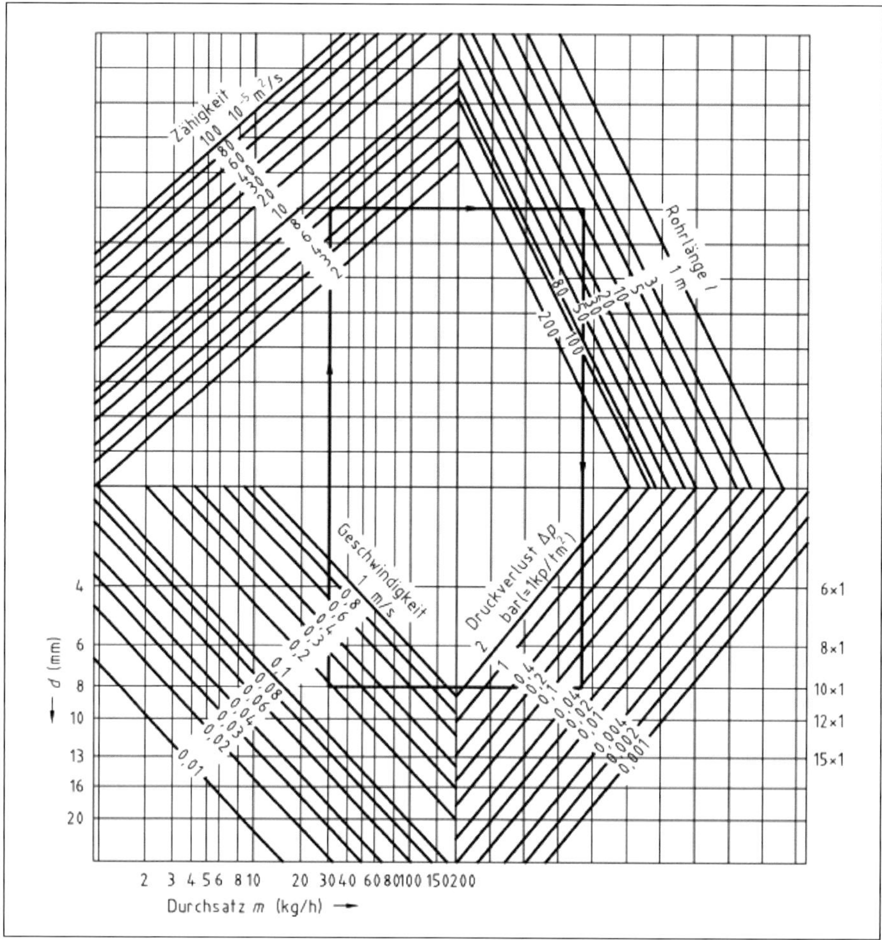


**Abbildung 4-7:** Nomogramm zur Bestimmung des Druckverlustes in Ölleitungen (DIN 4755, Bild A1)

## Beispiel 4-3: Heizölleitung für einen Brenner

Für den Brenner eines Heizölkessels ist die Brennstoffleitung überschlägig auszulegen. Der Brenner ist im Einstrangsystem angeschlossen.

| Brennerfeuerungsleistung | $\dot{Q}_F$ | 1000 | kW |
|---|---|---|---|
| Heizwert | $H_u$ | 11,86 | kWh/kg |
| Dichte | $\rho$ | 0,84 | kg/l |
| angenommene Richtgeschwindigkeit | v | 0,3 | m/s |
| | | | |
| Brennstoffmassenstrom | $\dot{m}_{Brennstoff}$ | 84,32 | kg/h |
| Brennstoffvolumenstrom | $\dot{V}_{Brennstoff}$ | 100,38 | l/h |
| berechneter Durchmesser | d | 10,88 | mm |
| gewählte Leitung | Kupfer | 12 x 1 | |

### Dimensionierung der Tankausrüstung

Bei einem Heizöltank müssen außerdem noch die Befüllleitung sowie die Entlüftungsleitung bemessen werden. Dies geschieht nach DIN 4755:

- Die Füllleitung wird mit DN 50 oder DN 80 ausgeführt. Sie muss mit stetigem Gefälle zum Behälter hin verlegt werden.
- Die Lüftungsleitung hat einen Innendurchmesser von 40 mm (bei Prüfdruck des Tanks 2 bar) bzw. 50 mm (bei Prüfdruck des Tanks mindestens 1,3-facher statischer Druck von Wasser). Sie muss ebenfalls mit stetigem Gefälle zum Behälter hin verlegt werden.

### Dimensionierung des Öltanks

Die Bestimmung der notwendigen Tankgröße hängt von den Anforderungen an die Versorgungssicherheit und den Liefermöglichkeiten des Brennstofflieferanten ab. Für kleine und mittlere Versorgungssysteme wird oft der zu überbrückende Zeitraum um Weihnachten und Neujahr zugrunde gelegt und eine Bevorratung von zehn Volllasttagen angesetzt:

$$V_{Bevorratung} = \frac{\dot{Q}_{Nutz} \, \Delta\tau_{Bevorratung}}{\eta_{Ges,Nenn} \, \rho H_u} \qquad \text{F 4-17}$$

| | |
|---|---|
| $\dot{Q}_{Nutz}$ | thermische Nennleistung der Wärmeerzeuger |
| $\Delta\tau_{Bevorratung}$ | Zeitraum, für den bevorratet werden soll |
| $\rho$ | Dichte des Brennstoffs |
| $H_u$ | Heizwert des Brennstoffes |
| $\eta_{Ges,Nenn}$ | Nennlastwirkungsgrad |

### Beispiel 4-4: Tankdimensionierung für ein kleines Nahwärmesystem

Für ein mit Heizöl betriebenes Nahwärmesystem ist die Tankgröße zu bestimmen. Der Bevorratungszeitraum soll mindestens 10 Tage betragen.

| | | | |
|---|---|---|---|
| thermische Nennleistung | $Q_{Nutz}$ | 500 | kW |
| Bevorratungszeit | $\Delta\tau_{Bevorratung}$ | 10 | d |
| Dichte | $\rho$ | 0,84 | kg/l |
| Heizwert | $H_u$ | 11,86 | kWh/kg |
| Nennlastwirkungsgrad | $\eta_{Ges,Nenn}$ | 0,9 | |
| Bevorratungsvolumen | $V_{Bevorratung}$ | 13 383,66 | l |
| Tankvolumen, gewählt | $V_{Tank}$ | 15 000,00 | l |

Es ist ein Tank mit 15 000 l Fassungsvolumen vorzusehen. Aus betrieblichen Gründen kann jedoch durchaus eine größerer Bevorratungszeitraum sinnvoll sein.

### Gaszufuhr

Bei Gasbrennern ist die Leitung vom Übergabepunkt des Versorgers bis zum Gasdruckregler des Brenners zu dimensionieren. Dabei ist eine Druckbilanz mit Hilfe von F 4-16 aufzustellen. Wird der Druckverlust für einen zunächst vorgegebenen Durchmesser zu groß, muss die Nennweite erhöht werden.

### Dimensionierung der Verbrennungsluftzufuhr

Der an den Brennern erforderliche Verbrennungsluftstrom ergibt sich aus der Verbrennungsrechnung in Abhängigkeit der Feuerungswärmeleistung (vgl. Abschnitt 2.4.1). Die Zuluftöffnungen werden nach baurechtlichen Bestimmungen ausgelegt. Die Zuluftöffnung muss bei Anlagen über 50 kW folgende Größe haben:

- Mindestquerschnitt 150 cm²
- Für jedes kW über 50 kW ist die Öffnung um 2 cm² zu vergrößern
- Leitungen müssen strömungstechnisch äquivalent bemessen sein.

Die jeweiligen Bestimmungen des geltenden Baurechts sind einzuhalten. Es empfiehlt sich eine Abstimmung mit dem zuständigen Bezirkschornsteinfegermeister.

### Dimensionierung der Abgasanlage

Man unterscheidet:

- Unterdruck-Abgasanlagen und
- Überdruck-Abgasanlagen.

Das Funktionsprinzip der Unterdruck-Abgasanlage beruht auf der Auftriebskraft, die aufgrund des Dichteunterschiedes zwischen heißem Abgas und »kalter« Umgebungsluft entsteht. Durch diesen Auftrieb entsteht ein Unterdruck am Schornsteineintritt. Dieser sogenannte Ruhedruck $p_H$ berechnet sich wie folgt:

$$p_H = \left(\rho_L - \rho_a\right) \cdot g \cdot H \qquad \text{F 4-18}$$

| | |
|---|---|
| $\rho_L$ | Dichte der Umgebungsluft |
| $\rho_a$ | Dichte des Abgases |
| $g$ | Erdbeschleunigung |
| $H$ | wirksame Höhe des Schornsteins |

Der Ruhedruck wird größer mit zunehmendem Dichteunterschied zwischen Abgas und Außenluft. Demzufolge sinkt der Ruhedruck bei höheren Außentemperaturen. Aus diesem Grunde wird die Schornsteinberechnung für eine Außentemperatur von 15 °C durchgeführt.

Für die Druckbilanzierung, anhand derer die einzuhaltenden Druckbedingungen geprüft werden, benötigt man noch den nutzbaren Druck an der Abgaseinführung des Schornsteins $p_Z$ und den notwendigen Unterdruck an der Abgaseinführung $p_{Ze}$, welcher zur Überwindung der entsprechenden Druckverluste erforderlich ist:

$$p_Z = p_H - p_R - p_L$$
$$p_{Ze} = p_W + p_{FV} + p_B \qquad \text{F 4-19}$$

| | |
|---|---|
| $p_H$ | Ruhedruck, siehe F 4-18 |
| $p_R$ | Strömungswiderstand des Schornsteins |
| $p_L$ | Winddruck (Einwirkung des Windes auf die Abgasanlage) |
| $p_W$ | Strömungswiderstand des Wärmeerzeugers |
| $p_{FV}$ | Strömungswiderstand des Verbindungsstückes |
| $p_B$ | Strömungswiderstand bei der Zuführung der Verbrennungsluft |

Bei der Schornsteinauslegung sind zwei Bedingungen zu erfüllen:

- die Druckbedingung, d. h. reicht der Unterdruck am Schornsteineintritt aus, um die entsprechenden Strömungswiderstände zu überwinden?
- die Temperaturbedingung, durch die sicher gestellt wird, dass die Innenwandtemperatur an der Schornsteinmündung oberhalb einer bestimmten Grenztemperatur liegt.

**Druckbedingung**

Der nutzbare Druck an der Abgaseinführung muss größer sein als der zur Verfügung stehende Druck an der Abgaseinführung:

$$p_Z \geq p_{Ze}$$

**Temperaturbedingung**

Die Temperatur an der Schornsteinmündung $T_{iob}$ muss oberhalb einer vorgegebenen Grenztemperatur liegen, welche in Abhängigkeit der Betriebsart festgelegt wird:

$$T_{iob} >= T_G$$

Formelzeichen siehe Abbildung 4-9

Bei trockener Betriebsweise ist $T_G$ die Taupunkttemperatur. Bei feuchter Betriebsweise beträgt $T_G$ = 273,15 K (0 °C). Dadurch soll die Eisbildung verhindert werden.

Wird die Temperaturbedingung nicht erfüllt, können folgende Maßnahmen ergriffen werden:

- zusätzliche Wärmeisolierung des Schornsteins
- geringerer Durchmesser (sofern hydraulisch möglich), damit das Abgas schneller durch den Schornstein strömt
- Einsatz einer kombinierten Nebenluftvorrichtung (KNL).

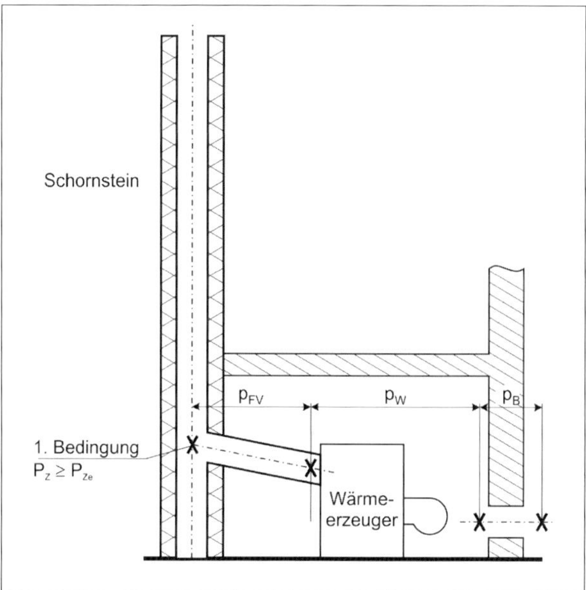


**Abbildung 4-8:** Druckbilanz an einem Schornstein

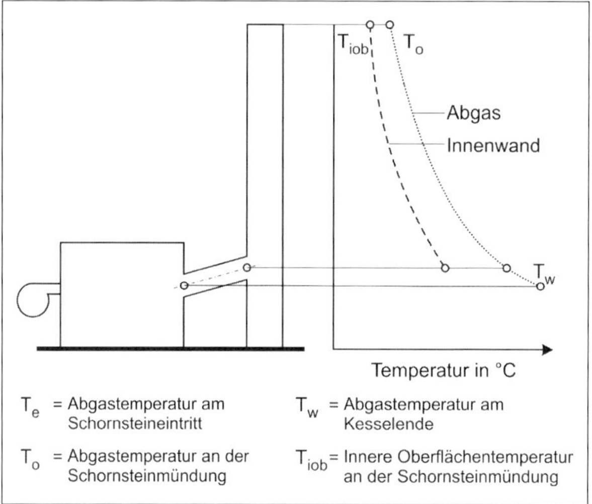


**Abbildung 4-9:** Temperaturverlauf im Schornstein

Die Schornsteinauslegungsrechnung geht folgendermaßen:

- Vorgabe der Schornsteinhöhe entsprechend der Gebäudehöhe bzw. nach immisionsrechtlichen Vorgaben
- Annahme eines Durchmessers für Schornstein und Verbindungsstück
- Aufstellen der Druckbilanz
- Reicht der Schornsteinzug nicht aus, müssen schrittweise größere Durchmesser gewählt werden. Weitere Möglichkeiten bestehen in der Verringerung der Rauhigkeit

des Innenrohrs und/oder in der Wärmeisolierung des Verbindungsstückes. Eine Erhöhung der Abgastemperatur verbietet sich, da dadurch der Kesselwirkungsgrad sinken würde.

Die Dimensionierung der Abgasanlage erfolgt nach DIN EN 13384-1. Die Berechnung erfolgt entweder von Hand oder zweckmäßigerweise mit Hilfe entsprechender Software. Die Software sollte die Anforderungen der DIN erfüllen und außerdem TÜV-geprüft sein. Hilfsweise können Auslegungsdiagramme der Schornsteinhersteller verwendet werden, jedoch ist hier zu beachten, dass in diesen Diagrammen immer eine bestimmte Konfiguration von Schornstein und Verbindungsstück (Länge, Bögen), zusammengefasst in einem Gesamtwiderstandsbeiwert, zugrunde gelegt wird. Es muss für den eigenen Anwendungsfall geprüft werden, ob diese Voraussetzungen auch wirklich zutreffen.

### Beispiel 4-5: Bemessung eines Schornsteinquerschnitts anhand eines Auslegungsdiagramms

Für eine Kesselanlage mit einer Wärmeleistung von 100 kW ist der Schornsteinquerschnitt überschlägig zu bemessen. Die wirksame Höhe des Schornsteins beträgt 12 m. Aus der Abbildung 4-10 ergibt sich ein Mindestquerschnitt von 150 mm.

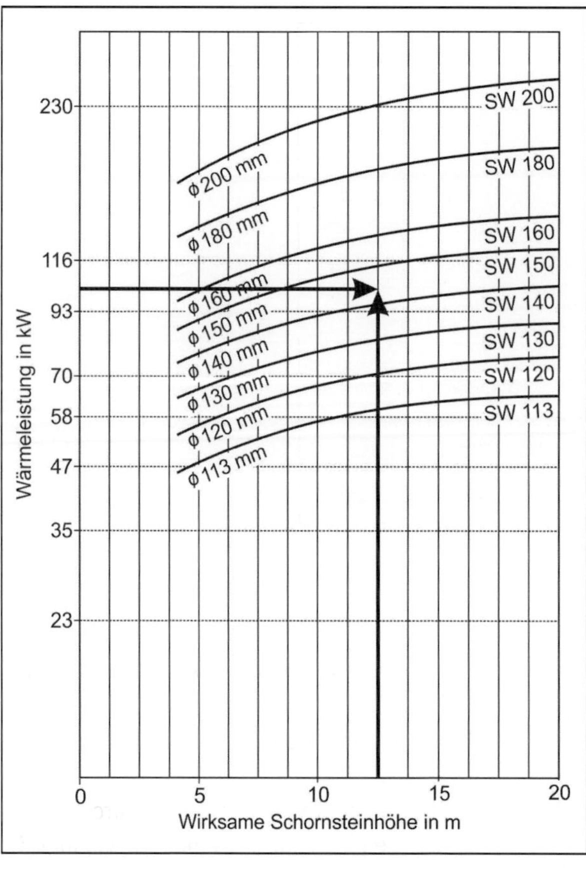


**Abbildung 4-10:** Auslegungsdiagramm für ein Schornsteinsystem

Bei Überdruck-Abgasanlagen wird die Druckbedingung so umformuliert, dass der durch den Kessel (Gebläsebrenner) zur Verfügung stehende Überdruck größer sein muss, als der erforderliche Überdruck an der Schornsteineinführung, der der Differenz zwischen Strömungswiderstand des Schornsteins und dessen Ruhedruck entspricht. Der Brenner muss den fehlenden Druck erbringen, welchen der Schornstein nicht mehr liefern kann.

### 4.2.2 Wärmepumpen

Wärmepumpen werden häufig mit Kesselanlagen kombiniert, was man als bivalente Betriebsweise bezeichnet, im Gegensatz zur monovalenten Betriebsweise, bei der es nur die Wärmepumpe gibt. Bei der bivalenten Betriebsweise unterscheidet man zwei Varianten:

- Parallelbetrieb, bei welchem die Wärmepumpe die Grundlast liefert und der Kessel immer die Differenzmenge zum jeweiligen Bedarf.
- Alternativbetrieb, bei welchem entweder die WP oder der Kessel in Betrieb sind.

In der Regel wird bei Nahwärmesystemen ein bivalentes Konzept sinnvoll sein.

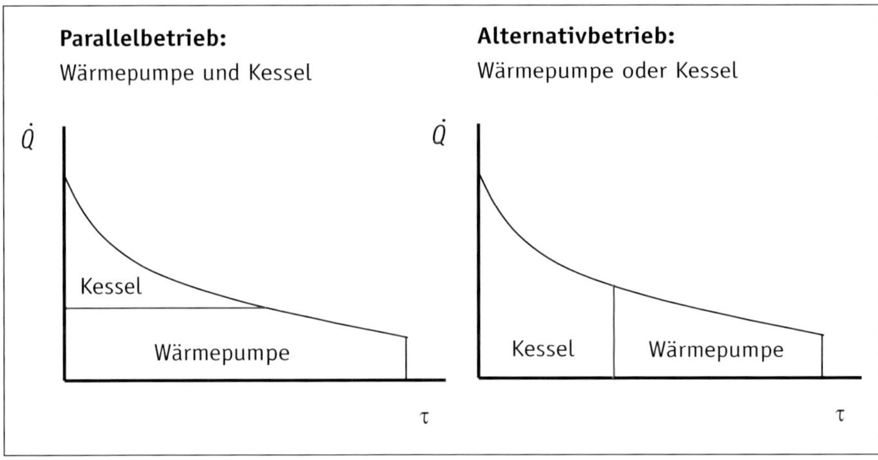


**Abbildung 4-11:** Parallel- und Alternativbetrieb von Wärmepumpen [7]

## 4.3 Blockheizkraftwerke (BHKW)

### 4.3.1 Betriebsweisen

Ausgehend von wirtschaftlichen Gesichtspunkten unterscheidet man die zwei Betriebsweisen:

- stromgeführte Betriebsweise und
- wärmegeführte Betriebsweise.

Bei stromgeführter Betriebsweise besitzt die Stromerzeugung das Primat, d.h. das BHKW wird immer dann betrieben, wenn der Strom wirtschaftlich sinnvoll verwertet oder verkauft werden kann. Das führt in bestimmten Fällen dazu, dass die parallel erzeugte Wärme nutzlos an die Umgebung abgegeben werden muss, wenn sie im Versorgungsgebiet nicht abgenommen werden kann. Die Anlage muss demzufolge mit einem Notkühler ausgerüstet sein. Dieser Auslegungsansatz eignet sich eher für Unternehmen in der Versorgungswirtschaft, um zusätzliche Erträge durch den Stromverkauf zu erwirtschaften. Ökologisch ist die reine Stromerzeugung ohne Wärmenutzung nicht sinnvoll, da die elektrischen Wirkungsgrade von BHKW deutlich unter denen moderner Großkraftwerke liegen.

Bei wärmegeführter Betriebsweise wird das BHKW nur betrieben, wenn eine Wärmeanforderung besteht. Es wird nach der Wärmegrundlast ausgelegt. Die verbleibende Wärmelast wird durch Spitzenlastkessel abgedeckt. Da das wärmegeführte Konzept für Nahwärmesysteme dominierende Bedeutung besitzt, wird es im Folgenden ausschließlich besprochen.

Ausgangspunkt der BHKW-Auslegung ist die Jahresgangkurve $\dot{Q}(\tau)$ des Versorgungsgebietes. Im Zuge der Konzepterarbeitung kann man die BHKW-Größe mit Hilfe der Kurve so bestimmen, dass sich eine möglichst lange Laufzeit ergibt. In der Abbildung 4-12 wurden zwei Module gewählt. Im Sinne einer Faustformel kann die BHKW-Leistungsgröße (im Fall der Abbildung 4-12 betrifft das die Summe der Leistung beider Module) mit ca. 10 bis 20 % der Maximalleistung $\dot{Q}_{max}$ abgeschätzt werden. Angestrebt werden jährliche Laufzeiten in einer Größenordnung oberhalb 6000 h/a, wobei die Forderung umso dringender ansteht, je kleiner das BHKW ist. Der dargestellte Auslegungsgang hat wie gesagt nur überschlägigen Charakter und muss durch weitere Detailanalysen präzisiert werden. Es müssen einzelne Tageslastgänge betrachtet werden, um die genaue Laufzeit ermitteln und beispielsweise auch den Einfluss eines Speichers abschätzen zu können. Dazu kann man die Methode der Typtage verwenden.

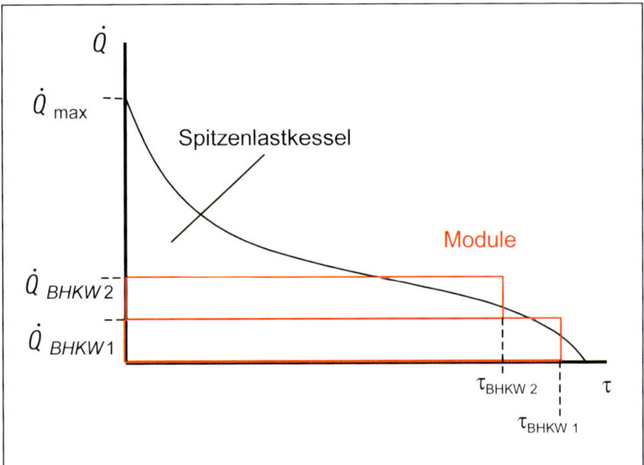


**Abbildung 4-12:** Jahresgangkurve für ein Versorgungsgebiet mit zwei BHKW-Modulen

## 4.3.2 Methode der Typtage

Bei der Methode der Typtage wird der Jahresgang mit Hilfe typischer Tagesgangkurven bestimmt. Die Methode ist anwendbar für Wohngebäude, die in der VDI 4655 ausführlich beschrieben sind. Für Nichtwohngebäude liegen keine allgemein verwertbaren Typtage vor, woraus sich die dringende Notwendigkeit ergibt, solche durch systematische Untersuchungen zu ermitteln. Nach VDI 4655 gibt es folgende Typtage (Tabelle 4-4):

**Tabelle 4-4:** Typtage nach VDI 4655

| **Jahreszeit** | **Werktag W** | | **Sonntag S** | |
|---|---|---|---|---|
| | Heiter H | Bewölkt B | Heiter H | Bewölkt B |
| Übergang Ü | **ÜWH** | **ÜWB** | **ÜSH** | **ÜSB** |
| Sommer S | **SWX** | | **SSX** | |
| Winter W | **WWH** | **WWB** | **WSH** | **WSB** |

Außerdem wird Deutschland in 15 Klimazonen eingeteilt, wobei jeder Klimazone ein Referenzprofil des Temperaturjahresgangs zugeordnet werden kann. Dresden gehört beispielsweise zur Zone 4, Zittau zur Zone 10 und Görlitz zur Zone 9. Damit ist für jede Klimazone die Anzahl der jeweiligen Typtage bekannt (vgl. Tabelle 4-6).

**Tabelle 4-5:** Klimazonen in Deutschland nach DIN 4710

| **Zone** | **Bezeichnung** | **Repräsentanzstationen für** | |
|---|---|---|---|
| | | **Temperatur/Feuchte/ Sonnenscheindauer/Wind/ Erdbodentemperatur** | **Strahlung** |
| 1 | Nordseeküste | Bremerhaven, te von Cuxhaven | Norderney |

| Zone | Bezeichnung | Repräsentanzstationen für | |
|---|---|---|---|
| | | Temperatur/Feuchte/ Sonnenscheindauer/Wind/ Erdbodentemperatur | Strahlung |
| 2 | Ostseeküste | Rostock-Warnemünde | Heiligendamm |
| 3 | Nordwestdeutsches Tiefland | Hamburg-Fuhlsbüttel | Hamburg-Sasel |
| 4 | Nordostdeutsches Tiefland | Potsdam | Potsdam |
| 5 | Niederrheinisch-westfälische Bucht und Emsland | Essen | Gelsenkirchen/ Bochum |
| 6 | Nördliche und westliche Mittel-gebirge, Randgebiete | Bad Marienberg | Bad Lippsprings |
| 7 | Nördliche und westliche Mittel-gebirge, zentrale Bereiche | Kassel | Kassel |
| 8 | Oberharz und Schwarzwald (mittlere Lagen) | Braunlage | Braunlage |
| 9 | Thüringer Becken und Sächsisches Hügelland | Chemnitz | Chemnitz |
| 10 | Südöstliches Mittelgebirge bis 1000 m | Hof | Zinnwald |
| 11 | Erzgebirge, Böhmer- und Schwarz-wald oberhalb 1000 m | Fichtelberg | Fichtelberg |
| 12 | Oberrheingraben und unteres Neckartal | Mannheim | Mannheim |
| 13 | Schwäbisch-fränkisches Stufenland und Alpenvorland | Passau | Passau |
| 14 | Schwäbische Alb und Baar | Stötten | Stuttgart-Schnarrenberg |
| 15 | Alpenrand und -täler | Garmisch-Partenkirchen | Weihenstephan |

**Tabelle 4-6:** Typtagverteilung nach VDI 4655 für die Klimazonen 4, 9, 10

| | Zone 4 | Zone 9 | Zone 10 |
|---|---|---|---|
| ÜWH | 37 | 37 | 47 |
| ÜWB | 76 | 79 | 72 |
| ÜSH | 9 | 12 | 15 |
| ÜSB | 17 | 11 | 11 |
| SWX | 78 | 65 | 43 |
| SSX | 13 | 11 | 7 |
| WWH | 29 | 29 | 28 |
| WWB | 82 | 92 | 112 |
| WSH | 6 | 5 | 3 |
| WSB | 18 | 24 | 27 |
| Σ | 365 | 365 | 365 |

Für jeden Typtag jeder Klimazone ist in der Richtlinie ein normierter Energiebedarf für Heizung, Trinkwarmwasser und Elektroenergie verfügbar. Der jeweilige Energiebedarf am Standort ergibt sich folgendermaßen:

$$Q_{Heiz,TT} = Q_{Heiz,a} \cdot F_{Heiz,TT}$$ F 4-20

| | |
|---|---|
| $Q_{Heiz,TT}$ | Wärmebedarf des Typtages |
| $Q_{Heiz,a}$ | Jahreswärmebedarf |
| $F_{Heiz,TT}$ | Faktor (normierter Bedarf) nach Tabellen 10–24 in VDI 4655 |

$$W_{TT} = W_a \cdot \left( \frac{1}{365} + N_{Pers\,/\,WE} \cdot F_{el,TT} \right)$$ F 4-21

| | |
|---|---|
| $W_{TT}$ | Strombedarf des Typtages |
| $W_a$ | Jahresstrombedarf |
| $N_{Pers/WE}$ | Personenanzahl oder Anzahl WE |
| $F_{el,TT}$ | Faktor (normierter Bedarf) nach Tabellen 10–24 in VDI 4655 |

$$Q_{TWW,TT} = Q_{TWW,a} \cdot \left( \frac{1}{365} + N_{Pers\,/\,WE} \cdot F_{TWW,TT} \right)$$ F 4-22

| | |
|---|---|
| $Q_{Tww,TT}$ | Wärmebedarf für Trinkwasser des Typtages |
| $Q_{TWW,a}$ | Jahreswärmebedarf für Trinkwasser |
| $N_{Pers/WE}$ | Personenanzahl oder Anzahl WE |
| $F_{el,TT}$ | Faktor (normierter Bedarf) nach Tabellen 10–24 in VDI 4655 |

Wenn klar ist, welchen Energiebedarf der Typtag hat, kann nach dem gleichen Prinzip auch für jede der drei Energiearten ein Tageslastprofil ermittelt werden. Dafür gibt es ein Referenzprofil mit Angaben im Minutentakt. Jede Stützstelle wird mit dem ermittelten Tagesbedarf multipliziert.

### 4.3.3 Bestimmung der BHKW-Laufzeit

Die jährliche Laufzeit des BHKW ergibt sich aus der Laufzeit an den einzelnen Tagen. Sinnvollerweise orientiert man sich dabei an den Typtagen oder gemessenen Tageslastgängen des konkreten Gebäudes. Der Tagesgang eines Gebäudes kann die folgende Form haben (Abbildung 4-13):

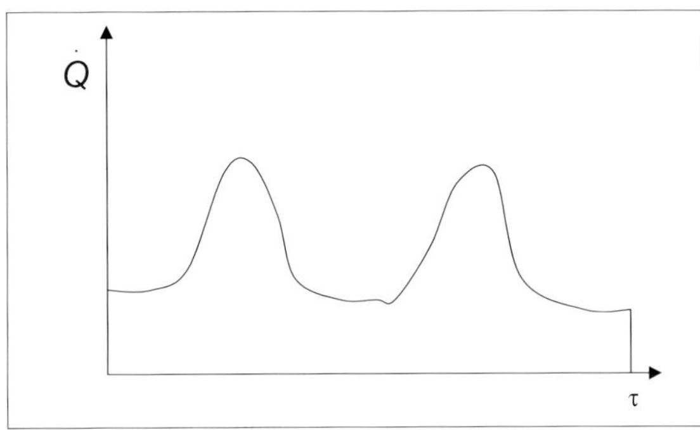


**Abbildung 4-13:** Tageslastgang für ein Gebäude

Nachfolgend wurde das gemessene Tagesgangprofil mit Hilfe von Stundenmittelwerten angenähert, welche in einem Säulendiagramm dargestellt wurden Abbildung 4-14.

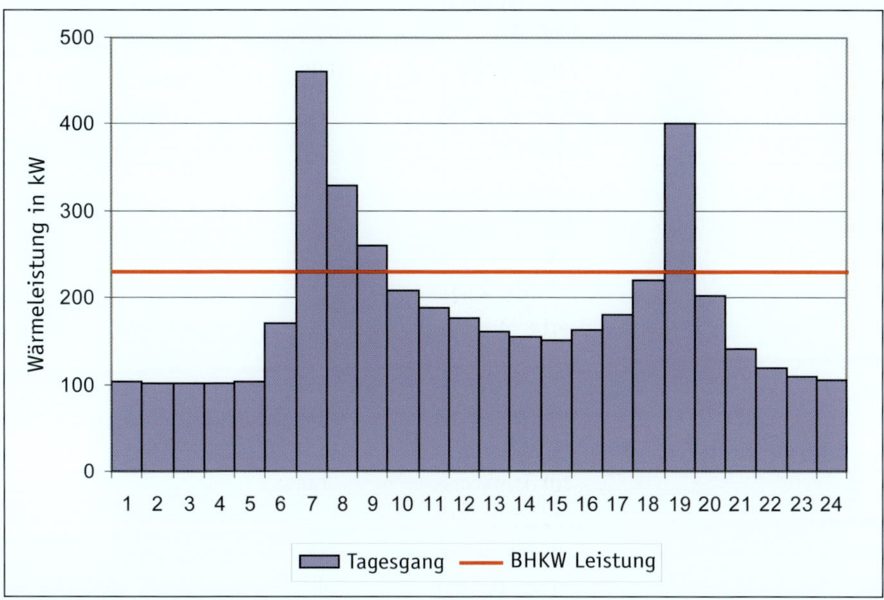


**Abbildung 4-14:** Abbildung des Tagesgangs durch Stundenmittelwerte (eingezeichnet ist ein Modul mit einer thermischen Leistung von 230 kW)

In der Abbildung 4-14 sind zwei Fälle zu unterscheiden:

- Der momentane Wärmebedarf liegt über der Leistung des BHKW, d. h. für diese Zeiträume läuft das BHKW ununterbrochen.
- Der momentane Wärmebedarf liegt unterhalb der Leistung des BHKW, d. h. für diese Zeiträume läuft das BHKW im Taktbetrieb, wenn man eine modulierende Leistungsregelung des BHKW zunächst außer Acht lässt.

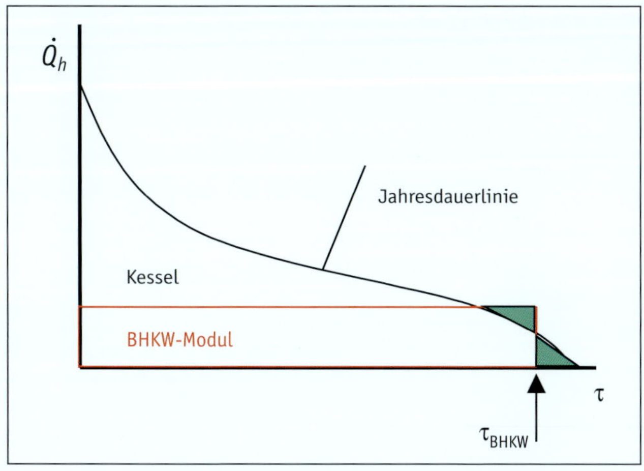


**Abbildung 4-15:** Laufzeitermittlung mit Hilfe der Jahresdauerlinie (gilt nur ohne Speicher)

Die Berechnung der BHKW-Laufzeit ergibt folgendes Ergebnis:

**Tabelle 4-7:** Laufzeitberechnung für den Tag nach Abbildung 4-14 (ohne Speicher)

| **Uhrzeit** | **Wärmebedarf in kWh** | **Zeit in der BHKW durchgängig läuft in h** | **Wärmelieferung, wenn BHKW im Taktbetrieb in kWh** |
|---|---|---|---|
| 1 | 103 | 0 | 103 |
| 2 | 102 | 0 | 102 |
| 3 | 102 | 0 | 102 |
| 4 | 101 | 0 | 101 |
| 5 | 103 | 0 | 103 |
| 6 | 170 | 0 | 170 |
| 7 | 460 | 1 | 0 |
| 8 | 330 | 1 | 0 |
| 9 | 260 | 1 | 0 |
| 10 | 208 | 0 | 208 |
| 11 | 188 | 0 | 188 |
| 12 | 176 | 0 | 176 |
| 13 | 160 | 0 | 160 |
| 14 | 155 | 0 | 155 |
| 15 | 150 | 0 | 150 |
| 16 | 163 | 0 | 163 |
| 17 | 180 | 0 | 180 |
| 18 | 220 | 0 | 220 |
| 19 | 400 | 1 | 0 |
| 20 | 203 | 0 | 203 |
| 21 | 140 | 0 | 140 |
| 22 | 120 | 0 | 120 |
| 23 | 110 | 0 | 110 |
| 24 | 105 | 0 | 105 |
| Σ | **4409** | **4** | **2959** |
| Laufzeit bei Bedarf größer BHKW-Leistung | | | 4,00 |
| Laufzeit bei Bedarf kleiner BHKW-Leistung | | | 12,87 |
| **Gesamtlaufzeit für den Tag in h/d:** | | | **16,87** |

Das BHKW würde an diesem Tag 16,87 h laufen. Die Gesamtlaufzeit im Jahr ergibt sich dann über die Laufzeit aller Tage. Alternativ kann die Laufzeit aus der Jahresdauerlinie ermittelt werden. Dazu muss das BHKW-Rechteck im Verhältnis zur Jahresdauerlinie so angeordnet werden, dass die beiden Flächen (in der Abbildung 4-15 durch grüne Dreiecke angenähert) gleich groß sind.

### 4.3.4 Laufzeitverlängerung durch Speicher

Interessant ist die Frage, in welcher Größenordnung sich die Laufzeit durch einen Wärmespeicher verlängern lässt. Für das oben in der Tabelle 4-7 berechnete Beispiel kann man zeigen, dass ein Speicher mit einer Kapazität von 451 kWh (entspricht 9500 l) auf eine verlängerte BHKW-Laufzeit von ca. 2,3 h pro Tag führt, siehe Tabelle 4-8. Diese Berechnung wurde unter der Annahme durchgeführt, dass der Wärmespeicher immer dann komplett gefüllt ist, wenn die Lastspitze zu versorgen ist.

**Tabelle 4-8:** Laufzeitberechnung für den Tag nach Abbildung 4-14 (mit Speicher)

| **Uhrzeit** | **Wärmebedarf** | **Wärmebedarf, wenn BHKW über Bedarf** | **Wärmebedarf, wenn BHKW unter Bedarf** |
|---|---|---|---|
| | **in kWh** | **in kWh** | **in kWh** |
| 1 | 103 | 103 | 0 |
| 2 | 102 | 102 | 0 |
| 3 | 102 | 102 | 0 |
| 4 | 101 | 101 | 0 |
| 5 | 103 | 103 | 0 |
| 6 | 170 | 170 | 0 |
| 7 | 460 | 0 | 460 |
| 8 | 330 | 0 | 330 |
| 9 | 260 | 0 | 260 |
| 10 | 208 | 208 | 0 |
| 11 | 188 | 188 | 0 |
| 12 | 176 | 176 | 0 |
| 13 | 160 | 160 | 0 |
| 14 | 155 | 155 | 0 |
| 15 | 150 | 150 | 0 |
| 16 | 163 | 163 | 0 |
| 17 | 180 | 180 | 0 |
| 18 | 220 | 220 | 0 |
| 19 | 400 | 0 | 400 |
| 20 | 203 | 203 | 0 |
| 21 | 140 | 140 | 0 |
| 22 | 120 | 120 | 0 |
| 23 | 110 | 110 | 0 |
| 24 | 105 | 105 | 0 |
| $\Sigma$ | **4409** | **2959** | **1450** |

| | | |
|---|---|---|
| Laufzeit bei Bedarf größer BHKW-Leistung | 4,00 | h |
| Genutzte Speicherenergie erste Spitze | 360 | kWh |
| Genutzte Speicherenergie zweite Spitze | 170 | kWh |
| Laufzeit bei Bedarf kleiner BHKW-Leistung | 15,17 | h |
| **Gesamtlaufzeit für den Tag in h/d** | **19,17** | **h** |

Die Auswertung für ein komplettes Jahr ist in den Abbildungen 4-16 und 4-17 dargestellt [8]. Die Diagramme gelten für ein Modul mit 230 kW thermischer Leistung in einem konkreten Anwendungsfall. Sie sind nicht auf andere Konstellationen übertragbar. Es zeigt sich, dass es für jede Konstellation eine maximale Speichergröße gibt. Eine weitere Vergrößerung bringt dann keine Laufzeitverlängerung mehr. Ob sich der Einsatz eines Speichers in Hinblick auf die Laufzeitverlängerung lohnt, ist eine wirtschaftliche Frage. Dem zusätzlichen Erlös durch die längere Laufzeit steht der erforderliche Kapitaldienst für den Speicher gegenüber.

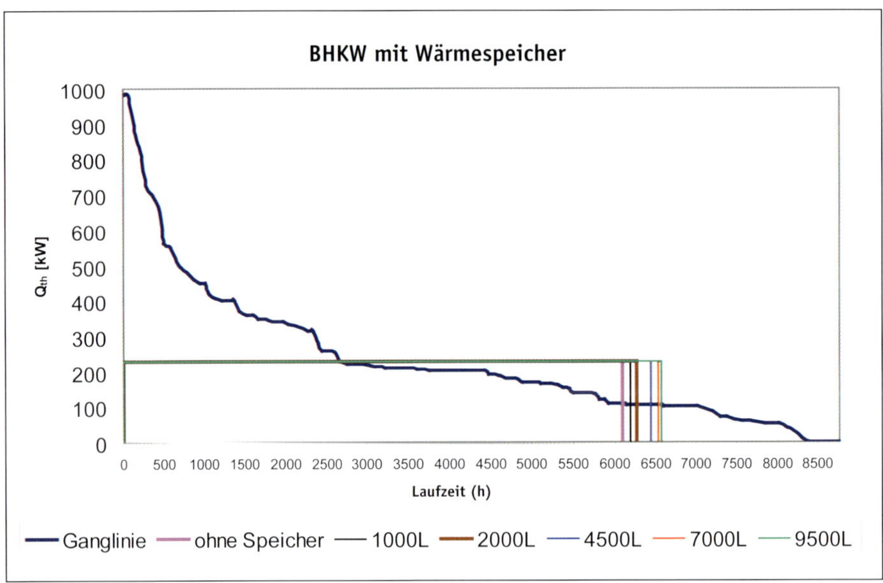


**Abbildung 4-16:** Laufzeit in Abhängigkeit der Speichergröße für ein 230 kW Modul

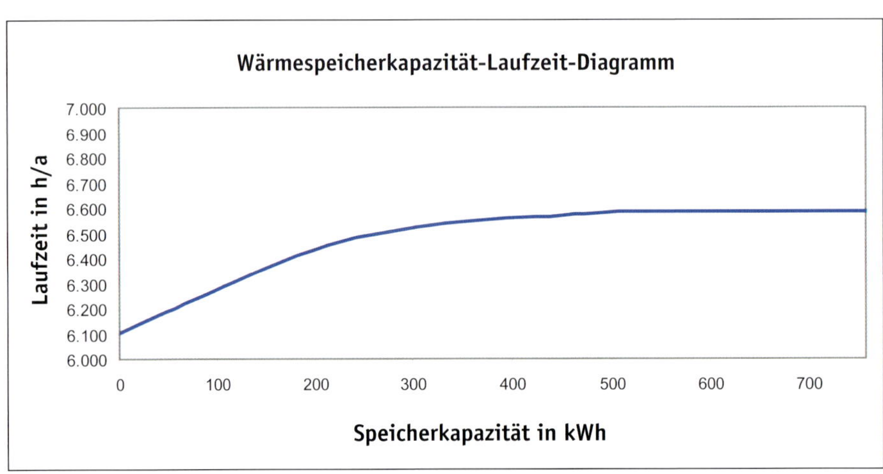


**Abbildung 4-17:** Laufzeit in Abhängigkeit der Speicherkapazität für ein 230 kW Modul

## 4.4 Genehmigungsrechtliche Aspekte

Handelt es sich beim Wärmeerzeuger um eine Feuerstätte im baurechtlichen Sinn (betrifft die Feuerungen der Kesselanlagen und Verbrennungsmotoren der BHKW) sind die einschlägigen baurechlichen Vorschriften zu beachten.

Feuerungen, welche mit Gas oder Öl betrieben werden, können in Aufstellräumen mit entsprechend geringeren Anforderungen aufgestellt werden. Feuerstätten mit festen Brennstoffen und einer Gesamtnennwärmeleistung von mehr als 50 kW, müssen in Heizräumen aufgestellt werden.

Zu beachten sind:

- Muster-Feuerungsverordnung
- VDI 2050-1 (Anforderungen an Technikzentralen)
- VDI 2050-2 (Freistehende Heizzentralen)
- Bauordnungen der Länder

Bei BHKW mit einer Brennstoffleistung über 1 MW ist außerdem eine immissionsschutzrechliche Genehmigung einzuholen.

## 4.5 Auslegung von Nahwärmenetzen

### 4.5.1 Bestimmung der Durchmesser und der Pumpenparameter

Im Zuge der Netzauslegung sind zuerst die Durchmesser nach bestimmten Erfahrungsansätzen festzulegen. Danach muss der Druckverlust des Netzes beim Auslegungsmassenstrom berechnet werden, was als Grundlage für die Pumpenauslegung dient. Eventuelle müssen die Durchmesser an der einen oder anderen Stelle nochmals korrigiert werden. Im Folgenden sollen zunächst die strömungstechnischen Grundlagen zusammengestellt werden. Danach wird das Auslegungsprinzip anhand von Beispielen demonstriert.

Der Heizwassermassenstrom auf einer Teilstrecke ergibt sich in Abhängigkeit des zu transportierenden Wärmestroms:

$$\dot{m}_{TS} = \frac{\dot{Q}_{TS}}{c_p (t_{VL} - t_{RL})} \qquad \text{F 4-23}$$

| | |
|---|---|
| $\dot{m}_{TS}$ | Massenstrom auf der Teilstrecke |
| $\dot{Q}_{TS}$ | Wärmestrom auf der Teilstrecke |
| $c_p$ | spezifische Wärmekapazität |
| $t_{VL}$, $t_{RL}$ | Vor- und Rücklauftemperatur im Netz |

Der Gesamtdruckverlust des Netzes ergibt sich als Summe der Rohrreibungsverluste auf den Teilstrecken und den Druckverlusten für Armaturen und Formstücke:

$$\Delta p_{ges} = \sum_i \Delta p_{R,i} + \sum_j \Delta p_{E,j}$$

$$\sum_i \Delta p_{R,i} = \sum_i \frac{\rho}{2} v_i^2 (\lambda \frac{L}{d})_i \qquad \text{F 4-24}$$

$$\sum_j \Delta p_{E,j} = \sum_j \frac{\rho}{2} v_j^2 \zeta_j$$

| | |
|---|---|
| $\Delta p_{ges}$ | Gesamtdruckverlust des Netzes |
| $\sum_i \Delta p_{R,i}$ | Summe der Rohrreibungsverluste der i Teilstrecken |
| $\sum_j \Delta p_{E,j}$ | Summe der j Einzelverluste von Armaturen und Formstücken |
| $\rho$ | Dichte des Heizwassers |
| $v_i; v_j$ | Strömungsgeschwindigkeit auf der jeweiligen Teilstrecke bzw. Formstück, Armatur |
| $\lambda$ | Rohrreibungsbeiwert |
| $L$ | Länge der Teilstrecke i |
| $d$ | Durchmesser der Teilstrecke i |
| $\zeta_j$ | Druckverlustbeiwert der Armatur (Formstück) j |

Druckverlustbeiwert $\lambda$ ist mit der Gleichung von Colebrook zu berechnen, wobei die Berechnung aufgrund der impliziten Darstellung iterativ erfolgen muss:

$$\frac{1}{\sqrt{\lambda}} = -2 \cdot lg\left(\frac{2,51}{Re\sqrt{\lambda}} + \frac{k}{3,71 \cdot d}\right) \qquad \text{F 4-25}$$

| | |
|---|---|
| $\lambda$ | Druckverlustbeiwert (Reibungszahl, Rohrreibungsbeiwert) |
| $Re$ | Reynoldszahl |
| $k$ | Rauhigkeit |
| $d$ | Durchmesser |

Die Reynoldszahl hat folgende Definition:

$$Re = \frac{v \cdot d}{\nu} \qquad \text{F 4-26}$$

| | |
|---|---|
| $Re$ | Reynoldszahl |
| $v$ | Geschwindigkeit |
| $d$ | Durchmesser |
| $\nu$ | kinematische Zähigkeit |

**Beispiel 4-6: Berechnung der Gesamtdruckverlustes einer einfachen Netzkonfiguration**

Es soll der Gesamtdruckverlust einer einfachen Netzkonfiguration entsprechend berechnet werden. Die gestreckte Rohrleitungslänge beträgt 7 m. Es sind eine Armatur und eine 90°-Umlenkung zu berücksichtigen.

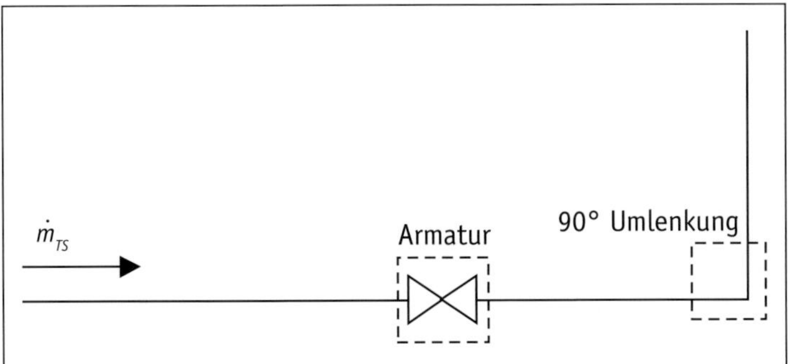


**Abbildung 4-18:** Netzkonfiguration für Beispiel 4-6

Es sind folgende Werte gegeben:

| | | | |
|---|---|---|---|
| Wärmeleistung | $\dot{Q}_{TS}$ | 200 | kW |
| Temperaturdifferenz Vorlauf-Rücklauf | $\Delta t$ | 40 | K |
| Rauhigkeit | k | 0,045 | mm |
| Innendurchmesser | d | 0,053 | m |
| Länge | L | 7,00 | m |
| Druckverlustbeiwert Armatur | $\zeta_{Arm}$ | 3,70 | |
| Druckverlustbeiwert der 90°-Umlenkung | $\zeta_{90°}$ | 1,00 | |
| Dichte | $\rho$ | 971,6 | kg/m³ |
| spezifische Wärmekapazität | $c_p$ | 4,197 | kJ/kg K |
| kinematische Zähigkeit | $\nu$ | 3,70E-07 | m²/s |

Die Anwendung von F 4-24, F 4-25 und F 4-26 führt auf folgendes Ergebnis:

| | | | |
|---|---|---|---|
| Heizwassermassenstrom | $\dot{m}_{TS}$ | 1,191 | kg/s |
| Geschwindigkeit | v | 0,556 | m/s |
| Reynoldszahl | Re | 79.611,545 | - |
| Verhältnis | d/k | 1177,778 | - |
| Rohrreibungsbeiwert | $\lambda$ | 0,022 | - |
| Druckverlust durch Rohrreibung | $\Delta p_R$ | 440,149 | Pa |
| Druckverlust Armatur | $\Delta p_{Arm}$ | 555,217 | Pa |
| Druckverlust Bogen | $\Delta p_{90°}$ | 150,059 | Pa |
| **Gesamtdruckverlust** | $\Delta p_{ges}$ | **1.145,425** | **Pa** |

Da die Druckverlustberechnung in der gezeigten Art und Weise relativ aufwendig ist, hat man für die in der Praxis genutzten Rohre entsprechende Auslegungsdiagramme entwickelt. In diesen wird der spezifische Druckverlust in Abhängigkeit des Massenstroms und des Rohrdurchmessers dargestellt.

$$R_i = \frac{\Delta p_{R,i}}{L_i} = \frac{\rho}{2} v_i^2 \lambda \frac{1}{d_i} \qquad \text{F 4-27}$$

| | |
|---|---|
| $R_i$ | spezifischer (längenbezogener) Druckverlust der Teilstrecke i |
| $\Delta p_{R,i}$ | Druckverlust des geraden Rohres der Teilstrecke i |
| $L_i$ | Länge der Teilstrecke i |
| $\rho$ | Dichte |
| $v_i$ | Geschwindigkeit in der Teilstrecke i |
| $\lambda$ | Rohrreibungsbeiwert |
| $d_i$ | Durchmesser der Teilstrecke i |

Wenn man in F 4-27 die Geschwindigkeit v durch den Massenstrom und $\lambda$ durch eine in [9] angeführte Beziehung ersetzt, erhält man eine zugeschnittene Größengleichung, mit deren Hilfe das Diagramm in der Abbildung 4-19 entwickelt wurde:

$$R = \frac{\rho}{2}\left(\frac{4 \cdot \dot{m}_i}{3600 \cdot \pi \cdot d_i^2 \cdot \rho}\right)^2 \cdot 0{,}11 \cdot \left(\frac{k}{d} + \frac{68 \cdot \nu \cdot \pi \cdot d \cdot 3600 \cdot \rho}{4 \cdot \dot{m}_i}\right)^{0{,}25} \qquad \text{F 4-28}$$

Diagramme der Rohrhersteller entsprechend der Abbildung 4-19 können zur Dimensionierung eines Rohrnetzes verwendet werden. Dazu ist zuerst der auf der Teilstrecke fließende Massenstrom zu bestimmen und anschließend wird in einem Korridor von etwa 100 bis 200 Pa/m die entsprechende Nennweite ausgewählt. Parallel ist darauf zu achten, dass die Strömungsgeschwindigkeit einen vorgeschriebenen Grenzwert nicht überschreitet. Dabei gelten folgende Anhaltswerte:

- gebäudenahe Leitungen und Anschlussleitungen: v < 1 m/s
- gebäudeferne Leitungen und große Transportleitungen: v = 2 … 4 m/s.

Letztlich handelt es sich bei der Durchmesserfestlegung um ein Optimierungsproblem. Große Durchmesser erfordern hohe Kapitalkosten, dafür aber geringe Transportkosten. Bei kleinen Nennweiten ist es genau umgekehrt. In der Praxis erfordert dieser Problemkreis oftmals ein mehrfaches Durchrechnen verbunden mit einer Korrektur der Durchmesser.

Das Beispiel 4-7 verdeutlicht die Vorgehensweise bei der Durchmesserauswahl.

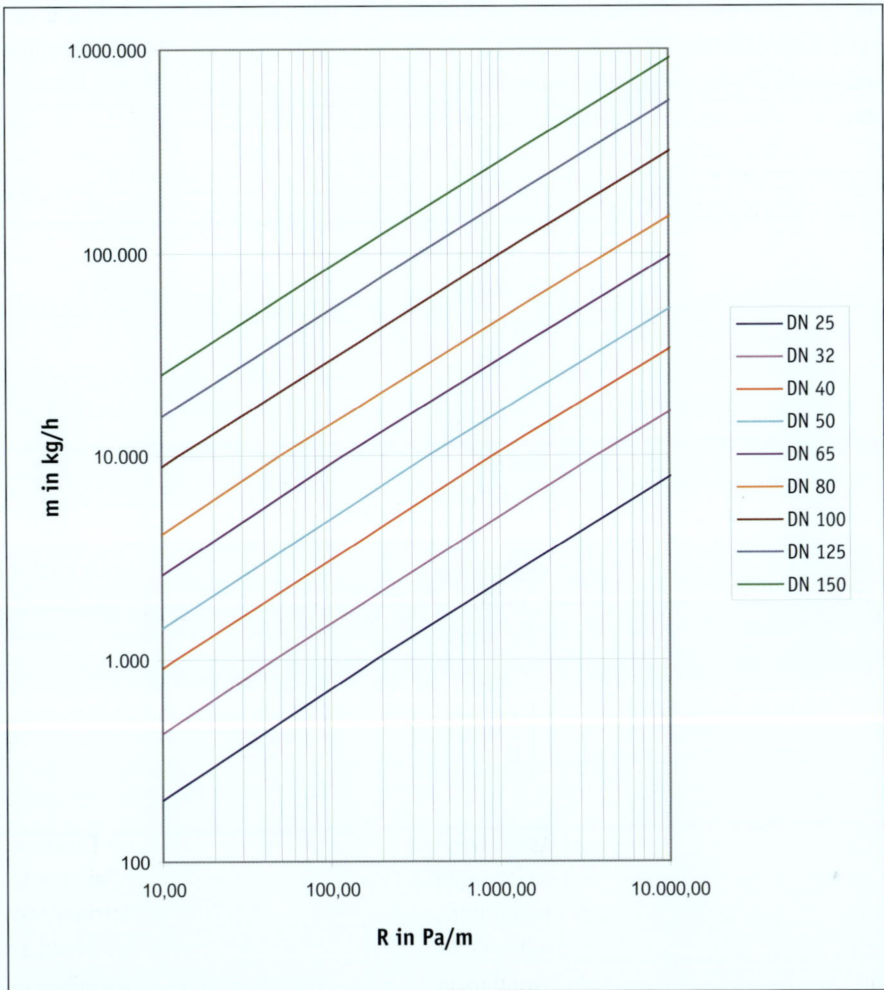


**Abbildung 4-19:** Druckverlustdiagramm für nahtlose Stahlrohre nach DIN EN 10216-4 (t = 80 °C, k = 0,045 mm)

## Beispiel 4-7: Auswahl von Durchmessern

Für eine gebäudenahe Leitung, mit welcher eine Wärmeleistung von 50 kW übertragen werden soll, führt die Ablesung in Abbildung 4-19 auf eine Nennweite DN25:

| | | | |
|---|---|---|---|
| Heizleistung | $\dot{Q}$ | 50 | kW |
| Temperaturdifferenz | $\Delta t$ | 40 | K |
| Wärmekapazität | $c_p$ | 4,197 | kJ/kgK |
| Massenstrom | $\dot{m}$ | 1072 | kg/h |
| gewählte Nennweite | | DN 25 | |
| Innendurchmesser | d | 0,025 | m |
| spezifischer Druckverlust | R | 210 | Pa/m |
| Geschwindigkeit | v | 0,63 | m/s |

Der spezifische Druckverlust liegt zwar etwas über den oben genannten 200 Pa/m, dafür liegt aber die Geschwindigkeit deutlich unter 1 m/s. Als Alternative kann die Nennweite DN 32 erwogen werden:

| gewählte Nennweite | | DN 32 | |
|---|---|---|---|
| Innendurchmesser | d | 0,0328 | m |
| spezifischer Druckverlust | R | 52 | Pa/m |
| Geschwindigkeit | v | 0,36 | m/s |

Der spezifische Druckverlust beträgt nur noch ca. 50 Pa/m. In diesem Fall wäre aus Kostengründen für DN 25 zu plädieren.

Will man den Druckverlust eines verzweigten, unvermaschten Nahwärmenetzes (vergleiche S. 44 – 45), für welches man auf die gezeigte Art die Durchmesser bestimmt hat, berechnen, so ist das System in Maschen zu strukturieren. Eine Masche ist der geschlossene Strömungskreis von der Pumpe bis zum Abnehmer und zurück. Der Druckverlust ist jeweils für die Teilstrecken einer Masche zu bestimmen. Der Druckverlust des Netzes ergibt sich als der größte Druckverlust und wird auch als der Druckverlust zum ungünstigsten Abnehmer bzw. als Schlechtpunkt des Netzes bezeichnet.[3]

Die einzelne Masche hat folgenden Aufbau:

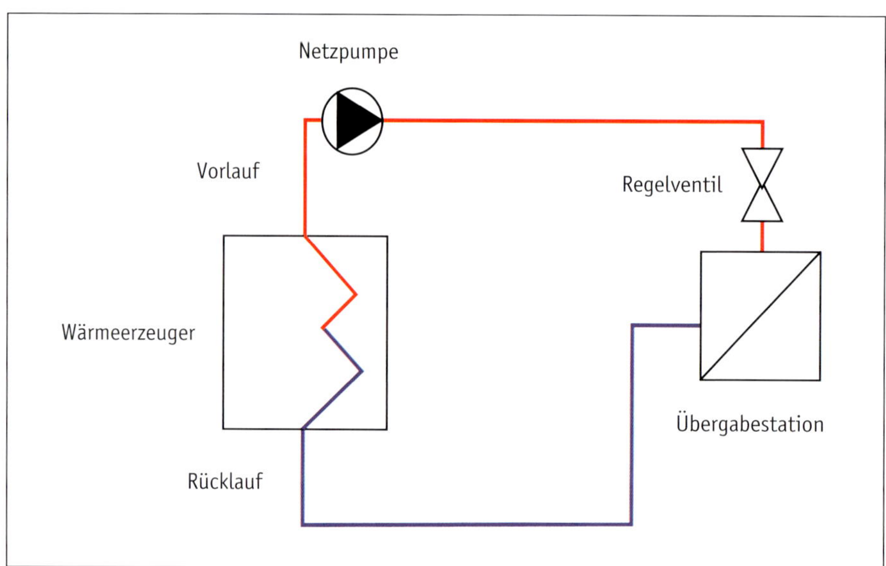


**Abbildung 4-20:** Aufbau einer Masche

3 Der Begriff der Masche wird in zweifacher Bedeutung verwendet:
1. Masche im Vor- und Rücklauf (S. 44).
2. Strömungskreis vom Vorlauf über den Abnehmer zum Rücklauf.

**Beispiel 4-8: Druckverlustbestimmung für ein Nahwärmenetz**

Es handelt sich um ein unvermaschtes Netz mit einer Heizzentrale, 4 Abnehmern und 7 Teilstrecken. Dargestellt wurde aus Gründen der Übersichtlichkeit nur der Vorlauf. Eine erste Analyse zeigt, dass es 4 Maschen gibt:

M1: HZ, TS7, TS5, TS3,TS1,A1
M2: HZ, TS7, TS5, TS3,TS2,A2
M3: HZ, TS7, TS5, TS4, A3
M4: HZ, TS7, TS6, A4.

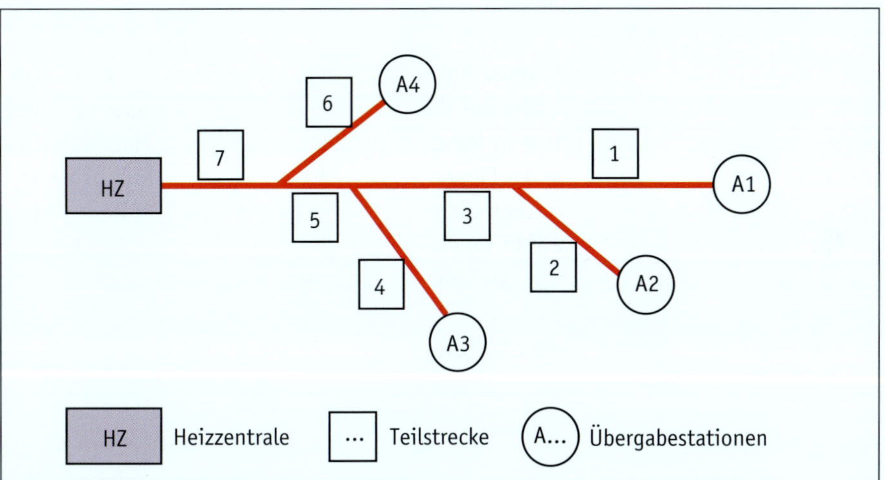


**Abbildung 4-21:** Nahwärmenetz aus Beispiel 4-8

Folgende Ausgangswerte stehen zur Verfügung:

- Druckverlust der Heizzentrale (HZ): 5160 Pa
- Druckverlust der Übergabestation: 10 000 Pa
- spezifische Wärmekapazität: 4,197 kJ/kgK
- Temperaturspreizung: 40 K

Tabelle 4-9 zeigt die Durchmesserauswahl und den ermittelten Druckverlust auf den Teilstrecken.

**Tabelle 4-9:** Durchmesserauswahl und Druckverlustbestimmung

| TS | Wärmeleistung | Massenstrom | gewählte Nennweite | Durchmesser | spez. Druckverlust | Länge | Druckverlust Rohr (2x) | Einzeldruckverluste (30 %) | Druckverlust TS |
|---|---|---|---|---|---|---|---|---|---|
| | $\dot{Q}_{TS}$ in kW | $\dot{m}_{ts}$ in kg/h | DN | d in m | R in Pa/m | L in m | $\Delta p_R$ in Pa | $\Delta p_E$ in Pa | $\Delta p_{ges}$ in Pa |
| 1 | 100 | 2144,39 | 32 | 0,0328 | 189 | 70 | 26 517,68 | 7955,30 | 34 472,99 |
| 2 | 100 | 2144,39 | 32 | 0,0328 | 189 | 50 | 18 941,20 | 5682,36 | 24 623,56 |
| 3 | 200 | 4288,78 | 40 | 0,0431 | 178 | 110 | 39 155,39 | 11 746,62 | 50 902,00 |
| 4 | 100 | 2144,39 | 32 | 0,0328 | 189 | 80 | 30 305,92 | 9091,78 | 39 397,70 |
| 5 | 300 | 6433,17 | 50 | 0,0512 | 161 | 65 | 20 981,31 | 6294,39 | 27 275,71 |
| 6 | 100 | 2144,39 | 32 | 0,0328 | 189 | 40 | 15 152,96 | 4545,89 | 19 698,85 |
| 7 | 400 | 8577,56 | 65 | 0,0642 | 89 | 105 | 18 702,51 | 5610,75 | 24 313,26 |

Mit Hilfe der Tabelle 4-9 und den Ausgangswerten können dann die Druckverluste der vier Maschen bestimmt werden:

| | | | |
|---|---|---|---|
| Druckverlust | Masche 1 | 152 123,96 | Pa |
| Druckverlust | Masche 2 | 142 274,54 | Pa |
| Druckverlust | Masche 3 | 106 146,67 | Pa |
| Druckverlust | Masche 4 | 59 172,11 | Pa |

Der Druckverlust der Masche 1 ist am größten. Demzufolge ist er maßgeblich für die Auswahl der Netzpumpe:

| | | |
|---|---|---|
| Volumenstrom | 8,83 | $m^3/h$ |
| Förderhöhe | 15,96 | mWS |

Abschließend muss noch ermittelt werden, welcher Druckverlust an den übrigen Übergabestationen im Rahmen des hydraulischen Netzabgleichs wegzudrosseln ist, damit der Druckverlust in den Maschen etwa gleich groß ist:

| | | |
|---|---|---|
| Drosselwiderstand A2 | 9 849,42 | Pa |
| Drosselwiderstand A3 | 45 977,29 | Pa |
| Drosselwiderstand A4 | 92 951,85 | Pa |

## 4.5.2 Temperaturfahrweise und Wärmeverluste

Führungsgröße für den Betrieb einer Kesselanlage in einem Wärmeversorgungssystem ist die zu fahrende Vorlauftemperatur. Im Allgemeinen ist in Abhängigkeit von der Außentemperatur eine bestimmte Vorlauftemperatur zu realisieren. Die Rücklauftemperatur ergibt sich entsprechend den Belastungsverhältnissen im Netz (vgl. Abbildung 4-22).

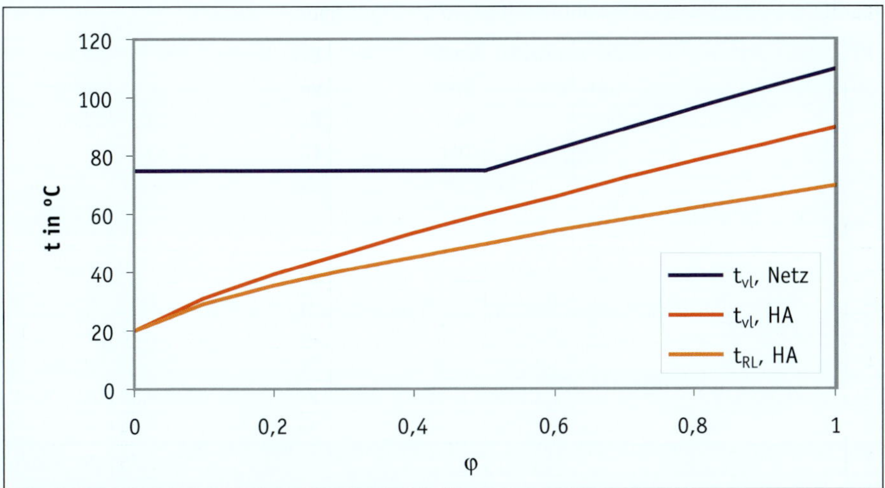


**Abbildung 4-22:** Beispiel für eine typische, vorgegebene Vorlauftemperaturkurve und die sich in der Hausstation ergebenden Temperaturkurven

Die in der Abbildung 4-22 dargestellten Verläufe von Vor- und Rücklauftemperatur ergeben sich nach [9] folgendermaßen:

$$t_{VL,HA} = t_i + \Delta t_{HK,max} \cdot \varphi^{1/n} + \Delta t_{HA,max} \cdot \frac{\varphi}{2}$$

$$t_{RL,HA} = t_i + \Delta t_{HK,max} \cdot \varphi^{1/n} - \Delta t_{HA,max} \cdot \frac{\varphi}{2} \qquad \text{F 4-29}$$

| | |
|---|---|
| $t_{VL,HA}$ | Vorlauftemperatur auf der Sekundärseite der Hausstation |
| $t_{RL,HA}$ | Rücklauftemperatur auf der Sekundärseite der Hausstation |
| $t_i$ | Innentemperatur in den Räumen |
| $\Delta t_{HK,max}$ | maximale Temperaturdifferenz zwischen Heizkörper und Raum |
| $\Delta t_{HA,max}$ | maximale Temperaturdifferenz auf der Sekundärseite |
| $\varphi$ | Belastungsfaktor |
| $n$ | Heizkörperexponent |

Der Belastungsfaktor ist das Verhältnis von Momentanleistung zu maximaler Leistung:

$$\varphi = \frac{\dot{Q}}{\dot{Q}_{max}} \qquad \text{F 4-30}$$

| | |
|---|---|
| $\varphi$ | Belastungsfaktor |
| $\dot{Q}$ | Momentanleistung |
| $\dot{Q}_{max}$ | maximale Leistung |

Die logarithmische Temperaturdifferenz zwischen Raumtemperatur $t_i$ und Heizkörpertemperatur ergibt sich wie folgt; in die Formel sind jeweils die Maximalwerte einzusetzen:

$$\Delta t_{HK} = \frac{(t_{VL,HA} - t_i) - (t_{RL,HA} - t_i)}{ln\left(\frac{t_{VL,HA} - t_i}{t_{RL,HA} - t_i}\right)} \qquad \text{F 4-31}$$

| | |
|---|---|
| $t_{VL,HA}$ | Vorlauftemperatur auf der Sekundärseite der Hausstation |
| $t_{RL,HA}$ | Rücklauftemperatur auf der Sekundärseite der Hausstation |
| $t_i$ | Raumtemperatur |

Die maximale Temperaturdifferenz zwischen Heizkörper und und Raum $\Delta t_{HK,max}$ ergibt sich, wenn in F 4-31 die Auslegungswerte für den Nennlastfall eingesetzt werden.

Die maximale Temperaturdifferenz des Hausnetzes ergibt sich als sogenannte Auslegungsspreizung zu:

$$\Delta t_{HA,max} = t_{VL,HA,max} - t_{RL,HA,max} \qquad \text{F 4-32}$$

| | |
|---|---|
| $t_{VL,HA,max}$ | maximale Vorlauftemperatur auf der Sekundärseite der Hausstation |
| $t_{RL,HA,max}$ | maximale Rücklauftemperatur auf der Sekundärseite der Hausstation |

Außerdem werden noch die Wärmeverluste der Rohrleitungen benötigt, um sicher zu stellen, dass die Abnehmer mit einer ausreichenden Temperatur versorgt werden.

Der spezifische Wärmeverlust einer von Luft umgebenen Rohrleitung je Längenmeter berechnet sich folgendermaßen (vgl. Abbildung 4-23):

$$\dot{q}_{V,Rohr} = \frac{\pi \cdot (t_i - t_a)}{\frac{1}{\alpha_i d_i} + \frac{1}{2\lambda_R} ln\frac{d_{a,R}}{d_i} + \frac{1}{2\lambda_D} ln\frac{d_{a,D}}{d_{a,R}} + \frac{1}{2\lambda_M} ln\frac{d_{a,M}}{d_{a,D}} + \frac{1}{\alpha_a d_{a,M}}} \qquad \text{F 4-33}$$

| | |
|---|---|
| $t_i$ | Temperatur im Rohr |
| $t_a$ | Temperatur der Umgebung |
| $\alpha_i$ | innerer Wärmeübergangskoeffizient |
| $d_i$ | Innendurchmesser des Mediumrohrs |
| $\alpha_a$ | äußerer Wärmeübergangskoeffizient |
| $\lambda_W$ | Wärmeleitfähigkeit des Mediumrohrs |
| $\lambda_D$ | Wärmeleitfähigkeit der Dämmung |
| $d_{a,R}$ | Außendurchmesser des Mediumrohrs |
| $d_{a,D}$ | Außendurchmesser der Dämmung |
| $\lambda_M$ | Wärmeleitfähigkeit der Kaschierung |
| $d_{a,M}$ | Außendurchmesser der Kaschierung |

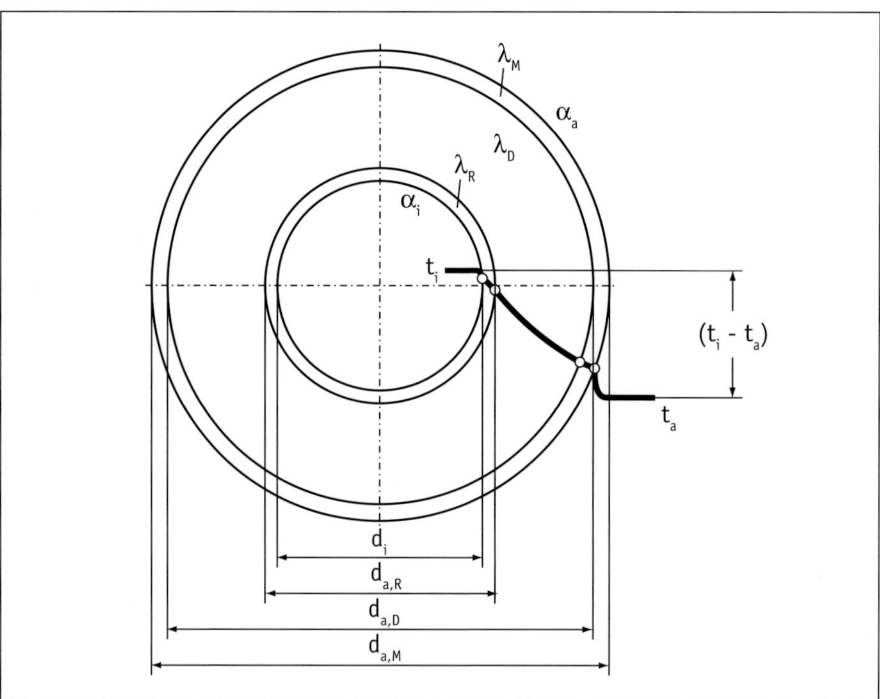


**Abbildung 4-23:** Temperaturverlauf in einer isolierten Rohrwand

Für den hier vorliegenden Fall von mit Heizwasser gefüllten Rohren kann man in F 4-33 den inneren Wärmeübergang und die Wärmeleitung durch das Mediumrohr vernachlässigen:

$$\dot{q}_{V,Rohr} = \frac{\pi \cdot (t_i - t_a)}{\frac{1}{2\lambda_D} ln \frac{d_{a,D}}{d_{a,R}} + \frac{1}{2\lambda_M} ln \frac{d_{a,M}}{d_{a,D}} + \frac{1}{\alpha_a d_{a,M}}}$$ F 4-34

| | |
|---|---|
| $t_i$ | Temperatur im Rohr |
| $t_a$ | Temperatur der Umgebung |
| $\alpha_a$ | äußerer Wärmeübergangskoeffizient |
| $\lambda_D$ | Wärmeleitfähigkeit der Dämmung |
| $d_{a,R}$ | Außendurchmesser des Mediumrohrs |
| $d_{a,D}$ | Außendurchmesser der Dämmung |
| $\lambda_M$ | Wärmeleitfähigkeit der Kaschierung |
| $d_{a,M}$ | Außendurchmesser der Kaschierung |

**Beispiel 4-9: Längenspezifischer Wärmeverlust einer frei verlegten Leitung**

Für eine Sockelleitung DN 40 mit Kunststoffkaschierung ist der längenspezifische Wärmeverlust abzuschätzen:

| **Rohrtyp DN 40** | | | |
|---|---|---|---|
| Wärmeleitfähigkeit der Dämmung | $\lambda_D$ | 0,032 | W/mK |
| Außendurchmesser der Dämmung | $d_{a,D}$ | 0,108 | m |
| Außendurchmesser des Mediumrohrs | $d_{a,R}$ | 0,049 | m |
| Wärmeleitfähigkeit der Kaschierung | $\lambda_M$ | 0,43 | W/mK |
| Außendurchmesser der Kaschierung | $d_{a,M}$ | 0,113 | m |
| äußerer Wärmeübergangswiderstand | $\alpha_a$ | 9,5 | W/m²K |
| Temperatur im Rohr | $t_i$ | 90 | °C |
| Temperatur in der Umgebung | $t_a$ | –10 | °C |
| **längenspezifischer Wärmeverlust** | $q_{V,Rohr}$ | **23,2** | **W/m** |

Beim erdverlegten Kunststoffmantelrohr ändert sich F 4-34 entsprechend der Abbildung 4-25:

$$\dot{q}_{V,Rohr} = \frac{\pi \cdot (t_i - t_{ER})}{\frac{1}{2\lambda_D} ln \frac{d_{a,D}}{d_{i,D}} + \frac{1}{2\lambda_M} ln \frac{d_{a,M}}{d_{a,D}} + \frac{1}{2\lambda_{ER}} ln \frac{d_{a,ER}}{d_{a,M}}} \qquad \text{F 4-35}$$

| | |
|---|---|
| $t_i$ | Temperatur im Rohr |
| $t_{ER}$ | Temperatur des ungestörten Erdreichs |
| $\lambda_D$ | Wärmeleitfähigkeit der Dämmung |
| $d_{i,D}$ | Außendurchmesser des Mediumrohrs |
| $d_{a,D}$ | Außendurchmesser der Dämmung |
| $\lambda_M$ | Wärmeleitfähigkeit des Kunststoffmantels |
| $d_{a,M}$ | Außendurchmesser des Kunststoffmantels |
| $\lambda_{ER}$ | Wärmeleitfähigkeit des Erdreichs |
| $d_{a,ER}$ | Abstand des ungestörten Erdreichs |

In F 4-35 wurde vereinfachend angenommen, dass das Rohr homogen von Erdreich der gleichen Temperatur umgeben ist, was in der Realität so nicht stimmt, da einerseits die Temperatur nach oben zunimmt und außerdem das parallel verlaufende Rohr ebenfalls einen Wärmeverlust mit der entsprechenden Auswirkung im Erdreich hat.

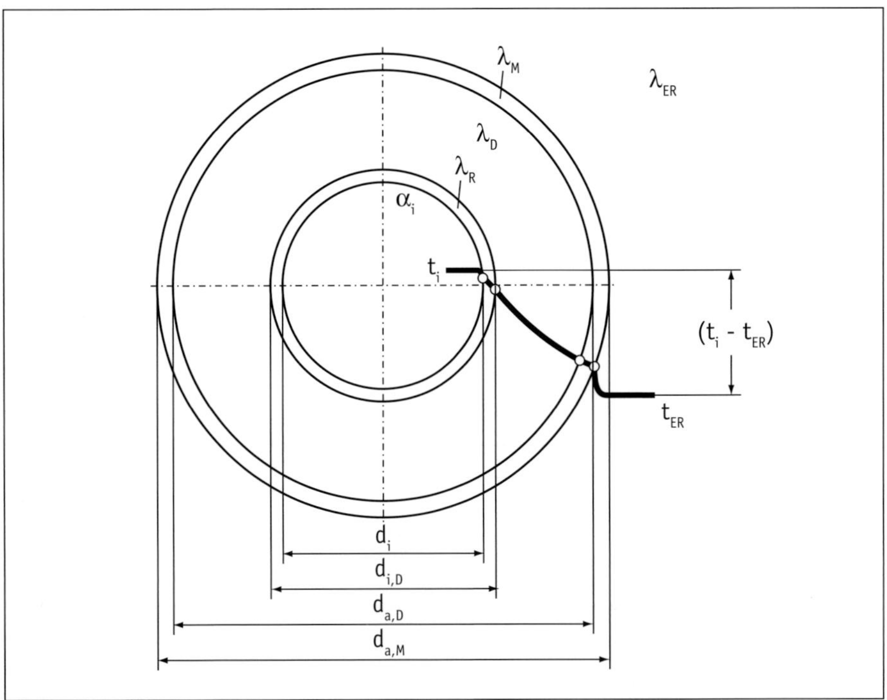


**Abbildung 4-24:** Verhältnisse beim KMR-Rohr

### Beispiel 4-10: Längenspezifischer Wärmeverlust einer KMR-Leitung

Für eine KMR-Leitung der Nennweite DN 40 ist mit folgenden Ausgangsparametern der längenspezifische Wärmeverlust abzuschätzen:

| **Rohr DN 40** | | | |
|---|---|---|---|
| Wärmeleitfähigkeit der Dämmung | $\lambda_D$ | 0,032 | W/mK |
| Außendurchmesser der Dämmung | $d_{a,D}$ | 0,108 | m |
| Außendurchmesser des Mediumrohrs | $d_{i,D}$ | 0,049 | m |
| Wärmeleitfähigkeit des Kunststoffmantels | $\lambda_M$ | 0,43 | W/mK |
| Außendurchmesser des Kunstoffmantels | $d_{a,M}$ | 0,113 | m |
| Wärmeleitfähigkeit des Erdreichs | $\lambda_{ER}$ | 1,2 | W/mK |
| Außendurchmesser des ungestörten Erdreichs | $d_{a,ER}$ | 1,313 | m |
| Temperatur des ungestörten Erdreichs | $t_{ER}$ | 10 | °C |
| Temperatur im Rohr | $t_i$ | 90 | °C |
| **längenspezifischer Wärmeverlust** | $q_{V,Rohr}$ | **18,4** | **W/m** |

Interessant ist noch der Temperaturabfall im Rohr, welcher sich durch Integration aus der Wärmestrombilanz für ein Volumenelement ergibt, siehe Abbildung 4-25:

Freileitung: F 4-36

$$t_{i,Ende} - t_a = \frac{(t_{i,Anfang} - t_a)}{\exp\left(\frac{L}{\dot{m}c_p} \cdot \frac{\pi}{\frac{1}{2\lambda_D} \ln\frac{d_{a,D}}{d_{a,R}} + \frac{1}{2\lambda_M} \ln\frac{d_{a,M}}{d_{a,D}} + \frac{1}{\alpha_a d_{a,M}}}\right)}$$

Erdverlegte Leitung:

$$t_{i,Ende} - t_{ER} = \frac{(t_{i,Anfang} - t_{ER})}{\exp\left(\frac{L}{\dot{m}c_p} \cdot \frac{\pi}{\frac{1}{2\lambda_D} \ln\frac{d_{a,D}}{d_{i,D}} + \frac{1}{2\lambda_M} \ln\frac{d_{a,M}}{d_{a,D}} + \frac{1}{2\lambda_{ER}} \ln\frac{d_{a,ER}}{d_{a,M}}}\right)}$$

| | |
|---|---|
| $t_{i,Ende}$ | Temperatur im Rohr am Ende des Rohrabschnitts |
| $t_a$ | Temperatur der Umgebung |
| $t_{i,Anfang}$ | Temperatur im Rohr am Anfang des Rohrabschnitts |
| $L$ | Länge des Rohrabschnitts |
| $\dot{m}$ | Massenstrom im Rohr |
| $C_p$ | Wärmekapazität des Massenstroms |

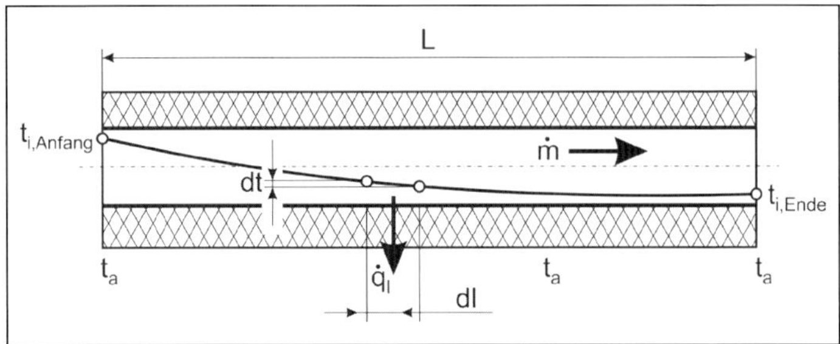


**Abbildung 4-25:** Wärmestrombilanz für Längenelement [10]

**Beispiel 4-11: Temperaturabfall in einer KMR-Leitung**

Für das Rohr aus Beispiel 4-10 ist der Temperaturabfall bei einer Leitungslänge von 100 m abzuschätzen. Es zeigt sich, dass sich die Temperatur am Rohrende gerade um 0,5 K verringert hat.

| **Rohr DN 40** | | | |
|---|---|---|---|
| Länge des Rohrabschnitts | $L$ | 100 | m |
| Massenstrom Heizmedium | $m$ | 1,19 | kg/s |
| Wärmekapazität Heizmedium | $c_p$ | 4197 | J/kgK |
| Wärmeleitfähigkeit der Dämmung | $\lambda_D$ | 0,032 | W/mK |
| Außendurchmesser der Dämmung | $d_{a,D}$ | 0,108 | m |
| Außendurchmesser des Mediumrohrs | $d_{i,D}$ | 0,049 | m |
| Wärmeleitfähigkeit des Kunststoffmantels | $\lambda_M$ | 0,43 | W/mK |
| Außendurchmesser des Kunstoffmantels | $d_{a,M}$ | 0,113 | m |
| Wärmeleitfähigkeit des Erdreichs | $\lambda_{ER}$ | 1,2 | W/mK |
| Außendurchmesser des ungestörten Erdreichs | $d_{a,ER}$ | 1,313 | m |
| Temperatur des ungestörten Erdreichs | $t_{ER}$ | 10 | °C |
| Mediumtemperatur | $t_i$ | 90 | °C |
| Temperaturdifferenz am Rohranfang | $t_{i,Anfang}-t_{ER}$ | 80,0 | K |
| **Temperaturdifferenz am Rohrende** | $t_{i,Ende}-t_{ER}$ | **79,6** | **K** |

## 4.5.3 Bemessung der Druckhaltung

Bei Ausdehnungsgefäßen ohne Fremddruckhaltung wird das Mindestvolumen folgendermaßen berechnet. Die DIN 4807-2 ist zu beachten:

$$V = (V_V + V_{Ausd}) \frac{p_e}{p_e - p_{min}} \qquad \text{F 4-37}$$

$V$ Mindestvolumen des Ausdehnungsgefäß

$V_V$ Wasservorlage

$V_{Ausd}$ Ausdehnungsvolumen

$p_e$ Enddruck (Absolutdruck)

$p_{min}$ Vordruck bzw. Mindestdruck in der Anlage (Absolutdruck)

Folgende Größen werden noch benötigt:

$$p_{min} \geq p_{stat} + p_D$$
$$p_e = p_{SV} - \Delta p \qquad \text{F 4-38}$$
$$V_V = 0{,}005 \cdot V_{Anl} \; (mindestens\ 3l)$$

| | |
|---|---|
| $p_{stat}$ | Statischer Druck der Anlage (sog. statische Höhe) |
| $p_D$ | Dampfdruck bei der maximalen Vorlauftemperatur |
| $p_{SV}$ | Abblasdruck des Sicherheitsventils |
| $\Delta p$ | Druckzuschlag (i. d. R. 0,5 bar) |
| $V_{Anl}$ | Wasserinhalt der Anlage |

Das Ausdehnungsvolumen $V_{Ausd}$ ergibt sich aus dem Wasserinhalt $V_{Anl}$ der Anlage:

$$V_{Ausd} = \frac{n \cdot V_{Anl}}{100} \qquad \text{F 4-39}$$

| | |
|---|---|
| $n$ | Volumenänderung in % (siehe Kapitel 9, Tabelle 9-7) |

Bei Ausdehnungsgefäßen mit Fremddruckhaltung sind die Vorgaben der Hersteller zu beachten. Im Allgemeinen werden diese Gefäße entsprechend des Ausdehnungsvolumens bemessen.

### Beispiel 4-12: Membranausdehnungsgefäß

Für eine Anlage mit einem abgeschätzten Wasserinhalt von 20 000 l ist ein Membranausdehnungsgefäß ohne Fremddruckaufprägung auszulegen:

| **Ausgangswerte** | | | |
|---|---|---|---|
| Wasserinhalt der Anlage | $V_{Anl}$ | 20 000 | l |
| Maximale Vorlauftemperatur | $t_{VL}$ | 90 | °C |
| Einfülltemperatur | $t_{Einf}$ | 10 | °C |
| statische Höhe der Anlage | $H_{geod}$ | 25 | m |
| Abblasdruck Sicherheitsventil | $p_{SV}$ | 6 | $bar_ü$ |
| Dichte des Heizwassers | $\rho$ | 965 | $kg/m^3$ |
| **Berechnung** | | | |
| Volumenausdehnung nach Tab. 9-7 | n | 3,6 % | |
| Ausdehnungsvolumen | $V_{Ausd}$ | 714 | l |
| Wasservorlage | $V_V$ | 100 | l |
| Enddruck | $p_e$ | 5,5 | $bar_ü$ |
| Vordruck | $p_{min}$ | 2,37 | $bar_ü$ |
| **Mindestvolumen des Gefäßes** | V | **1689** | **l** |
| Nennvolumen des gewählten Gefäßes | $V_n$ | 2000 | l |

### 4.5.4 Bemessung von Regelarmaturen

Im Nahwärmesystem muss an verschiedenen Stellen die Heizwassertemperatur geregelt werden. Dies geschieht mit Durchgangsregelventilen oder Dreiwege-Ventilen bzw. Dreiwege-Mischern. Den Regelvorgang kann man sich am Beispiel einer hydraulischen Schaltung mit Durchgangsventil entsprechend der Abbildung 4-27 verdeutlichen.

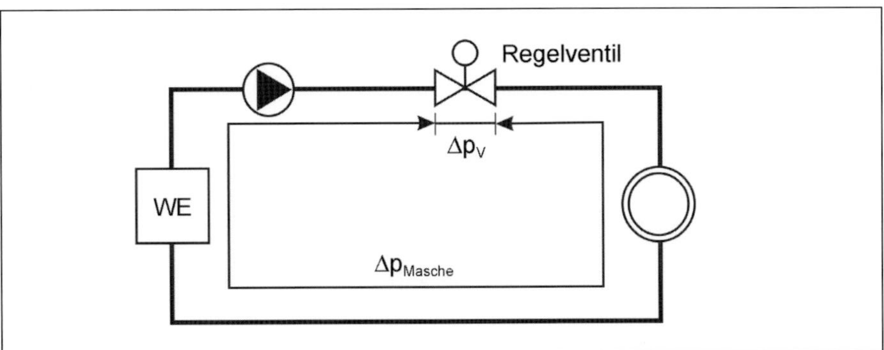


**Abbildung 4-26:** Einfache Masche mit Durchgangsventil (mengenvariabler Kreis)

Wenn in der Masche in Abbildung 4-26 der Massenstrom geändert werden soll, so geschieht das, indem der Druckverlust der gesamten Masche durch eine Veränderung des Druckverlustes am Regelventil durch dessen Öffnen oder Schließen geändert wird. Betrachtet man beispielsweise den Schließvorgang wird deutlich, dass der Druckverlust des Ventils gegenüber dem der Masche in merkbarer Größenordnung liegen muss. Sonst kommt es dazu, dass das Ventil immer weiter geschlossen wird, ohne dass sich der Massenstrom wesentlich ändert. Erst im letzten Teil der Schließbewegung verringert sich der Massenstrom signifikant. In einem solchen Fall würde die Armatur laufend öffnen und schließen.

Generell werden Regelventile nach der Ventilautorität und nicht nach der Nennweite der anschließenden Rohrleitung ausgelegt, d. h. der Druckverlust des Ventils soll einen Mindestdruckverlust im Verhältnis zum Gesamtdruckverlust der Masche nicht unterschreiten. Die Ventilautorität $P_V$ ist definiert mit:

$$P_V = \frac{\Delta p_V}{\Delta p_V + \Delta p_{Masche}} \qquad \text{F 4-40}$$

| | |
|---|---|
| $P_V$ | Ventilautorität |
| $\Delta p_V$ | Druckverlust des Ventils |
| $\Delta p_{Masche}$ | Druckverlust der Masche |

Die Ventilautorität soll in der Regel im Bereich $P_V = 0{,}25 \ldots 0{,}7$ liegen [11]. Die Auslegung des Ventils erfolgt bei einer gewünschten Ventilautorität über den sogenannten $k_V$-Wert. Der $k_V$-Wert wird als Durchflusskennwert bezeichnet. Er ist der Volumenstrom in m³/h bei einer Druckdifferenz von $\Delta p_0 = 1\,\text{bar}$ durch das Ventil:

$$k_V = \dot{V} \sqrt{\frac{1\,bar \cdot \rho}{\Delta p_V \cdot 1000\,kg/m^3}} \qquad \text{F 4-41}$$

| | |
|---|---|
| $k_V$ | Durchflusskennwert in m³/h |
| $\dot{V}$ | Volumenstrom |
| $\rho$ | Dichte |
| $\Delta p_V$ | Druckverlust des Ventils |

Die Regelarmaturen besitzen jeweils den $k_{VS}$-Wert, d. h. den $k_V$-Wert, welchen das spezielle Ventil realisieren kann. Ein Beispiel ist in der Tabelle 4-10 dargestellt.

**Tabelle 4-10:** Dreiwegemischer in Flanschausführung [Quelle: Fa. Honeywell]

| DN | $k_{VS}$ |
|---|---|
| 20 | 6,3 |
| 25 | 10 |
| 32 | 16 |
| 40 | 25 |
| 50 | 40 |
| 65 | 63 |
| 80 | 100 |
| 100 | 160 |
| 125 | 250 |
| 150 | 630 |
| 200 | 1000 |

**Beispiel 4-13: Auslegung eines Regelventils**

Für eine Heizzentrale ist ein Dreiwege-Mischer entsprechend der Tabelle 4-10 auszuwählen. Die Ventilautorität soll mindestens 0,4 % betragen:

| Volumenstrom | V | 19 | m³/h |
|---|---|---|---|
| Druckverlust der Masche | $\Delta p_{Masche}$ | 0,07 | bar |
| Ventilautorität | $P_V$ | 0,4 | |
| Dichte | $\rho$ | 1000 | kg/m³ |
| | | | |
| Mindestdruckverlust des Ventils | $\Delta p_V$ | 0,047 | bar |
| $k_V$-Wert | $k_V$ | 87,953 | m³/h |
| $k_{VS}$-Wert der gewählten Armatur | $k_{VS}$ | 63,000 | m³/h |
| Druckverlust des Ventils | $\Delta p_V$ | 0,091 | bar |
| Kontrolle $P_V$ | $P_V$ | 0,565 | |

Es ist ein Mischer der Nennweite DN 65 auszuwählen.

## Quellen


[1] Schramek, E.-R.: Taschenbuch für Heizung und Klimatechnik. Oldenbourg Industrieverlag München 2001. S. 643.

[2] AGFW-Arbeitsblatt FW 310 – Teil 1: Jahresnutzungsgrade zentraler Warmwasser-Wärmeerzeuger. Dezember 2006. S. 29.

[3] Krimmling, J.: Energieeffiziente Gebäude. Fraunhofer IRB Verlag. 2010.

[4] Klaus Traube, Wolfgang Schulz, Aktuelle Bewertung der Kraft-Wärme-Kopplung, Kommunalwirtschaftliche Forschung und Praxis Band 3, 2001.

[5] VDI 2067-2, 1993, S. 11 (Achtung, diese Richtlinie wurde zurückgezogen) [1, Seite 1723].

[6] Feurich, H.: Sanitärtechnik. Krammer Verlag Düsseldorf 1993. S. 875.

[7] Krimmling, J. u. a.: Atlas Gebäudetechnik. Rudolf Müller Verlag.

[8] Wang, Qi: Entwicklung einer Konzeption für den Einsatz pflanzenölbetriebener BHKW im Rahmen des Projektes AGNES. Diplomarbeit an der Hochschule Zittau/Görlitz (FH), unveröffentlicht.

[9] Zschernig, J.: Lehrbrief der TU Dresden.

[10] Wagner, W.: Rohrleitungstechnik. Würzburg 1996. S. 246.

[11] Schrameck, E.-R.: Taschenbuch für Heizung und Klimatechnik. Oldenbourg Industrieverlag. München 2005. S. 903.

# 5 Energetische Bewertung

## 5.1 Die Energieumwandlungskette

Nahwärmesysteme spielen aufgrund dessen, dass die Wärme effizient mit Hilfe von Kraft-Wärme-Kopplungsanlagen oder mit Hilfe von erneuerbaren Energien bereitgestellt werden kann, eine zunehmend wichtigere Rolle in der Gebäudeenergieversorgung. Grundlage einer objektiven energetischen Bewertung von Nahwärmesystemen ist die für die Versorgungsaufgabe im Gebäude benötigte fossile Primärenergie. Eine solche Analyse geht im Übrigen konform mit der aktuellen Gesetzgebung, siehe dazu die Energieeinsparverordnung. Das Ziel besteht darin, den Primärenergiebedarf bei Gebäuden möglichst zu begrenzen.

Ausgangspunkt ist die Energieumwandlungskette, nach welcher Primärenergie in Endenergie und dann in Nutzenergie umgewandelt wird. Dabei ist Primärenergie die Energieform, welche noch keine Umwandlungs-, Transport- oder andere Bereitstellungsprozesse erfahren hat. Als Endenergie wird die an der Gebäudegrenze bereitgestellte und gehandelte Energieform bezeichnet, welche mit Hilfe verschiedener Prozesse in den gebrauchsfähigen Zustand versetzt wurde. Aus Endenergie wird schließlich im Gebäude wiederum durch Umwandlungsprozesse Nutzenergie gewonnen. Jede dieser Umwandlungen ist mit Verlusten behaftet.

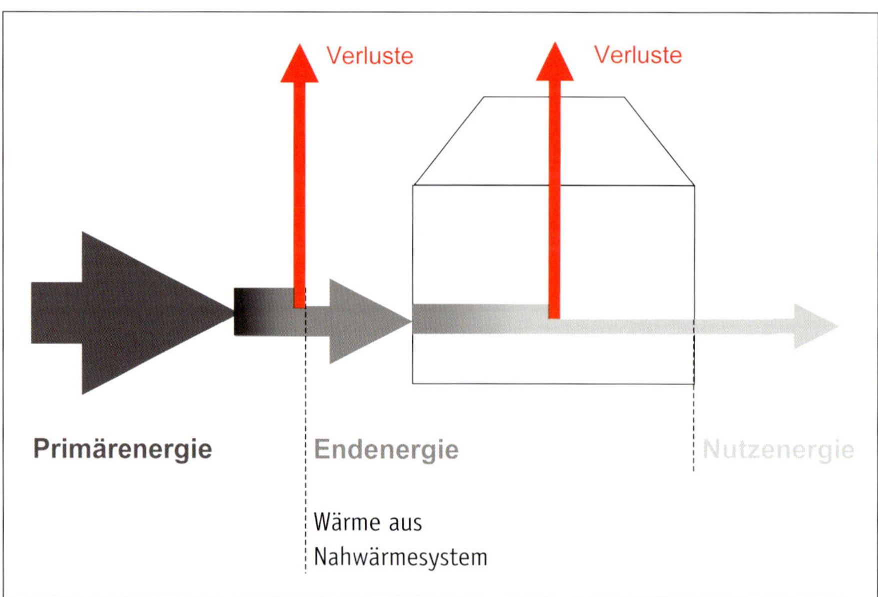


**Abbildung 5-1:** Allgemeine Energiebilanz eines Gebäudes

Der Primärenergiebedarf wird für jeden Endenergieträger über den dazugehörigen Primärenergiefaktor berechnet:

$$f_{P,i} = \frac{Q_{P,i}}{Q_{E,i}} \qquad \text{F 5-1}$$

$f_{P,i}$ Primärenergiefaktor des Endenergieträgers i
$Q_{P,i}$ Primärenergiebedarf für den Endenergieträgers i
$Q_{E,i}$ Endenergiebedarf des Endenergieträgers i

Die Primärenergiefaktoren findet man in der geltenden Energieeinsparverordnung (z. Z. EnEV 2009) bzw. in der DIN V 18599-1, vgl. Tabelle 5-1.

**Tabelle 5-1:** Primärenergiefaktoren. Werte nach DIN V 18599-1 und EnEV 2009

| **Energieträger** | **Primärenergiefaktor für den nicht erneuerbaren Energieanteil** |
|---|---|
| Erdgas H | 1,1 |
| Heizöl EL | 1,1 |
| Flüssiggas | 1,1 |
| Holz | 0,2 |
| Nah-/und Fernwärme aus KWK-Anlagen mit fossilen Brennstoffen | 0,7 |
| Nah-/und Fernwärme aus KWK-Anlagen mit erneuerbaren Brennstoffen | 0,0 |
| Nah-/und Fernwärme aus Heizwerken mit fossilen Brennstoffen | 1,3 |
| Nah-/und Fernwärme aus Heizwerken mit erneuerbaren Brennstoffen | 0,1 |
| Strom-Mix | 2,6 |
| Solarenergie, Umgebungsenergie | 0,0 |
| Biogas, Pflanzenöl[1] | 0,5 |

Die an der Hausstation in das Gebäude übergebene Wärme ist Endenergie. Sie konkurriert mit anderen Endenergieträgern wie Erdgas oder Heizöl. Ein Nahwärmesystem ist demzufolge energetisch so gut oder schlecht, als wie es für eine definierte Versorgungsaufgabe viel oder wenig fossile Primärenergie benötigt. Die Versorgungsaufgabe des Nahwärmesystems im Sinne der Abbildung 5-1 besteht darin, eine definierte Menge an Endenergie an der Gebäudegrenze bereitzustellen. Die energetische Effizienz kann damit durch den Primärenergiefaktor des Nahwärmesystems beschrieben werden. Die Werte für Nah- und Fernwärmesysteme in Tabelle 5-1 sind lediglich als Orientierungswerte zu verstehen. Sinnvoller ist es, den konkreten Primärenergiefaktor für das jeweilige Nahwärmesystem explizit entsprechend dem folgenden Abschnitt 5.2 zu bestimmen.

4 Bei Biogas gilt dieser PEF nur, wenn die Biogasanlage in unmittelbarem räumlichen Zusammenhang mit dem zu versorgenden Gebäude steht.

Neben dem Bedarf an fossiler Primärenergie kann auch die Emission von Treibhausgasen als Kriterium einer energetischen bzw. ökologischen Bewertung verwendet werden. Diese Bewertung zielt dann mehr auf die Vermeidung und Einschränkung des Treibhauseffekts ab, wobei die grundsätzliche Bewertungstendenz konform mit der Primärenergiebewertung verläuft. Die erforderlichen $CO_2$-Emissionsfaktoren findet man z. B. in [1].

## 5.2 Berechnung der Primärenergiefaktoren

Die Notwendigkeit der Berechnung von Primärenergiefaktoren für Nahwärmesysteme ergibt sich aus §3 Absatz 3 und §4 Absatz 3 de EnEV 2009. In beiden Fällen wird auf den jeweiligen Anhang verwiesen. In diesem heißt es u. a.:

*»Als Primärenergiefaktoren sind die Werte für den nicht erneuerbaren Anteil nach DIN V 18599-1: 2007-02 zu verwenden. Für den elektrischen Strom ist abweichend (davon) als Primärenergiefaktor für den nicht erneuerbaren Anteil der Wert 2,6 zu verwenden. Für flüssige oder gasförmige Biomasse im Sinne §2 Absatz 1 Nummer 4 des EEWärmeG kann für den nicht erneuerbaren Anteil der Wert 0,5 verwendet werden, wenn die flüssige oder gasförmige Biomasse in unmittelbaren räumlichen Zusammenhang mit dem Gebäude erzeugt wird.« (EnEV 2009).*

Der Anhang A3 der DIN V 18599-1 enthält eine spezielle Berechnungsvorschrift für die Ermittlung des Primärenergiefaktors bei Nah- und Fernwärmesystemen, welche im Folgenden anzuwenden ist. Die Ermittlung hat entsprechend der Norm durch unabhängige Sachverständige zu erfolgen. Die Berechnung erfolgt auf der Basis des Bilanzschemas in der Abbildung 5-2. Außerdem ist das AGFW-Arbeitsblatt FW 309 Teil1 – Entwurf, vom November 2009 hinzuziehen. Dort findet man weitere Primärenergiefaktoren z. B. für thermische Abfallbehandlungsanlagen, Tiefen-Geothermie oder industrielle Abwärme.

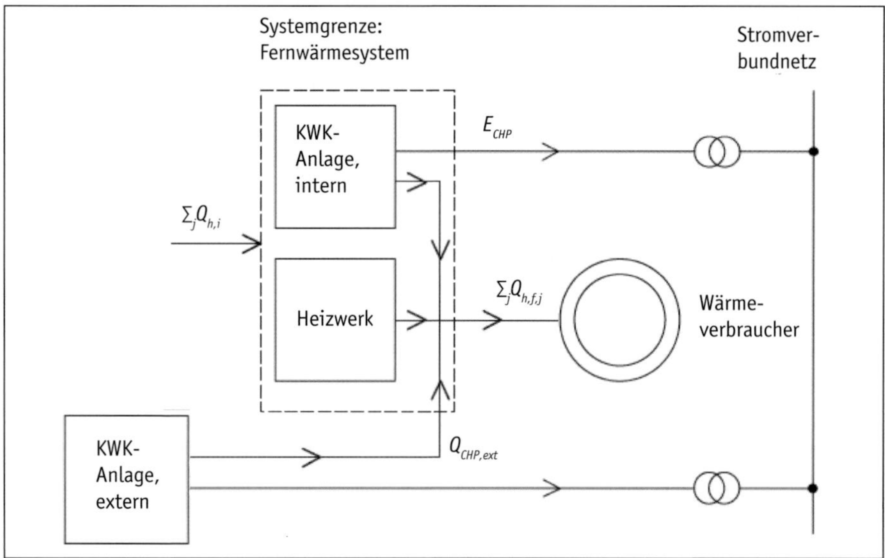


**Abbildung 5-2:** Bilanzschema nach DIN V 18599-1, Bild A1

Der Primärenergiefaktor eines Nahwärmesystems ergibt sich nach folgender Formel:

$$f_{P,DH} = \frac{\sum_i Q_{f,i} \cdot f_{P,i} - E_{CHP} \cdot f_{P,elt}}{\sum_j Q_{h,f,j}} \qquad \text{F 5-2}$$

$f_{P,DH}$ Primärenergiefaktor des Nahwärmesystems

$Q_{f,i}$ Endenergie des i-ten zur Wärme- und/oder Stromerzeugung eingesetzten Endenergieträgers, gemessen am Ort der Übergabe, bezogen auf den Heizwert

$f_{P,i}$ Primärenergiefaktor des i-ten zur Wärme- und/oder Stromerzeugung eingesetzten Endenergieträgers nach Tabelle A.1 der DIN V 18599-1

$E_{CHP}$ der in Kraft-Wärme-Kopplung erzeugte Strom (Nettostromerzeugung)

$f_{P,elt}$ Primärenergiefaktor des elektrischen Stroms nach Tabelle A.1 der DIN V 18599-1

$Q_{h,f,j}$ Endenergieverbrauch (Wärme) des j-ten Wärmeverbrauchers, gemessen auf der Primärseite der Nahwärme-Hausstation

### Beispiel 5-1: Primärenergiefaktor für das Nahwärmesystem einer Wohnsiedlung

Eine Wohnsiedlung wird durch ein kleines Nahwärmesystem versorgt. Als Wärmeerzeuger werden heizölbefeuerte Kessel verwendet.

| | | | | |
|---|---|---|---|---|
| Endenergie HEL | $Q_{f,HEL}$ | 3389,35 | MWh/a | gemessen |
| erzeugte Wärme | $Q_{Erz}$ | 3011,33 | MWh/a | gemessen |
| übergebene Wärme | $\sum_i Q_{h,f,j}$ | 2474,52 | MWh/a | gemessen |
| Hilfsenergie | $Q_{f,HE}$ | 51,70 | MWh/a | gemessen |

| Primärenergiefaktor HEL | $f_{P,HEL}$ | 1,10 | | DIN 18599-1 |
|---|---|---|---|---|
| Primärenergiefaktor Strom | $f_{P,Elt}$ | 2,60 | | DIN 18599-1 |
| Primärenergie HEL | $Q_{P,HEL}$ | 3728,29 | MWh/a | Zwischenergebnis |
| Primärenergie Hilfsenergie | $Q_{P,Elt}$ | 134,42 | MWh/a | Zwischenergebnis |
| Primärenergiefaktor | $f_{P,DH}$ | 1,56 | | F5-2 |
| | | | | |
| Jahresnutzungsgrad Erzeugung | $\bar{\eta}_{a,Erz}$ | 89 % | | informativ |
| Jahresnutzungsgrad Netz | $\bar{\eta}_{a,Netz}$ | 82 % | | informativ |

Der Primärenergiefaktor für dieses Nahwärmesystem beträgt 1,56.

### Beispiel 5-2: Nahwärmesystem mit Biogas

Das Nahwärmesystem aus Beispiel 5-2 soll durch die Installation eines BHKW, welches mit Biogas betrieben wird, modernisiert werden. Die Biogasanlage befindet sich unmittelbar neben der Heizzentrale. Für diesen Fall ist der Primärenergiefaktor zu ermitteln:

| Endenergie HEL | $Q_{f,HEL}$ | 1341,00 | MWh/a | prognostiziert |
|---|---|---|---|---|
| Endenergie Biogas | $Q_{f,Bio}$ | 13 600,00 | MWh/a | prognostiziert |
| Bruttostromerzeugung BHKW | $E_{brutto}$ | 3986,00 | MWh/a | prognostiziert |
| Eigenbedarf Biogasanlage | $E_{eigen}$ | 319,00 | MWh/a | prognostiziert |
| Hilfsenergiebedarf | $Q_{f,HE}$ | 31,00 | MWh/a | prognostiziert |
| erzeugte Wärme | $Q_{Erz}$ | 5200,00 | MWh/a | prognostiziert |
| übergebene Wärme | $\sum_i Q_{h,f,i}$ | 4273,00 | MWh/a | prognostiziert |
| Primärenergiefaktor HEL | $f_{P,HEL}$ | 1,10 | | DIN 18599-1 |
| Primärenergiefaktor Strom | $f_{P,Elt}$ | 2,60 | | DIN 18599-1 |
| Primärenergiefaktor Biogas | $f_{P,Bio}$ | 0,50 | | FW 309-1 |
| Primärenergie HEL | $Q_{P,HEL}$ | 1475,10 | MWh/a | Zwischenergebnis |
| Primärenergie Biogas | $Q_{P,Bio}$ | 6800,00 | MWh/a | Zwischenergebnis |
| Nettostromerzeugung BHKW | $E_{CHP}$ | 3636,00 | MWh/a | Zwischenergebnis |
| Primärenergiefaktor, berechnet | $f_{P,DH}$ | -0,27580 | | F5-2 |
| **Primärenergiefaktor** | $\mathbf{f_{P,DH}}$ | **0,00** | | DIN 18599-1 |

Die Berechnung ergibt aufgrund der Bewertung des eingespeisten Stroms einen negativen Primärenergiefaktor. Für diesen Fall ist laut DIN 18599-1 der Primärenergiefaktor des Nahwärmesystems mit Null anzusetzen.

In der Praxis führen die geringen Primärenergiefaktoren von Nah- und Fernwärmesystemen mit Kraft-Wärme-Kopplungsanlagen oft zu Irritationen. Obwohl die Anforderungen an die Gebäudegestaltung dadurch geringer werden (sie entfallen nicht, da der spezifische Transmissionswärmeverlust in jedem Fall begrenzt und das EEWärmeG einzuhalten sind), ist der KWK-Einsatz aus volkswirtschaftlicher Sicht sinnvoll, siehe Abschnitt 2.3.3.

**Beispiel 5-3: Nahwärmesystem mit Erdgas-BHKW**

Für ein Nahwärmesystem, welches ein städtisches Wohngebiet versorgt, ist der Primärenergiefaktor zu bestimmen. Die Heizzentrale umfasst:

- Kesselanlage, bestehend aus 2 Erdgaskesseln a 720 $kW_{th}$ und a 1400 $kW_{th}$
- erdgasbefeuertes BHKW mit 48 $kW_{el}$ und 97 $kW_{th}$.

| | | | | |
|---|---|---|---|---|
| Endenergie 1 Heizwerk (Erdgas) | $Q_{f,EG}$ | 3 966 661,00 | kWh/a | Messung |
| Endenergie 2 Heizwerk (Hilfsenergie) | $Q_{f,HE}$ | 50 632,70 | kWh/a | Messung |
| Primärenergiefaktor 1 (Erdgas) | $f_{P,EG}$ | 1,1 | | DIN 18599-1 |
| Primärenergiefaktor 2 (Strom) | $f_{P,Elt}$ | 2,6 | | DIN 18599-1 |
| erzeugter Strom BHKW | $E_{CHP}$ | 399 456,00 | kWh/a | Zwischenergebnis |
| übergebene Wärme | $\sum_i Q_{h,f,j}$ | 2 924 742,00 | kWh/a | Messung |
| **Primärenergiefaktor** | $f_{P,DH}$ | **1,18** | | F5-2 |

Der Primärenergiefaktor beträgt 1,18. Es wird deutlich, dass ein KWK-System nicht zwangsläufig zu einem Primärenergiefaktor von Null führt und dass das Ergebnis deutlich vom entsprechenden Wert in Tabelle 5-1 abweichen kann.

## 5.3 Wirkungsgrade und Nutzungsgrade

Die Effizienz der Energieumwandlung und Verteilung im Nahwärmesystem kann mit Hilfe folgender Größen bestimmt werden:

- Wirkungsgrad
- Nutzungsgrad.

Allgemein lässt sich der energetische Wirkungsgrad eines Prozesses folgendermaßen bestimmen:

$$Wirkungsgrad = \frac{energetischer\ Nutzen}{energetischer\ Aufwand}$$

Im Bereich der Gebäudeenergieversorgung ist es üblich, den Wirkungsgrad als zeitpunktbezogene Größe mit Hilfe der entsprechenden Wärmeströme zu formulieren:

$$\eta = \frac{\dot{Q}_{ab}}{\dot{Q}_{zu}} \qquad \text{Einheit: } \frac{[W]}{[W]} \qquad \text{F 5-3}$$

Der Nutzungsgrad bezieht sich auf einen bestimmten Zeitraum und kann als das Verhältnis der in einem bestimmten Zeitraum $\tau_1$ bis $\tau_2$ vom Prozess abgegebenen Energie zu der in demselben Zeitraum zugeführten Energie definiert werden:

$$\overline{\eta}\Big|_{\tau_1}^{\tau_2} = \frac{Q_{ab}\Big|_{\tau_1}^{\tau_2}}{Q_{zu}\Big|_{\tau_1}^{\tau_2}} \quad \text{Einheit: } \frac{[kWh]}{[kWh]} \qquad \text{F 5-4}$$

$Q_{ab}\Big|_{\tau_1}^{\tau_2}$ im Zeitraum $\tau_1$ bis $\tau_2$ abgegebene Energie in kWh

$Q_{zu}\Big|_{\tau_1}^{\tau_2}$ im Zeitraum $\tau_1$ bis $\tau_2$ zugeführte Energie in kWh

Der Nutzungsgrad für einen bestimmten Zeitraum $\tau_1$ bis $\tau_2$ lässt sich auch aus dem Wirkungsgradverlauf in eben diesem Zeitraum durch integrale Mittelung bestimmen:

$$\overline{\eta}\Big|_{\tau_1}^{\tau_2} = \frac{1}{\tau_2 - \tau_1} \cdot \int_{\tau_1}^{\tau_2} \eta(\tau) \cdot d\tau \qquad \text{F 5-5}$$

Eine spezielle, aber häufig benötigte Größe ist der Jahresnutzungsgrad, mit der Bezugsperiode von einem Jahr:

$$\overline{\eta}_a = \frac{Q_{ab}}{Q_{zu}} \qquad \text{F 5-6}$$

$\overline{\eta}_a$ Jahresnutzungsgrad (Bezugsperiode ist ein Jahr)
$Q_{ab}$ abgegebene Energie in kWh/a
$Q_{zu}$ zugeführte Energie in kWh/a

Typische Jahresnutzungsgrade von Heizkesseln sind in der Tabelle 5-2 dargestellt. In [2] werden folgende Richtwerte für Jahresnutzungsgrade von Kesseln angegeben:
Niedertemperaturkessel: 0,92
Brennwertkessel Öl: 0,98
Brennwertkessel Gas: 1,00.

**Tabelle 5-2:** Jahresnutzungsgrade von Heizkesseln mit Gebläsebrennern in dem für Nahwärmesysteme typischen Leistungsbereich. Werte nach [3]

| Kesselbauart | Leistung in kW | Gas-Kessel | Öl-Kessel |
|---|---|---|---|
| Niedertemperatur-Kessel | bis 1200 | 0,92 | 0,90 |
| Brennwertkessel | >50 bis 120 | 0,98 | 0,92 |
| | >120 bis 1200 | 0,99 | 0,93 |

Bei Wärmepumpen werden der Wirkungsgrad als Leistungszahl und der Jahresnutzungsgrad als Jahresarbeitszahl bezeichnet. Bei brennstoffbetriebenen Wärmepumpen (Motorische Wärmepumpen oder Absorptions-Wärmepumpen) wird die Jahresheizzahl verwendet, welche ebenfalls für den Jahresnutzungsgrad steht.

Typische Jahresarbeitszahlen bzw. Jahresheizzahlen sind in der Tabelle 5-3 enthalten. Die Abschätzung von Arbeitszahlen bei elektrischen Wärmepumpen kann mit Hilfe der VDI 4650-1,2 vorgenommen werden.

**Tabelle 5-3:** Jahresarbeits- und Jahresheizzahlen von Wärmepumpen (Werte nach [3])

| Bauart | Wärmequelle Grundwasser | Wärmequelle Erdreich | Wärmequelle Luft |
|---|---|---|---|
| elektrisch | 2,8 bis 5,4 | 2,7 bis 4,2 | 2,3 bis 3,6 |
| motorisch | 1,7 bis 1,8 | 1,6 bis 1,7 | 1,5 bis 1,6 |

In der Abbildung 5-3 wurden die über Betriebsaufzeichnungen bestimmten Jahresnutzungsgrade von ca. 500 Kesselanlagen (erdgasbefeuerte Niedertemperatur- und Brennwertanlagen) im Leistungsbereich bis ca. 1500 kW dargestellt.[5] Die Kessel werden überwiegend in Nahwärmesystemen eingesetzt, aber teilweise auch als Hausheizzentrale. Auffällig ist die starke Streuung der Werte; diese reichen von 65 % bis 105 %. Die meisten Werte der Stichprobe befinden sich in der Klasse 80 % < $\eta_a$ < 89,99 %. Eine eindeutige Korrelation zur Erzeugerleistung ist nicht festzustellen.

Eine andere Untersuchung von 17 Wärmeerzeugern im Leistungsbereich bis 2 MW führte auf gemessene Jahresnutzungsgrade zwischen 0,77 und 0,96. Als Ursachen für die große Streuung werden Messungenauigkeiten der Betriebsmesstechnik vermutet. Der relative Fehler liegt bei der Gasmessung in einer Größenordnung von 4 % und bei der Wärmemengenmessung im Bereich von 6 % [2].

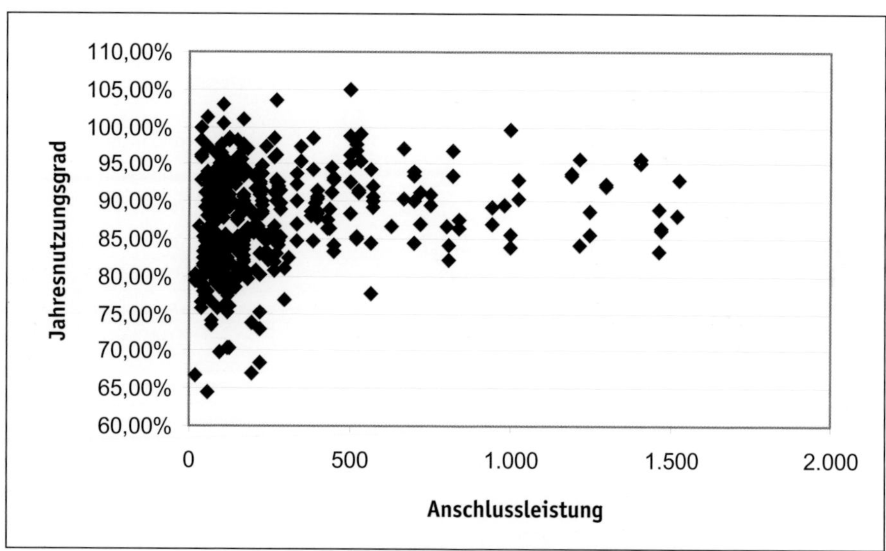


**Abbildung 5-3:** Gemessene Jahresnutzungsgrade von Kesselanlagen

Kesselhersteller verwenden heute zur Charakterisierung des energetischen Effizienzpotenzials des Kessels den Normnutzungsgrad. Dabei handelt es sich um einen Jahresnutzungsgrad bei definierten Randbedingungen. Er wird nach DIN 4702-8 berechnet. Dazu wird ein typischer jährlicher Nutzwärmebedarf für den Fall der Wohngebäudebeheizung

5 Es handelt sich bei diesen Untersuchungen nicht um eine repräsentative Stichprobe bzw. allgemeingültige Analyse, sondern es soll lediglich anhand von praktischen Fällen demonstriert werden, in welchen Bereichen die Jahresnutzungsgrade liegen.

unterstellt. Dieser Nutzwärmebedarf wird durch fünf flächengleiche Rechtecke approximiert, wobei jede Teilwärmemenge mit einem bestimmten Teillastnutzungsgrad bereitgestellt wird. Mit dieser Annahme berechnet sich der Normnutzungsgrad wie folgt:

$$\eta_N = \frac{\sum_{i=1}^{5} \dot{Q}_H \cdot \varphi_i \cdot Z_i}{\sum_{i=1}^{5} \frac{\dot{Q}_H \cdot \varphi_i \cdot Z_i}{\eta_{\varphi,i}}} = \frac{5}{\sum_{i=1}^{5} \frac{1}{\eta_{\varphi,i}}} \qquad \text{F 5-7}$$

$\dot{Q}_H$ Nennwärmeleistung des Kessels
$\varphi_i$ relative Kesselleistung bei der Belastung i
$Z_i$ Anzahl der Heiztag bei der Belastung i
$\eta_{\varphi,i}$ Teillast-Nutzungsgrad bei der Belastung i

Die Teillastnutzungsgrade werden durch Messungen bestimmt.

**Beispiel 5-4: Normnutzungsgrad für einen Heizkessel**

Für einen Heizkessel (Brennwertkessel) ist auf der Basis gemessener Teillastnutzungsgrade der Normnutzungsgrad nach DIN 4702-8 zu bestimmen.

| Belastung | Teillast-Nutzungsgrad | Rechenwert |
|---|---|---|
| in % | in % | in 1/% |
| 12,8 | 109,5 | 0,00913242 |
| 30,3 | 108,4 | 0,009225092 |
| 38,8 | 107,2 | 0,009328358 |
| 47,6 | 105,7 | 0,009460738 |
| 62,6 | 103,0 | 0,009708738 |
| | | 0,046855346 |
| | **Normnutzungsgrad in %** | **106,71** |

Der Normnutzungsgrad beträgt in diesem Fall 106,71 %.

Für Wirtschaftlichkeitsbewertungen (siehe Kapitel 6) kann der Normnutzungsgrad nicht ohne weiteres verwendet werden, da er ideale Bedingungen unterstellt. Sinnvoller ist die Anwendung von Erfahrungswerten, beispielsweise nach Tabelle 5-2 und Tabelle 5-3.

Für ein Nahwärmesystem ergibt sich der Jahresnutzungsgrad aus dem Jahresnutzungsgrad der Wärmebereitstellung und dem der Verteilung:

$$\overline{\eta}_{a,Ges} = \overline{\eta}_{a,Erz} \cdot \overline{\eta}_{a,Vert} \qquad \text{F 5-8}$$

$\overline{\eta}_{a,Ges}$ Jahresnutzungsgrad des Nahwärmesystems
$\overline{\eta}_{a,Erz}$ Jahresnutzungsgrad der Wärmeerzeugung
$\overline{\eta}_{a,Vert}$ Jahresnutzungsgrad der Verteilung

Der Jahresnutzungsgrad der Verteilung kann über deren Wärmeverluste (siehe F 4-33 bis F 4-35) abgeschätzt werden:

$$\overline{\eta}_{a,Vert} = 1 - \frac{Q_{V,Vert}}{Q_{zu,Vert}} \qquad \text{F 5-9}$$

| | |
|---|---|
| $\overline{\eta}_{a,Vert}$ | Jahresnutzungsgrad der Verteilung |
| $Q_{V,Vert}$ | Wärmeverluste der Verteilung |
| $Q_{zu,Vert}$ | der Verteilung zugeführte Wärme |

Dazu ist über den jahreszeitlichen Temperaturverlauf zu integrieren:

$$Q_{V,Vert} = \int_a \sum_i \dot{q}_{V,Rohr,i}\, l_{Rohr,i} \cdot d\tau \qquad \text{F 5-10}$$

| | |
|---|---|
| $Q_{V,Vert}$ | Wärmeverluste der Verteilung |
| $\dot{q}_{V,Rohr,i}$ | längenspezifischer Wärmeverlust des Rohrabschnitts i |
| $l_{Rohr,i}$ | Länge des Rohrabschnitts i |

In [4] wurden die Jahresnutzungsgrade der Verteilung für verschiedene Nahwärmesysteme berechnet und in Abhängigkeit der Trassenlänge (Abbildung 5-4) und der Fläche des Versorgungsgebietes (Abbildung 5-5) dargestellt.

Die Berechnungen zeigen relativ eindeutig eine Korrelationen zwischen der Trassenlänge (bzw. Fläche) und dem Jahresnutzungsgrad an. Die Auswertung von Betriebsaufzeichnungen an 50 Nahwärmesystemen ist in der Abbildung 5-6 zunächst als Netznutzungsgrad über der Trassenlänge aufgetragen. Hier ist keine eindeutige Korrelation zu erkennen. Beim Bezug der Netznutzungsgrade auf die Wärmeliniendichte (Abbildung 5-7, einige Systeme mit sehr hoher Dichte wurden außer Acht gelassen), lässt sich

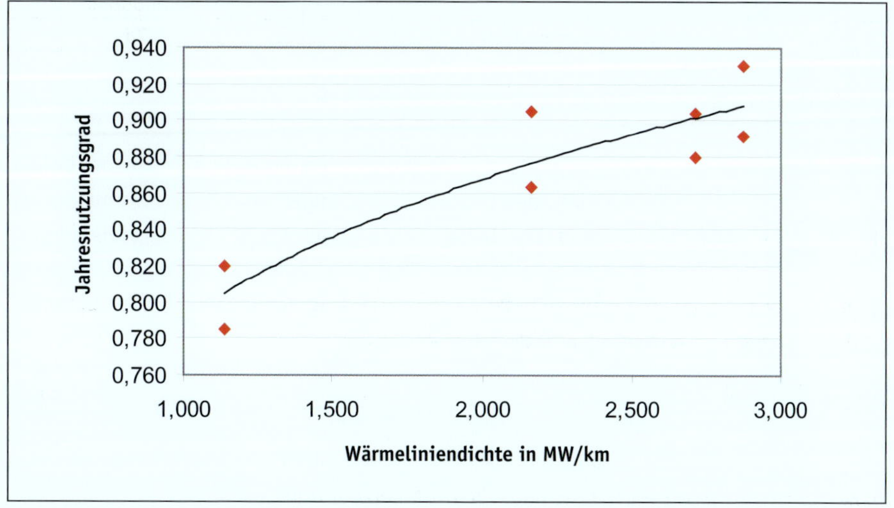


**Abbildung 5-4:** Berechnete Jahresnutzungsgrade in Abhängigkeit der Wärmeliniendichte

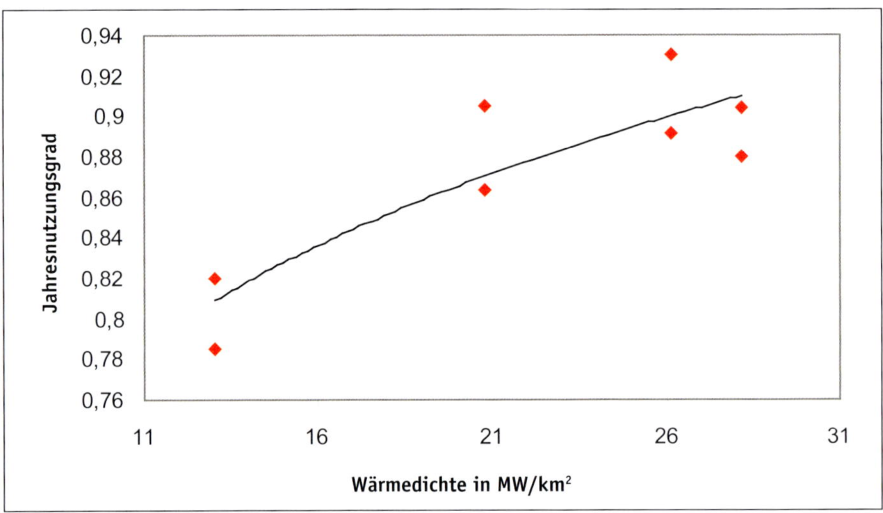


**Abbildung 5-5:** Berechnete Jahresnutzungsgrade in Abhängigkeit der Wärmedichte pro Fläche

durchaus eine vergleichbare Korrelation wie in Abbildung 5-4 erkennen. Allerdings streuen die Werte sehr stark, was auf Messungenauigkeiten einerseits zurückzuführen sein dürfte, aber auch auf mögliche Einsparpotenziale durch optimierte Betriebsführung hinweist. Die meisten Netznutzungsgrade sind hier kleiner als 85 %.

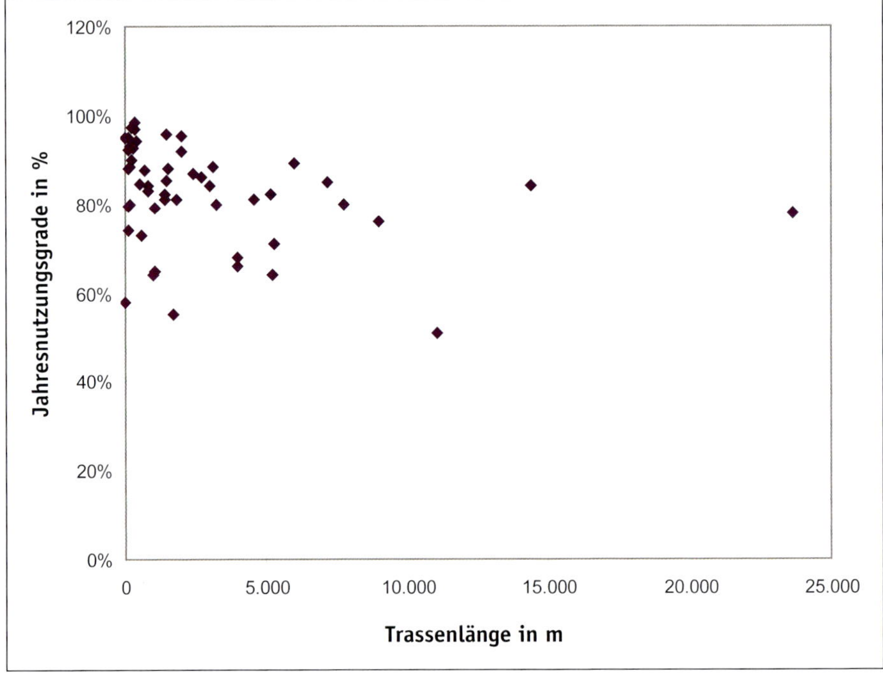


**Abbildung 5-6:** Gemessene Jahresnutzungsgrade der Verteilung von 50 Nahwärmesystemen (Anschlusswerte je System zwischen 200 und 20 000 kW) in Abhängigkeit der Trassenlänge

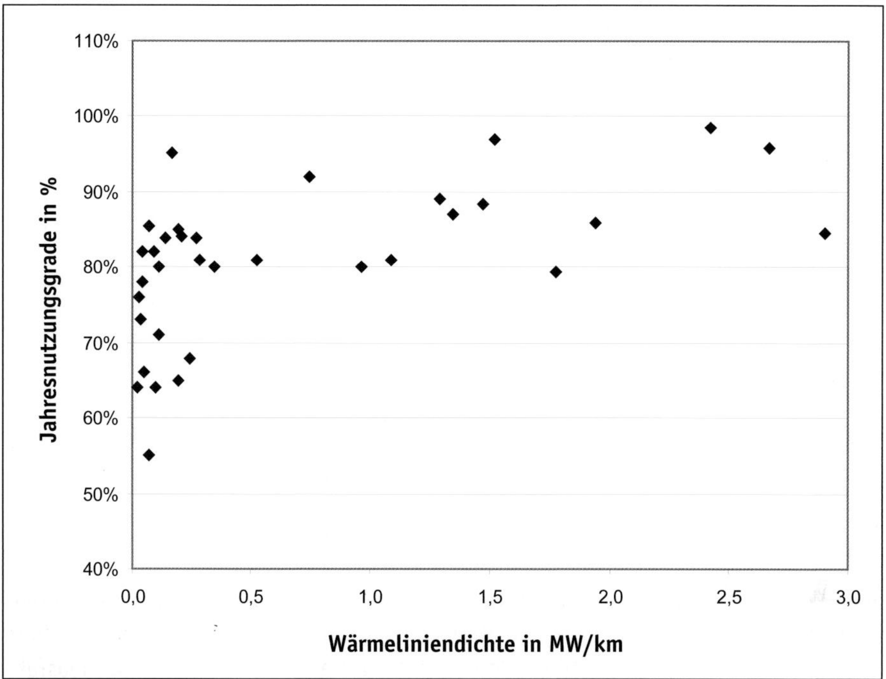


**Abbildung 5-7:** Gemessene Jahresnutzungsgrade der Verteilung von 50 Nahwärmesystemen in Abhängigkeit der Wärmeliniendichte

## Quellen

[1] Krimmling, J.: Energieeffiziente Gebäude. Fraunhofer IRB Verlag. 2010.

[2] AGFW-Arbeitsblatt FW 310 – Teil 1: Jahresnutzungsgrade zentraler Warmwasser-Wärmeerzeuger. Dezember 2006. S. 23.

[3] Schrameck, E.-R.: Taschenbuch für Heizung und Klimatechnik. Oldenbourg Industrieverlag. München 2005. S. 1072.

[4] Engelmann, K. und J. Krimmling: Vorausberechnung der Wärmeverluste von Fernwärmenetzen. EUROHEAT & POWER Fernwärme international 11/1998.

# 6 Wirtschaftliche Bewertung

## 6.1 Analyse der Ausgangssituation

Nahwärmesysteme müssen in erster Linie wirtschaftlich sein, da sie durch die bereitgestellte Endenergie an der Gebäudegrenze in Konkurrenz zu anderen Endenergieträgern wie Erdgas oder Heizöl stehen. Da durch das Wärmenetz unzweifelhaft höhere Investitionskosten entstehen, auch wenn diese durch die Kostendegression bei den Erzeugeranlagen etwas gedämpft werden, muss die Energieumwandlung insgesamt effizienter sein. Oder es müssen billigere Energieträger als bei den dezentralen Einzelheizungen eingesetzt werden.

Bei dieser Betrachtung darf aber ein entscheidender Vorteil des Nahwärmesystems auf der Gebäudeseite nicht vergessen werden. Bis auf die Übergabestation, welche besonders bei kleinen Systemen sehr einfach gehalten werden kann, muss keine weitere zentrale Anlagentechnik im Gebäude installiert werden. Dadurch entfällt der Platz für die Aufstellung des sonst erforderlichen Wärmeerzeugers und es müssen auch keine investiven Mittel dafür aufgebracht werden.

Das Hauptaugenmerk aus wirtschaftlicher Sicht liegt auf der Heizzentrale bzw. der Energiebereitstellungstechnik des Nahwärmesystems. In der Regel sind für die Energiebereitstellung verschiedene Varianten denkbar:

- Kessel mit verschiedenen Brennstoffen oder Brennstoffkombinationen (Erdgas oder Kombination Erdgas/Holzbrennstoff o. a.)
- Kombination von BHKW und Kessel (mehrere BHKW, Kessel, verschiedene Brennstoffe – z. B. Erdgas oder Biogas oder Pflanzenöl usw.)
- Kombination von Wärmepumpe und Kessel
- Kombination von Wärmepumpe, BHKW, Kessel
- Kombination von Kessel und solarthermischer Anlage

Zwischen diesen Varianten muss eine Entscheidung getroffen werden, da im Endeffekt nur eine Variante realisiert werden kann. Aus betriebswirtschaftlicher Sicht handelt es sich dabei um ein Investitionsbewertungsproblem, für welches es entsprechende Bewertungsverfahren gibt.

In [1] und [2] wird die Anwendung der einschlägigen Investitionsbewertungsverfahren ausführlich anhand diverser Beispiele aus vielen Bereichen der Gebäudeenergieversorgung demonstriert. Die Anwendung dieser Verfahren auf die oben geschilderte Entscheidungssituation bei Nahwärmesystemen erfordert keine grundsätzlich andere Herangehensweise, weshalb hinsichtlich der Verfahrensauswahl und der Begründung der Verfahren auf die genannten Quellen verwiesen wird.

## 6.2 Übersicht Bewertungsverfahren

Es stehen verschiedene Investitionsbewertungsverfahren zur Verfügung (Abbildung 6-1), die jeweils ein Entscheidungskalkül liefern, d. h. eine bestimmte Rechengröße, deren Wert die Grundlage für die Anwendung einer Entscheidungsregel ist. Die Verfahren liefern Aussagen auf der Grundlage einer Modellwelt, die im Allgemeinen mit den Prämissen des vollkommenen Kapitalmarkts beschrieben werden (vgl. [3]).

Bei den einfachen kostenrechnerischen Verfahren wird die Kapitalverzinsung nur näherungsweise berücksichtigt. Demzufolge eignen sich diese Verfahren nur für Investitionsprojekte mit kurzen Laufzeiten, bei denen dieser Mangel von untergeordneter Bedeutung ist. Die finanzmathematischen Verfahren berücksichtigen die Kapitalverzinsung wesentlich genauer. In vielen hier relevanten Fällen genügt die Anwendung eines der impliziten Verfahren. Implizit bedeut dabei, dass im Verfahren selbst eine Annahme zur jeweils besten Alternative (wird als Opportunität bezeichnet) getroffen wurde. Die expliziten Verfahren werden bei komplexen Investitionen bzw. bei Investitionsprogrammen angewendet. Hier muss neben der Investitionsalternative die Opportunität in einem jeweils eigenen Finanzplan berechnet werden.

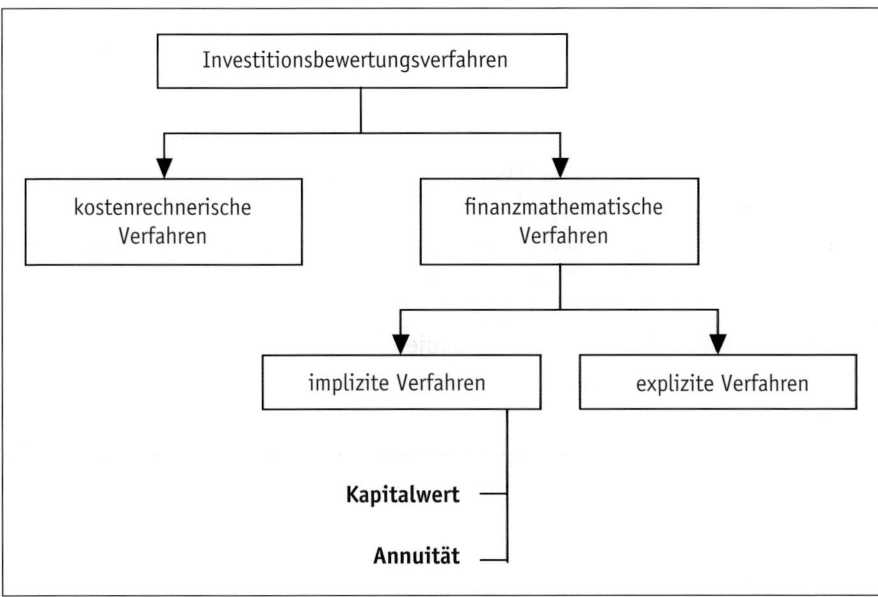


**Abbildung 6-1:** Übersicht Investitionsbewertungsverfahren

Für Entscheidungen bei Nahwärmesystemen werden in erster Linie das Kapitalwertverfahren und die Annuitätenmethode benötigt. Letztere ist vielen Praktikern in Form der Richtlinie VDI 2067-1 bekannt.

Beim Kapitalwertverfahren werden alle Ein- Und Auszahlungen auf den Anfangszeitpunkt der Investition abgezinst:

$$K = -A_0 + \sum_{t=1}^{T} \left( Z_t \cdot (1+i)^{-t} \right) \qquad \text{F 6-1}$$

$K$ Kapitalwert der Zahlungsreihe (Investitionsalternative oder -variante) in €
$A_0$ Investition in €
$Z_t$ $Z_t = E_t - A_t$, Saldo der jährlichen Ein- und Auszahlungen in €/a
$t$ Laufvariable für t = 0 bis T
$T$ Laufzeit der Investitionsalternative in a
$i$ Kalkulationszins

Beim Variantenvergleich ist die Alternative zu bevorzugen, welche den größten Kapitalwert hat.

Das Annuitätenverfahren kann man direkt aus dem Kapitalwertverfahren ableiten. Hier soll das Annuitätenverfahren nach der Richtlinie VDI 2067-1 dargestellt werden:

$$AN = AN_E - \left( AN_K + AN_V + AN_B + AN_S \right) \qquad \text{F 6-2}$$

$AN$ Annuität in €/a
$AN_E$ Annuität der Einzahlungen
$AN_K$ Annuität der kapitalgebundenen Auszahlungen
$AN_V$ Annuität der verbrauchsgebundenen Auszahlungen
$AN_B$ Annuität der betriebsgebundenen Auszahlungen
$AN_S$ Annuität der sonstigen Auszahlungen

Während $AN_E$, $AN_V$, $AN_B$ und $AN_S$ jeweils projektspezifisch bestimmt werden müssen (siehe dazu die Beispiele hier im Buch), kann man $AN_K$ mit Hilfe folgender Formeln allgemeingültig bestimmen:

$$AN_K = \left( A_0 + \sum_{k=1}^{n} A_k - R \right) \cdot a + f_{IN} \cdot A_0 \cdot b_{aIN}$$

$$A_k = A_0 \cdot \frac{r^{k \cdot TN}}{q^{k \cdot TN}} \qquad \text{F 6-3}$$

$$R = A_0 \cdot r^{n \cdot TN} \cdot \frac{(n+1) \cdot TN - T}{TN} \cdot \frac{1}{q^T}$$

$$b_{aIN} = b_{IN} \cdot a$$

$A_k$ Barwerte der Ersatzbeschaffungen
$R$ Barwert des Restwertes
$TN$ Lebensdauer der Ersatzinvestition

$f_{IN}$ Faktor Instandsetzung (siehe VDI 2067-1, Anhang 1)
$b_{aIN}$ Preisdynamischer Annuitätsfaktor für Instandsetzungszahlungen
$r$ Preisänderungsfaktor: $r = 1 + j$ ; j prozentualer Änderungssatz
$q$ Zinsfaktor $q = 1 + i$ ; i Kalkulationszins

Der Faktor $b_i$ berechnet sich nach folgender Beziehung, wobei die Laufvariable i für die entsprechende Kostenart steht (i = IN; V; B; S), bei welcher sich der Preis ändert:

$$b_i = \frac{1 - \left(\frac{r_i}{q}\right)^T}{q - r_i} \qquad \text{F 6-4}$$

Für $r_i = q$ gilt: $b_i = T/q$.

Der Annuitätsfaktor (synonym: Wiedergewinnungsfaktor) berechnet sich folgendermaßen:

$$a = \frac{(1+i)^T \cdot i}{(1+i)^T - 1} \qquad \text{F 6-5}$$

$i$ Kalkulationszins
$T$ Laufzeit der Alternative

Für den Sonderfall, dass die zu vergleichenden Alternativen jeweils die gleiche Laufzeit haben und demzufolge in der Betrachtungszeit keine Ersatzbeschaffungen bzw. Restwerte anfallen und außerdem keine Preissteigerungen berücksichtigt werden sollen, ergibt sich eine stark vereinfachte Gleichung für $AN_K$:

$$AN_K = A_0 \cdot (a + f_{IN}) \qquad \text{F 6-6}$$

$AN_K$ Annuität der kapitalgebundenen Auszahlungen
$A_0$ Investitionskosten in €
$a$ Annuitätsfaktor in 1/a
$f_{IN}$ Faktor Instandsetzung in % von $A_0$

Auch beim Annuitätenverfahren ist die Variante zu bevorzugen, welche die höchste Annuität aufweist. Das Annuitätenverfahren besitzt eine hohe Anschaulichkeit gerade für energietechnische Anwendungen, da sich die berechnete Annuität als jährlicher Saldo zwischen Einnahmen und Kosten bzw. auf den vorliegenden Fall übertragen als Vollkosten der Energiebereitstellung begreifen lässt. Teilt man diese Vollkosten noch durch die bereitgestellte Energiemenge, erhält man einen Energiepreis z. B. in €/kWh.

## 6.3 Analyse von Beispielobjekten

Sehr häufig dürfte die Aufgabenstellung anstehen, dass für ein Nahwärmesystem, welches durch die Wärmeverbraucher und ein entsprechendes Wärmenetz gekennzeichnet ist, der wirtschaftlich sinnvollste Wärmeerzeuger auszuwählen ist. Diese Aufgabenstellung ist identisch mit der Situation, wenn für ein einzelnes Gebäude der wirtschaftlich sinnvollste Wärmeerzeuger auszuwählen wäre (vgl. [1] und [2]). Am zweckmäßigsten ist dafür das Annuitätenverfahren in der Formulierung nach VDI 2067-1 anzuwenden.

Ein solches Projekt lässt sich nach einer allgemeingültigen Struktur entsprechend der Abbildung 6-2 organisieren. Im ersten Schritt muss der Nutzwärmebedarf für das Nahwärmesystem berechnet werden. Über den Jahresnutzungsgrad des Nahwärmenetzes ergibt sich der vom Erzeuger bereitzustellende Erzeugerwärmebedarf. Mit dem Jahresnutzungsgrad des jeweiligen Erzeugers (1, 2, ..., X) erhält man für die dazugehörige Variante schließlich die Energiekosten bzw. die Annuität der verbrauchsgebundenen Auszahlungen nach F 6-2.

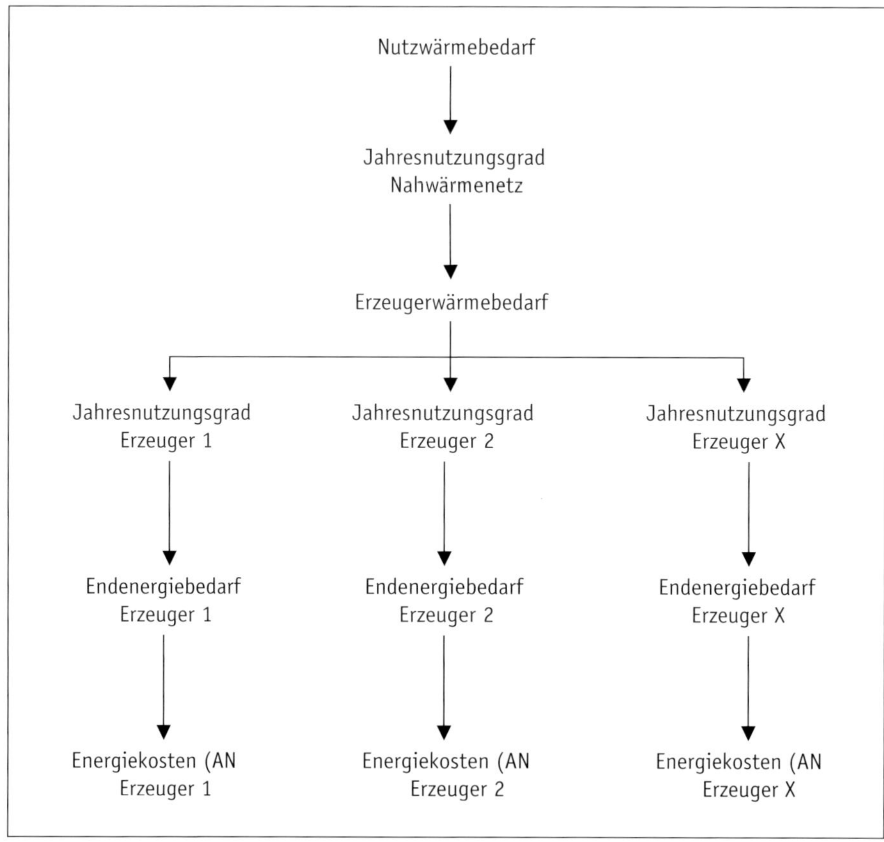


**Abbildung 6-2:** Projektstruktur bei Auswahl des günstigsten Wärmeerzeugers

**Beispiel 6-1: Auswahl des günstigsten Wärmeerzeugers für ein Nahwärmesystem**

Für ein neu zu errichtendes Nahwärmesystem mit einer erforderlichen thermischen Erzeugerleistung von 590 kW, ist die wirtschaftlich sinnvollste Variante der Wärmebereitstellung auszuwählen, wobei die zwei untersuchten Varianten beispielhaft für weitere stehen:
V1: Erdgaskesselanlage
V2: Pelletanlage in der Grundlast und Erdgaskessel für die Spitzenlast.

Für die Investitionsbewertung soll das Annuitätenverfahren in der Formulierung nach VDI 2067-1 verwendet werden. Folgende Ausgangswerte wurden ermittelt:

| **Energietechnische Ausgangswerte** | | | | |
|---|---|---|---|---|
| Erzeugerleistung | $\dot{Q}$ | 590 | kW | Heizlast vermindert um Gleichzeitigkeit |
| Nutzwärmebedarf | $Q_{Nutz}$ | 573 300,00 | kWh | Berechnung DIN 4108-6 |
| Jahresnutzungsgrad Gaskessel | $\overline{\eta}_{a,EG}$ | 0,92 | | Recknagel/Sprenger |
| Jahresnutzungsgrad Pelletkessel | $\overline{\eta}_{a,PE}$ | 0,80 | | Recknagel/Sprenger |
| Jahresnutzungsgrad Nahwärmenetz | $\overline{\eta}_{a,Netz}$ | 0,90 | | Vgl. Kapitel 5 |
| Anteil Nutzwärme Pelletkessel bei Variante 2 | | 0,7 | | Abschätzung |
| **Wirtschaftliche Ausgangswerte** | | | | |
| Kalkulationszins | i | 6 % | | Absprache mit dem AG |
| Laufzeit | T | 20 | a | VDI 2067-1 |
| Erdgas-Grundpreis | $k_{Gr}$ | 33,300 | €/Mon | Angebot Versorger |
| Erdgas-Arbeitspreis | $k_A$ | 0,063 | €/kWh$_{Ho}$ | Angebot Versorger |
| Pelletpreis | $k_{PE}$ | 0,036 | €/kWh$_{Hu}$ | Angebot Brennstoffhandel |
| Investition V1: Gas-Kessel | $A_{0,G}$ | 80,00 | T€ | Angebote eingeholt |
| Investition V2: Pellet- und Gas-Kessel | $A_{0,PE}$ | 110,00 | T€ | Angebote eingeholt |
| Wartung V1 | $K_{W,V1}$ | 2,00 % | von $A_0$ | VDI 2067-1 |
| Wartung V2 | $K_{W,V2}$ | 2,50 % | von $A_0$ | VDI 2067-1 |
| Emissionsüberwachung V1 | $K_{E,V1}$ | 0,1 | T€/a | Erfahrungswerte |
| Emissionsüberwachung V2 | $K_{E,V2}$ | 0,15 | T€/a | Erfahrungswerte |
| Instandsetzuung V1 | $f_{IS,V1}$ | 2 % | von $A_0$ | VDI 2067-1 |
| Instandsetzuung V2 | $f_{IS,V2}$ | 2 % | von $A_0$ | VDI 2067-1 |
| Verhältnis Brennwert/Heizwert | $H_o/H_u$ | 1,1 | | Recknagel/Sprenger |

Für die Variante 1 wurde folgende Berechnung durchgeführt:

| | **Variante 1** | | | | | |
|---|---|---|---|---|---|---|
| **$AN_K$** | **Kapitalgebundene Auszahlungen** | Investition | a | Kapital-dienst | Instand-setzung | Gesamt-kosten |
| | | in T€ | in %/a | in T€/a | in %/a | in T€/a |
| | Gas-Kessel 590 kW – komplett | 80,00 | 8,72 % | 6,97 | 2,0 % | 1,60 |
| | Investitionskosten gesamt | 80,00 | | 6,97 | | 6,97 |
| | **Summe** | | | | | **8,57** |
| **$AN_V$** | **Verbrauchsgebundene Auszahlungen** | | | | | |
| | Nutzwärmebedarf in kWh/a | 573 300 | | | | |
| | Jahresnutzungsgrad – Gesamt Produkt aus Erzeuger- und Netz-nutzungsgrad | 0,828 | | | | |
| | Brennstoffenergie Gas in $kWh_{Hu}/a$ | 692 391 | | | | |
| | Arbeitspreis Erdgas €/$kWh_{Hu}$ | 0,0693 | | | | |
| | Gaskosten | | | | | 47,98 |
| | **Summe** | | | | | **47,98** |
| **$AN_B$** | **Betriebsgebundene Auszahlungen** | | | | | |
| | Wartungsvertrag €/a | | | | | 1,60 |
| | Leistungspreis Gas €/Monat | 33,30 | | | | 0,40 |
| | Emissionsüberwachung €/a | | | | | 0,10 |
| | **Summe** | | | | | **2,10** |
| **$AN_S$** | **Sonstige Auszahlungen** | | | | | **0,00** |
| **$AN_E$** | **Einzahlungen** | | | | | **0,00** |
| **AN** | **Annuität** | **T €/a** | | | | **–58,66** |

Das Ergebnis der Variante 2 ergab sich nach folgender Berechnung:

| | **Variante 2** | | | | | |
|---|---|---|---|---|---|---|
| **$AN_K$** | **Kapitalgebundene Auszahlungen** | Investition | a | Kapitaldienst | Instandsetzung | Gesamtkosten |
| | | | in T€ | in %/a | in T€/a | in %/a |
| | Pellet-Kessel 80 kW, Gaskessel ca. 510 kW komplett | 110,00 | 8,72 % | 9,59 | 2,0 % | 2,20 |
| | Investitionskosten gesamt | 110,00 | | 9,59 | | 9,59 |
| | **Summe** | | | | | **11,79** |
| **$AN_V$** | **Verbrauchsgebundene Auszahlungen** | | | | | |
| | Nutzwärmebedarf in kWh/a | 573 300 | | | | |
| | Jahresnutzungsgrad – Pellet-Kessel | 0,80 | | | | |
| | Jahresnutzungsgrad – Gas-Kessel | 0,92 | | | | |
| | Jahresnutzungsgrad – Netz | 0,90 | | | | |
| | Brennstoffmenge Gas in $kWh_{Hu}$/a | 207 717 | | | | |
| | Arbeitspreis Erdgas €/$kWh_{Hu}$ | 0,0693 | | | | |
| | Gaskosten | | | | | 14,39 |
| | Brennstoffmenge Pellets in $kWh_{Hu}$/a | 557 375 | | | | |
| | Preis Pellets €/$kWh_{Hu}$ | 0,0360 | | | | |
| | Pelletkosten | | | | | 20,07 |
| | **Summe** | | | | | **34,46** |
| **$AN_B$** | **Betrieb gebundene Auszahlungen** | | | | | |
| | Wartungsvertrag €/a | | | | | 2,75 |
| | Leistungspreis Gas €/Monat | 33,30 | | | | 0,40 |
| | Emissionsüberwachung €/a | | | | | 0,15 |
| | **Summe** | | | | | **3,30** |
| **$AN_S$** | **Sonstige Auszahlungen** | | | | | **0,00** |
| **$AN_E$** | **Einzahlungen** | | | | | **0,00** |
| **AN** | **Annuität** | T€/a | | | | **–49,55** |

Zusammenfassung:

| | | **Variante 1** | **Variante 2** |
|---|---|---|---|
| | | **Gas** | **Pellets + Gas** |
| Investitionskosten | € | 80.000 | 110.000 |
| Nutzwärmebedarf | kWh/a | 573.300 | 573.300 |
| $AN_E$ (Einzahlungen) | €/a | 0,00 | 0,00 |
| – $AN_K$ (Kapitalgebundene Auszahlungen) | €/a | 8.575 | 11.790 |
| – $AN_V$ (Verbrauchsgebundene Auszahlungen) | €/a | 47.983 | 34.460 |
| – $AN_B$ (Betriebsgebundene Auszahlungen) | €/a | 2.100 | 3.300 |
| – $AN_S$ (Sonstige Auszahlungen) | €/a | 0,00 | 0,00 |
| **AN Annuität** | | **–58.657,08** | **–49.550,22** |

Die Investitionsbewertung zeigt, dass die Variante 1 zwar geringere Investitionskosten aufweist, die Variante 2 aber wegen des günstigen Pelletpreises besser abschneidet. Allerdings müsste man das Ergebnis hinsichtlich des Einflusses der Energiepreise bzw. hinsichtlich eventueller Energiepreissteigerungen prüfen.

Eine weitere typische Variantenkonstellation bei der Wirtschaftlichkeitsbewertung ergibt sich bei der Frage, ob ein Blockheizkraftwerk für das jeweilige Nahwärmesystem wirtschaftlich sinnvoll ist oder nicht. Dabei kann man sich zweckmäßigerweise als Basis auf eine Variante ohne das BHKW beziehen und die Einsparungen gegenüber dieser Basisvariante bewerten. Für diesen Zweck eignet sich das Kapitalwertverfahren sehr gut, da man zusätzliche Informationen über die zeitliche Entwicklung des Investitionsprojekts erhält. Ungeachtet dessen kann natürlich auch für diese Aufgabe das Annuitätenverfahren angewendet werden.

Die Frage, ob die Installation eines zusätzlichen BHKW die Wirtschaftlichkeit eines vorhandenen Nahwärmesystems verbessert, kann schematisch nach Abbildung 6-3 untersucht werden. Im allgemeinen Sprachgebrauch handelt es sich um eine sogenannte Einsparinvestition.

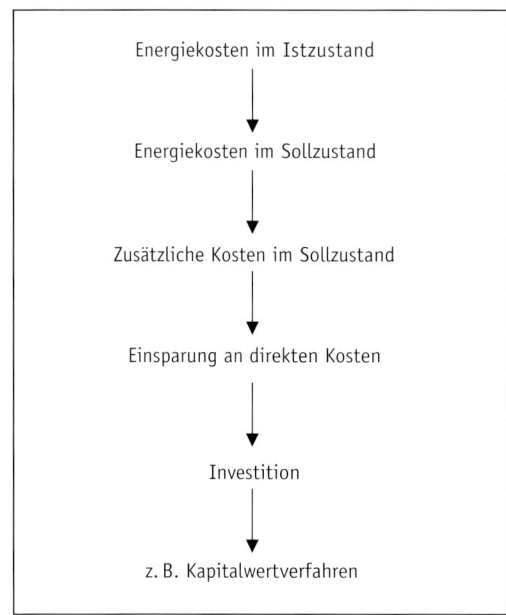


**Abbildung 6-3:** Projektstruktur bei der Prüfung einer Einsparinvestition

**Beispiel 6-2: Bewertung des BHKW-Einsatzes für ein Nahwärmesystem mit dem Kapitalwertverfahren**

Für ein vorhandenes Nahwärmesystem, etwa in der Größenordnung wie jenes von Beispiel 6-1, soll untersucht werden, ob sich die nachträgliche Installation eines mit

Erdgas betriebenen BHKW wirtschaftlich lohnt. Die Untersuchung soll beispielhaft mit dem Kapitalwertverfahren durchgeführt werden.

Es soll ein Mini-BHKW mit einer elektrischen Leistung von 50 kW zum Einsatz kommen. Das hat den Vorteil, dass die attraktive Vergütung für den Strom laut KWK-Gesetz angesetzt werden kann. Demzufolge erhält man für eine solche Anlage über 10 Jahre den KWK-Zuschlag von 5,11 Cent/kWh. Der erzeugte Strom kann ins Netz eingespeist werden und muss in diesem Fall durch den Netzbetreiber mindestens mit dem üblichen Preis vergütet werden. Er kann selbst verbraucht werden, was aufgrund des dann höheren Preises günstiger ist. Außerdem kann in beiden Fällen die Energiesteuer auf den im BHKW verbrauchten Brennstoff gut geschrieben werden.

Die BHKW-Investitionskosten werden nach einer Regressionsfunktion für die spezifischen Kosten von BHKW in [4] berechnet (Abbildung 6-4). Dabei handelt es sich um Modulkosten in folgendem Umfang:

- Motor
- Generator
- Schalldämmhaube
- Katalysator
- Schmierölver- und -entsorgung
- Schaltschrank
- Be- und Entlüftung des Aufstellraums
- Transport, Montage
- Inbetriebnahme, Probebetrieb, Abnahme.

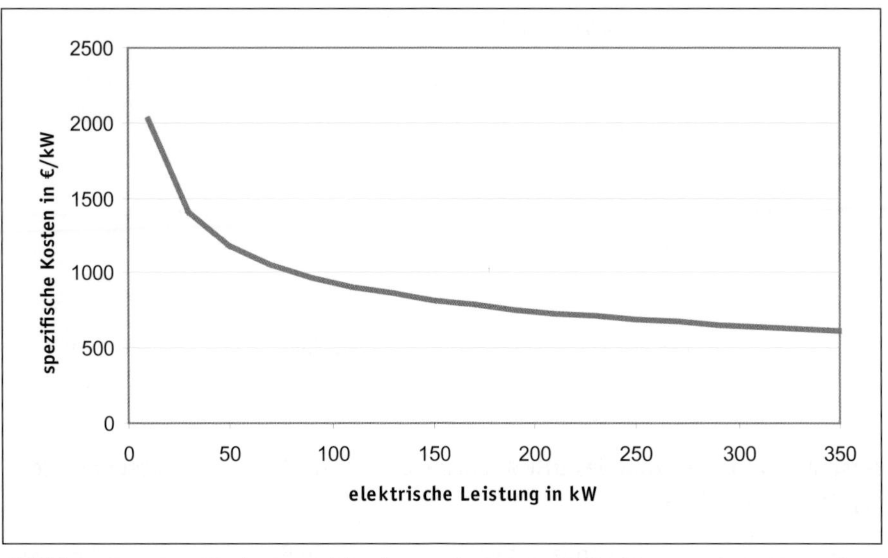


**Abbildung 6-4:** Spezifische Investitionskosten für Erdgas-BHKW (Werte nach ASUE 2005)

Für das Beispiel ergeben sich insgesamt folgende Ausgangsdaten:

| **Istzustand** | | | | |
|---|---|---|---|---|
| Nutzwärmeverbrauch | $Q_{Nutz}$ | 573 000,00 | kWh/a | Messung Istzustand |
| Nutzungsgrad vorhandener EG-Kessel | $\bar{\eta}_{a,EG}$ | 92 % | | Abschätzung |
| Nutzungsgrad Netz | $\eta_{a,Netz}$ | 90 % | | Abschätzung |
| Erdgasverbrauch im Istzustand | | 692 028,99 | kWh/a | |
| Erdgaspreis | | 0,069 | €/kWh | Angebot Versorger |
| Erdgaskosten im Istzustand | | 47 957,61 | €/a | |
| | | | | |
| **Auslegung BHKW** | | | | |
| elektrische Nutzleistung | P | 50 | kW | Herstellerangabe |
| thermische Nutzleistung | $Q_{th}$ | 70 | kW | Herstellerangabe |
| abgeschätze jährliche Laufzeit | $\tau_{BHKW}$ | 6000,00 | h/a | Abschätzung |
| elektrischer Nutzungsgrad Modul | $\bar{\eta}_{a,el}$ | 0,395 | | Herstellerangabe |
| thermischer Nutzungsgrad Modul | $\bar{\eta}_{a,th}$ | 0,553 | | Herstellerangabe |
| Investition | $A_{0,BHKW}$ | 59 195,59 | € | Herstellerangebot |
| Faktor Instandsetzung | $f_{IN}$ | 6 % | von $A_0$ | nach VDI 2067-1 |
| Faktor Wartung | $f_W$ | 2 % | von $A_0$ | nach VDI 2067-1 |
| | | | | |
| **Wirtschaftliche Ausgangswerte** | | | | |
| Kalkulationszins | i | 6 % | | Absprache mit dem AG |
| Laufzeit | T | 15 | a | VDI 2067-1 |

Für den Fall der Einspeisung ergibt sich für die Einsparung gegenüber dem Ist-Zustand folgendes:

| **Künftige Energiekosten** | | | |
|---|---|---|---|
| Erdgasverbrauch BHKW | $Q_{E,BHKW}$ | 759 493,67 | kWh/a |
| Erdgasverbrauch Kessel | $Q_{E,Kessel}$ | 235 507,25 | kWh/a |
| Erdgaskosten künftig | $K_{Erdgas}$ | 68 953,56 | €/a |
| **Künftige zusätzliche Kosten** | | | |
| Instandsetzungskosten | $K_{IN}$ | 3551,74 | €/a |
| Wartungskosten | $K_W$ | 1183,91 | €/a |
| zusätzliche Kosten künftig | $K_{zusätzlich}$ | 4735,65 | €/a |
| **Künftige Einnahmen** | | | |
| üblicher Preis (EEX) | $k_{Einsp}$ | 0,053 | €/kWh |
| Einnahmen Stromverkauf | $K_{Einsp}$ | 15 900,00 | €/a |
| KWKG-Vergütungssatz | $k_{KWK}$ | 0,0511 | €/kWh |
| KWKG-Vergütung | $K_{KWK}$ | 15 330,00 | €/a |
| Mineralölsteuererstattungssatz | $k_{Min}$ | 0,0055 | €/kWh |
| Mineralölsteuererstattung | $K_{Min}$ | 4177,22 | €/a |
| Einnahmen gesamt künftig | $K_{ein,ges}$ | 35 407,22 | €/a |
| **Saldo für Erdgas BHKW (1. – 10. Jahr)** | **$\Delta K$** | **9675,61** | **€/a** |
| **Saldo für Erdgas BHKW ohne EEG (11. – 15. Jahr)** | **$\Delta K$** | **–5654,39** | **€/a** |

Damit kann man die Kapitalwertberechnung nach F 6-1 durchführen, was zu dem nachfolgenden Ergebnis führt (grafisch dargestellt in der Abbildung 6-5):

| t | $Z_t$ | $b_t$ | $B_t$ | $K_t$ |
|---|---|---|---|---|
| 0 | −59 195,59 | 1,0000 | −59 195,59 | −59 195,59 |
| 1 | 9675,61 | 0,9434 | 9127,94 | −50 067,66 |
| 2 | 9675,61 | 0,8900 | 8611,26 | −41 456,40 |
| 3 | 9675,61 | 0,8396 | 8123,83 | −33 332,57 |
| 4 | 9675,61 | 0,7921 | 7663,99 | −25 668,57 |
| 5 | 9675,61 | 0,7473 | 7230,18 | −18 438,39 |
| 6 | 9675,61 | 0,7050 | 6820,93 | −11 617,47 |
| 7 | 9675,61 | 0,6651 | 6434,84 | −5182,63 |
| 8 | 9675,61 | 0,6274 | 6070,60 | 887,97 |
| 9 | 9675,61 | 0,5919 | 5726,98 | 6614,95 |
| 10 | 9675,61 | 0,5584 | 5402,81 | 12 017,76 |
| 11 | −5654,39 | 0,5268 | −2978,66 | 9039,10 |
| 12 | −5654,39 | 0,4970 | −2810,06 | 6229,04 |
| 13 | −5654,39 | 0,4688 | −2651,00 | 3578,04 |
| 14 | −5654,39 | 0,4423 | −2500,94 | 1077,10 |
| 15 | −5654,39 | 0,4173 | −2359,38 | **−1282,28** |

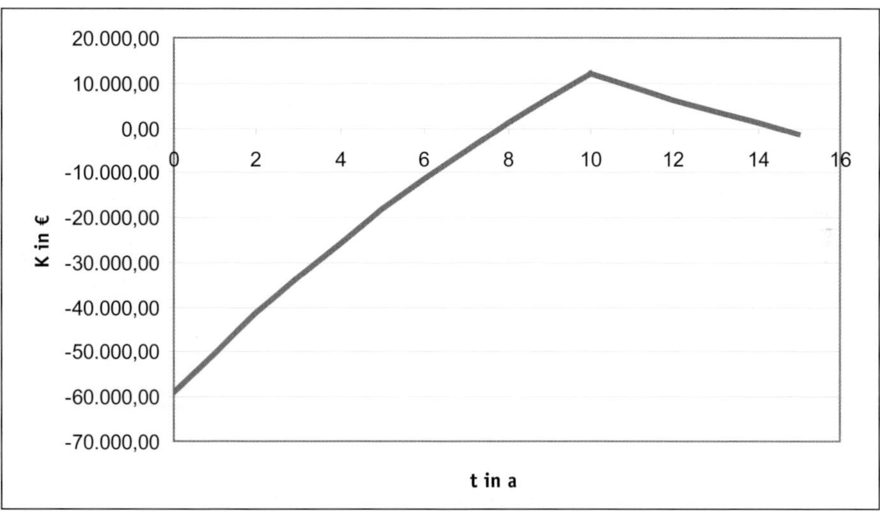


**Abbildung 6-5:** Kapitalwertverlauf für den Fall Einspeisung

In dieser Konstellation ist das BHKW nicht wirtschaftlich, weil der Kapitalwert negativ ist. Interessanterweise könnte man die Amortisationszeit mit knapp 8 Jahren angeben (erster Schnittpunkt mit der Zeitachse). Dieses Ergebnis mag zunächst verblüffen. Es ist dem nach 10 Jahren wegfallenden KWK-Zuschlag geschuldet. In dieser Zeit sind die laufenden Kosten des BHKW größer als im Ist-Zustand, wodurch sich der Knick in der Kurve ergibt. Es wird deutlich, dass die Amortisationsdauer als alleiniges Investitionskalkül vollkommen ungeeignet ist.

Für den Fall, dass man den Strom selbst verbrauchen oder deutlich günstiger verkaufen kann, ergibt sich folgende Situation:

| **Künftige Energiekosten** | | | |
|---|---|---|---|
| Erdgasverbrauch BHKW | $Q_{E,BHKW}$ | 759 493,67 | kWh/a |
| Erdgasverbrauch Kessel | $Q_{E,Kessel}$ | 235 507,25 | kWh/a |
| Erdgaskosten künftig | $K_{Erdgas}$ | 68 953,56 | €/a |
| **Künftige zusätzliche Kosten** | | | |
| Instandsetzungskosten | $K_{IN}$ | 3551,74 | €/a |
| Wartungskosten | $K_{W}$ | 1183,91 | €/a |
| zusätzliche Kosten künftig | $K_{zusätzlich}$ | 4735,65 | €/a |
| **Künftige Einnahmen** | | | |
| eigener Strompreis | $k_{Elt}$ | 0,12 | €/kWh |
| abgelöster Einkauf | $K_{Elt}$ | 36 000,00 | €/a |
| KWKG-Vergütungssatz | $k_{KWK}$ | 0,0511 | €/kWh |
| KWKG-Vergütung | $K_{KWK}$ | 15 330,00 | €/a |
| Mineralölsteuererstattungssatz | $k_{Min}$ | 0,0055 | €/kWh |
| Mineralölsteuererstattung | $K_{Min}$ | 4177,22 | €/a |
| Einnahmen gesamt künftig | $K_{ein,ges}$ | 55 507,22 | €/a |
| **Saldo für Erdgas BHKW (1. – 10. Jahr)** | **ΔK** | **29 775,61** | **€/a** |
| **Saldo für Erdgas BHKW ohne EEG (11. – 15. Jahr)** | **ΔK** | **14 445,61** | **€/a** |

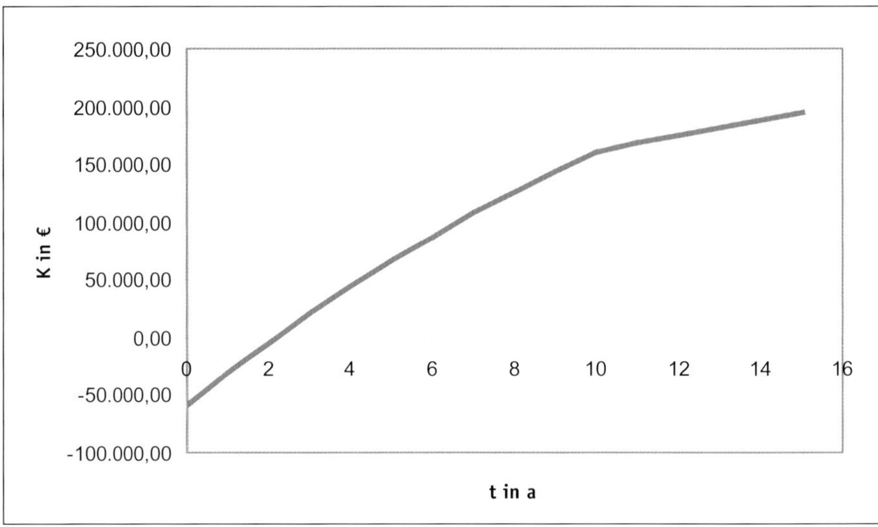


**Abbildung 6-6:** Kapitalwertverlauf für den Fall Eigennutzung bzw. marktgerechter Verkauf

In diesem Fall ist die Investition uneingeschränkt als wirtschaftlich einzustufen. Allerdings müsste die mit 6000 h/a angesetzte jährliche Laufzeit auf deren Realisierbarkeit geprüft werden.

## Quellen

[1] Krimmling, J.: Energieeffiziente Gebäude. Fraunhofer IRB Verlag. 2010.

[2] Krimmling, J.: Erneuerbare Energien. Rudolf Müller Verlag. 2009.

[3] Bitz, M. u. a.: Investition. Multimediale Einführung in finanzmathematische Entscheidungskonzepte. Wiesbaden: Gabler 2002.

[4] BHKW-Kenndaten 2005. Module, Anbieter, Kosten. Hrsg.: Arbeitsgemeinschaft für sparsamen und umweltfreundlichen Energieverbrauch e.V. Kaiserslautern 2005.

# 7 Betrieb und Instandhaltung

## 7.1 Grundansatz des energie- und kosteneffizienten Betriebs

Der Grundansatz des energie- und kosteneffizienten Betriebs zielt auf möglichst geringe Gesamtkosten für die Bereitstellung einer bestimmten Nutzwärmemenge ab. Die Gesamtkosten können analog der im Facility Management üblichen Herangehensweise als Prozesskosten für den Prozess der Nutzwärmebereitstellung aufgefasst werden. Es lässt sich ein erstmals in [1] formulierter Kostensenkungsansatz für die Prozesskosten entsprechend der Abbildung 7-1 formulieren:

$$K_{ges,a} = \sum_i \left(V_{i,a} \cdot k_i\right) \qquad \text{F 7-1}$$

$V_{i,a}$ jährlicher Verbrauch der Komponente i (Energie, Hilfsenergie, Dienstleistungen usw.)

$k_i$ Einkaufspreis der Komponente i

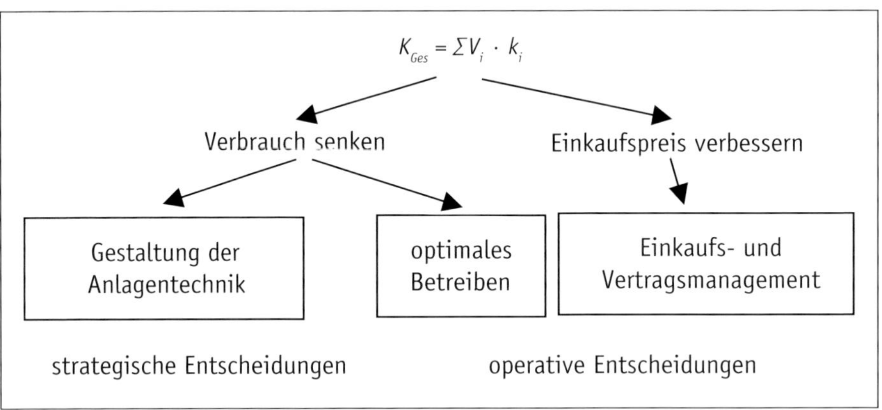


**Abbildung 7-1:** Allgemeiner Kostensenkungsansatz

Es ergeben sich zwei Möglichkeiten, um die Prozesskosten zu senken:

- Verringerung des Verbrauches der einzelnen Komponenten i
- Verringerung des Einkaufspreises der Komponenten

Letztlich können die Prozesskosten durch drei Handlungskomplexe gesenkt werden:

- durch investive Maßnahmen, durch welche die Gestaltung der Anlagentechnik optimiert wird, indem beispielsweise Wärmeerzeuger mit besseren Nutzungsgraden eingesetzt oder die Wärmeverluste im Nahwärmenetz durch eine optimierte Dämmung verringert werden (Schaffung eines Anlagenpotenzials)

- durch das optimale Betreiben des Nahwärmesystems, d. h. die Wahl der richtigen Betriebsparameter (Ausnutzung des Anlagenpotenzials)
- durch ein zweckmäßiges Einkaufs- und Vertragsmanagement, wodurch die benötigte Energie aber auch alle anderen Leistungen zu marktgerechten Preisen eingekauft werden (Ausnutzung des Marktpotenzials).

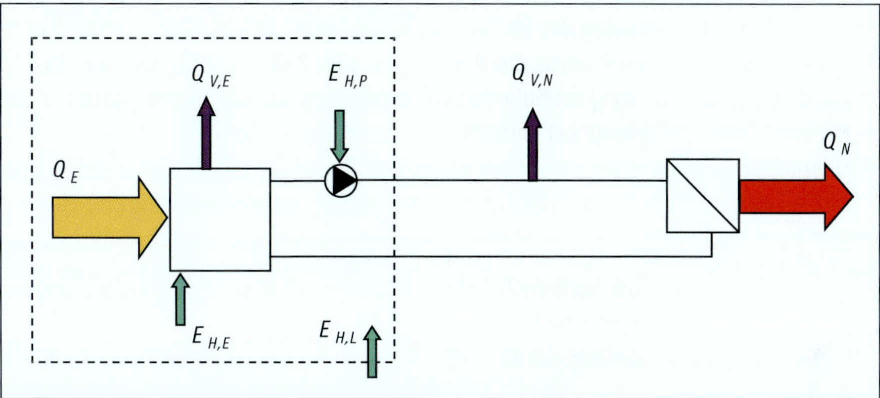


**Abbildung 7-2:** Energiebilanzschema eines Nahwärmesystems

Der Endenergieeinsatz $Q_E$ entsprechend Abbildung 7-2 kann im Bereich des Nahwärmesystems durch investive Maßnahmen verringert werden:

- Wärmeerzeuger mit besserem Nutzungsgrad
- Abgaswärmeübertrager bei Kesseln
- Einsatz modulierender gegenüber zweistufigen Brennern
- Einsatz $O_2$-Regelung zur variablen Optimierung des Luftverhältnisses am Brenner während des Betriebes
- motorische Abgasklappen, mit welchen die Stillstandsverluste von Kesseln verringert werden können.

Bei der Gestaltung von Kesselanlagen ist auf folgende Aspekte zu achten [2]:

- Bei Mehrkesselanlagen muss die wasserseitige Durchströmung im Stillstand durch entsprechende Absperrarmaturen verhindert werden.
- Bei Mehrkesselanlagen ist die Auslegung eines Kessels in Hinblick auf die Sommerlast zu erwägen.
- Beim Einsatz von Brennwertkesseln sind die »kühleren« Rücklaufstränge aus dem Netz direkt auf den Kessel zu binden (nicht über hydraulische Weiche).
- Die Brenner sollten mit einer Abgastemperaturüberwachung und einer $O_2$-Messung ausgestattet sein.

Während des Betriebs können $Q_E$ bzw. die Umwandlungs- ($Q_{V,E}$) und Verteilungsverluste ($Q_{V,N}$) folgendermaßen beeinflusst werden:

- Verringerung der Wärmeverluste des Kessels (Abgasverlust, Abstrahlverlust) durch Absenkung der Kesselwassertemperatur (Vor- und Rücklauftemperaturen absenken)
- Anpassung der Brennerregelung (Optimierung des Luftverhältnisses, Verringerung von Stillstandsverlusten)
- Optimierung der Kesselfolgeschaltung bei Mehrkesselanlagen
- Senkung der Vorlauftemperatur im Netz bis hin zum Erzeuger durch Anpassung der Heizkurven, beginnend am Abnehmer, Vermeidung großer Übertemperaturen
- Motivation der Abnehmer zu niedrigen Rücklauftemperaturen
- Überprüfung, ob einzelne Abnehmer in der Schwachlastzeit nicht alternativ dezentral versorgt werden können, um nicht das gesamte Netz betreiben zu müssen.

Der Hilfsenergieeinsatz $E_{H,E}$ $E_{H,P}$ $E_{H,L}$ entsprechend Abbildung 7-2 kann durch folgende investive Maßnahmen verringert werden:

- Einsatz von geregelten Netzpumpen (bei neueren Netzen allgemein Standard)
- Ausbau der Differenzdruckregelung zur Schlechtpunktreglung (oft schwierig, da Meldekabel verlegt werden müssen, Schlechtpunkt ist außerdem meistens nicht genau bekannt, außerdem kann sich dieser verändern) bzw. zur Regelung mit variablen Sollwert (Gleitdruckregelung)
- Einsatz einer Sommerpumpe vorsehen (besserer Wirkungsgrad bei Schwachlast)
- Pumpenauswahl nach optimalen Wirkungsgrad (Sicherheitszuschläge vermeiden durch hydraulische Netzberechnung)
- Drehzahlregelung für das Brennergebläse
- Lüftungsanlagen für den Aufstellraum mit den Brennern verriegeln.

Im Betrieb gibt es folgende Ansatzpunkte:

- Hydraulischer Abgleich der Gesamtanlage
- Einstellung von Differenzdruckreglern überprüfen, evtl. Sollwert reduzieren
- Überprüfung der Laufzeit sämtlicher Hilfsantriebe und Laufzeit ggf. verringern (z. B. Lüftung im Aufstellraum bei Anlagenstillstand).

In [3] werden verschiedene praktische Optimierungsmaßnahmen in Heizwerken dargestellt:

- Änderung der Kesselfolgeschaltung, wobei von einer sequenziellen zur parallelen Kesselfolge übergegangen wird. Die erreichbare Einsparung liegt im Bereich von ca. 1 % der Jahresenergiemenge. Die Umsetzung erfolgte mit geringem Aufwand durch eine Umprogrammierung des Regelgerätes.
- Absenkung der Netzvorlauftemperaturen in einem Nahwärmesystem, insbesondere während der Sommerzeiten, in welcher das Netz für die Warmwasserbereitung bei den Abnehmern ständig mit einer definierten Temperatur in Bereitschaft gehalten werden muss. Im konkreten Fall führte auch das zu einer Einsparung von ca. 1 %

der Jahresenergiemenge. Auch hier sind nur Veränderungen der Einstellungen am Regelgerät vorzunehmen.

- Optimierung der Netzpumpenanlage durch Einführung einer Differenzdruckregelung mit variablem Sollwert.

Auch die Netzhydraulik bietet in bestimmten Fällen ein Einsparpotenzial. So kann beispielsweise die Schließung einer Masche, was hydraulisch gesehen zu einem vermaschten Wärmenetz führt, zur Einsparung an Pumpenergie beitragen, was in [4] anhand von hydraulischen Netzberechnungen nachgewiesen wurde. Mit Hilfe solcher Netzberechnungen kann außerdem die noch zur Verfügung stehende Übertragungskapazität bei geplanten Neuanschlüssen sicher eingeschätzt werden.

In Objekten, bei welchen der Einfluss des Betreibers bis in die Gebäude (Abnehmer) selbst hineinreicht, beispielsweise in Kliniken, bietet die Reduzierung der Nutzenergie entsprechend der Abbildung 7-2 in der Regel ein signifikantes Einsparpotenzial. Dieses lässt sich durch die Reduzierung der Raumtemperaturwerte (Sollwerte im Heizbetrieb ≤ 22 °C) sowie durch einen effektiven Absenkbetrieb in Nichtnutzungszeiten erreichen. Außerdem ist in solchen Objekten zu prüfen, ob die Ladung der Warmwasserbereiter über das Netz nur zu bestimmten Zeitfenstern zugelassen werden kann, um in den übrigen Zeiten die Netztemperaturen absenken zu können. Allerdings sind hier die hygienischen Vorgaben (Problem Legionellen) genau zu beachten.

Letztlich kann auch der Energieeinkauf als wesentlicher Kostenfaktor beeinflusst werden. Die Kosten für leitungsgebundene Energieträger (z. B. Erdgas) setzen sich aus Grundkosten und Arbeitskosten zusammen:

$$K_{ges,a} = K_{G,a} + K_{A,a} = \dot{Q}_{E,max,a} \cdot k_G + Q_{E,a} \cdot k_B \qquad \text{F 7-2}$$

| | |
|---|---|
| $K_{G,a}$ | jährliche Grundkosten (Leistungskosten) für den Energiebezug in €/a |
| $K_{A,a}$ | jährliche Arbeitskosten (Verbrauchskosten) für den Energiebezug in €/a |
| $\dot{Q}_{E,max,a}$ | für die Bemessung der Grundkosten maßgebliche Maximalleistung in kW |
| $k_G$ | Grundpreis in €/kW |
| $Q_{E,a}$ | jährlich verbrauchte Energie in kWh/a |
| $k_B$ | Arbeitspreis in €/kWh |

Die Leistungskosten stehen in der Regel in Bezug zur Maximalleistung (gemessen oder Anschlussleistung). Bei der Versorgung mit Erdgas kommt also einer genauen Bestimmung der zu erwartenden Maximalleistung schon in der Planung erhebliche Bedeutung zu. Grundsätzlich sind bei Verhandlungen mit Energielieferanten immer Grund- und Arbeitskosten im Zusammenhang zu betrachten. Nicht zweckmäßig ist die alleinige Beurteilung des Arbeitspreises eines Angebotes.

Der Prozess »Einkauf von Energie« hat folgende Etappen:

- Analyse des Bedarfes nach Umfang (Menge, Leistung) und zeitlicher Struktur
- Aufstellen von Zielvorgaben anhand von Marktanalysen
- Darstellung des Bedarfes in einer verständlichen Spezifikation
- Organisation eines Ausschreibungsverfahrens (beschränkt, öffentlich, nach eigenen Richtlinien)
- Auswertung von Angeboten nach Gesamtkosten, d. h. Berechnung der zu erwartenden Energiebezugskosten mit Leistungs- und Arbeitspreis
- Verhandlung (soweit das Ausschreibungsverfahren das zulässt)
- Vergabe
- Prüfen der Vertragserfüllung nach Vergabe
- Wiedereinstieg bei 1. oder 2.

## 7.2 Betriebsführung als Managementaufgabe

Als Grundlage der Betriebsführung für ein versorgungstechnisches System sind folgende Komplexe zu planen:

- Aufbauorganisation
- Ablauforganisation
- ergänzende Festlegungen.

Durch die Aufbauorganisation wird die organisatorische Gliederung der betriebsführenden Einheit beschrieben. Die Darstellung der Aufbauorganisation erfolgt meistens durch ein Organigramm. Für die jeweils verantwortlichen Führungskräfte sind Stellenbeschreibungen zu erarbeiten, in welchen die Qualifikationsanforderungen, Aufgabenbereiche und Verantwortlichkeiten festgelegt werden.

Die Ablauforganisation beschreibt alle erforderlichen Prozesse. Dabei ist zwischen den Kernfunktionen

- Betrieb und
- Instandhaltung

sowie den Querschnittsfunktionen

- Management externer Dienstleister und Lieferanten
- Informationsmanagement
- Energiemanagement
- Umweltmanagement
- Dokumentation und Nachweisführung

zu unterscheiden. Die Beschreibung der Ablauforganisation kann sich z. B. an der Sparte »Technisches Gebäudemanagement« der DIN 32736 orientieren, in welcher folgende Abläufe definiert werden:

- Betreiben
- Dokumentieren
- Energiemanagement
- Informationsmanagement
- Modernisieren
- Sanieren
- Umbauen
- Verfolgen der technischen Gewährleistung.

## 7.3 Instandhaltungsmanagement

Die effiziente Instandhaltung eines Nahwärmesystems ist eine wesentliche Voraussetzung für dessen Nutzung. Das wirft drei Fragen auf:

- Wie gelingt eine möglichst kostengünstige Instandhaltung?
- Welcher Umfang an Instandhaltungsleistungen ist überhaupt erforderlich?
- Welchen Nutzen generiert die Instandhaltung?

Für die Beantwortung dieser Fragen ist es zunächst zweckmäßig, einen geeigneten Prozess zu entwickeln. Sinnvoll ist die Anwendung eines Prozessmodells nach [5], welches vier Hauptkomponenten umfasst (Abbildung 7-3):

- Das Ergebnis des Prozesses ist die Bereitstellung eines bestimmten Nutzens. Der Nutzen gliedert sich in eine Funktion und ein dazugehöriges Qualitätslevel. Bei der Instandhaltung ist die Verfügbarkeit des Nahwärmesystems zu garantieren, was auf unterschiedlichen Qualitätsniveaus realisiert werden kann.
- Der Aufwand, worunter alle erforderlichen Dienstleistungen sowie benötigte Ersatzteile, Hilfs- und Hilfsstoffe für den Prozess fallen.
- Die Prozessbasis, d. h. die technischen Anlagen des Nahwärmesystems, durch welche der Prozess beeinflusst wird.
- Der Informationsaustausch, durch welchen alle für die Prozessdurchführung notwendigen Informationen bereitgestellt sowie die durch den Prozess erzeugten Informationen an eine verantwortliche Managementebene gegeben werden.

Das Ziel des Instandhaltungsmanagements besteht darin, die Gesamtkosten für den Prozess der Instandhaltung bei einem definierten Qualitätslevel zu minimieren. Die Festschreibung einer bestimmten Qualität ist unumgänglich, da ansonsten auf einfachem Wege eine Kostenreduzierung durch eine Absenkung der maßgeblichen Qualitätsparameter erreicht werden kann.

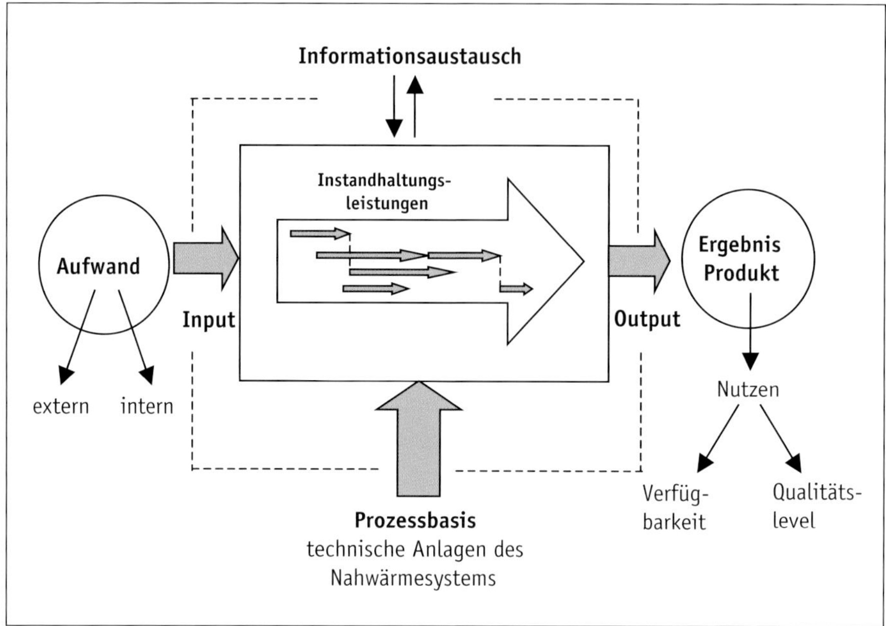


**Abbildung 7-3:** Prozessmodell für den Prozess Instandhaltung [6]

Der Nutzen der Instandhaltung für ein Nahwärmesystem kann mit Hilfe des Parameters Verfügbarkeit V beschrieben werden:

$$V = \frac{\tau_{sf}}{\tau_{sf} + \tau_s} \qquad \text{F 7-3}$$

$\tau_{sf}$ störungsfreie Betriebszeit

$\tau_s$ Zeit in welcher die Anlage aufgrund von Störungen oder planmäßigen Instandhaltungsmaßnahmen außer Betrieb ist

Die Kategorie des Aufwands nach Abbildung 7-3 entspricht den jährlichen Gesamtkosten $K_{ges,a}$ für den Prozess »Instandhaltung«, welcher wieder entsprechend F 7-1 berechnet werden kann.

## 7.4 Instandhaltungsleistungen

Letztlich sind noch die Instandhaltungsleistungen als solche (siehe Abbildung 7-3) zu definieren, wozu die DIN 31051 verwendet werden kann. Diese unterscheidet vier Bestandteile:

- Wartung: Maßnahmen zur Verzögerung des Abbaus des vorhandenen Abnutzungsvorrats
- Inspektion: Maßnahmen zur Feststellung und Beurteilung des Ist-Zustandes einer Betrachtungseinheit
- Instandsetzung: Maßnahmen zur Rückführung einer Betrachtungseinheit in den funktionsfähigen Zustand
- Verbesserung: Kombination aller technischen und administrativen Maßnahmen sowie Maßnahmen des Managements zur Steigerung der Funktionssicherheit einer Betrachtungseinheit, ohne die von ihr geforderte Funktion zu ändern.

Nach [2, Seite 33] wird für Öl-Kessel eine jährliche Wartung und für Gaskessel eine Wartung im Zweijahresrhythmus empfohlen. Inspektionen sind regelmäßig durchzuführen. Allerdings existieren keine Richtwerte, in welcher Häufigkeit das geschehen soll. Zweckmäßigerweise orientiert man sich am Grad der angestrebten Verfügbarkeit, d. h. bei hohen Verfügbarkeitsanforderungen sind häufiger Inspektionen anzusetzen. Die Instandsetzungsintervalle richten sich nach der Lebensdauer der Komponenten. Neben Herstellervorgaben kann man sich an der VDI 2067-1 orientieren (Tabelle 7-1).

Für die Festlegung der Leistungsinhalte bei der Wartung kann die Richtlinie VDMA 2186, welche acht Blätter umfasst (Tabelle 7-2), verwendet werden. Das Leistungsprogramm ist gegliedert in:

- periodisch zu erbringende Leistungen
- bei Bedarf zu erbringende Leistungen.

Insbesondere im ersten Punkt steckt eine wesentliche Schwierigkeit, da in der Richtlinie nicht angegeben ist, in welcher Häufigkeit die periodisch zu erbringende Leistung durchgeführt werden sollen. Beispielhaft wurde in der Tabelle 7-3 der Leistungskatalog für die Wartung eines Wasserkessels abgebildet.

**Tabelle 7-1:** Lebensdauer von Anlagenkomponenten nach VDI 2067-1, Anhang (Auszug)

| Komponente | Rechnerische Lebensdauer in a |
|---|---|
| Fundamentpumpen | 18 |
| Rohreinbaupumpen | 10 |
| Armaturen | 20 |
| Ausdehnungsgefäß mit Membran | 15 |
| Ausdehnungsgefäß mit Druckpolster | 25 |
| Wärmedämmung von Rohrleitungen | 20 |
| Rohrleitungen aus Stahl | 40 |
| Spezialkessel über 102 kW | 20 |
| Großwasserraumkessel > 1 MW | 25 |
| Gebläsebrenner für Gas und Öl | 12 |
| Wärmepumpen, elektrisch | 20 |
| Wärmepumpen, mit Gas | 15 |
| Blockheizkraftwerke | 15 |
| Vakuum-Flachkollektoren | 18 |
| Vakuum-Röhrenkollektoren | 20 |
| Wärmeübertrager für Heizwasser, Kupfer | 20 |
| direkte Hausübergabestationen | 30 |
| Kunststoffmantelrohr | 40 |
| Stahltank, doppelwandig für unterirdische Lagerung | 30 |
| Stahltank für oberirdische Lagerung | 25 |
| Schornstein im Gebäude | 50 |
| freistehender Schornstein | 40 |
| Gebäude | 50 |

**Tabelle 7-2:** Übersicht zu VDMA 2186-0 [7]

| Nr. | Gewerke |
|---|---|
| 0 | sämtliche Gewerke; Übersicht |
| 1 | Raumlufttechnik |
| 2 | Heiztechnik |
| 3 | Kälte- und Wärmepumpentechnik |
| 4 | MSR-Technik und Gebäudeautomation |
| 5 | Elektrotechnik |
| 6 | Sanitärtechnik |
| 7 | Brandschutztechnik |

**Tabelle 7-3:** Leistungskatalog nach VDMA 2186-2 [8] (Auszug)

| **Position Baugruppe/ Bauelement/ Tätigkeit** | **Tätigkeit** | **Ausführung periodisch** | **Ausführung bei Bedarf** |
|---|---|---|---|
| 1 Wärmeerzeuger | | | |
| 1.1 Wasserkessel | | | |
| 1.1.1 | Wärmedämmung auf Beschädigung und Vollständigkeit prüfen | X | |
| 1.1.2 | Brennraum und Nachschaltheizflächen auf Verschmutzung, Beschädigung, Korrosion prüfen | X | |
| 1.1.3 | Funktionserhaltendes Reinigen | | X |
| 1.1.4 | Brennraum und Nachschaltheizflächen reinigen | X | |
| 1.1.5 | Abgasseitig auf Verschmutzung, Beschädigung, Korrosion prüfen | X | |
| 1.1.6 | Abgasseitig reinigen | X | |
| 1.1.7 | Abgasseitig und wasserseitig auf Dichtheit prüfen | X | |
| 1.1.8 | Sicherheitsventil prüfen | X | |
| 1.1.9 | Füll- und Entleereinrichtung auf Funktion prüfen | X | |
| 1.1.10 | Wasserstandsbegrenzer auf Funktion prüfen | X | |
| 1.1.11 | Wasserströmungswächter auf Funktion prüfen | X | |
| 1.1.12 | Wassermangelsicherung auf Funktion prüfen | X | |
| 1.1.13 | Druckbegrenzer auf Funktion prüfen | X | |
| 1.1.14 | Abgastemperaturwächter auf Funktion prüfen | X | |
| 1.1.15 | Temperatur- und Druckmessgerät auf Beschädigung, Anzeige und Funktion prüfen | X | |
| 1.1.16 | Temperaturwächter/-begrenzer (Kesselthermostat) auf Funktion prüfen | X | |
| 1.1.17 | Sicherheitstemperaturbegrenzer bzw. Temperaturbegrenzer auf Funktion prüfen | X | |
| 1.1.18 | Luftdruckwächter | Siehe Pos. 2.2.20 | |
| 1.1.19 | Thermische Ablaufsicherung auf Funktion prüfen | X | |
| 1.1.20 | Wasseranalyse durchführen oder veranlassen (soweit nach Größe oder Bauart erforderlich) | X | |
| 1.1.21 | Automatische Nachfülleinrichtung, Abschlammeinrichtung und Rohrtrenner auf Funktion prüfen | X | |
| 1.1.22 | Abschlammen | | X |
| 1.1.23 | Wasser nachfüllen | | X |
| 1.1.24 | Entlüften | X | |

## Quellen


[1] Krimmling, J.: Facility Management. Fraunhofer IRB Verlag. 2010.

[2] AGFW-Arbeitsblatt FW 310 – Teil 1: Jahresnutzungsgrade zentraler Warmwasser-Wärmeerzeuger. Dezember 2006. S. 26.

[3] Krimmling, J. und A. Preuß: Optimaler Betrieb von Heizwerksanlagen. Euroheat & Power 31. Jg (2002), Heft 5, S. 22- 26.

[4] Krimmling, J. und T. Glieme: Hydraulische Berechnung eines Fernwärmenetzes als Grundlage für unternehmerische Entscheidungen der Stadtwerke. Euroheat & Power – Fernwärme International 4-5/1997, S. 22- 26.

[5] Krimmling, J.: Facility Management. Strukturen und methodische Instrumente. Fraunhofer IRB Verlag. 2. Auflage 2008.

[6] Krimmling, J.: Instandhaltungsmanagement für technische Anlagen. Facility Management Praxis 14/2008.

[7] VDMA 2186-0: Leistungsprogramm für die Wartung von technischen Anlagen und Ausrüstungen in Gebäuden. Teil 0: Übersicht und Gliederung, Nummernsystem, Allgemeine Anwendungshinweise. September 2002.

[8] VDMA 2186-2: Leistungsprogramm für die Wartung von technischen Anlagen und Ausrüstungen in Gebäuden. Teil 2: Heiztechnische Geräte und Anlagen. September 2002.

# 8 Betreibermodelle und Contracting

## 8.1 Betreibermodelle im Nahwärmebereich

Nachdem in den vorangegangenen Kapiteln die Fragen

- Wie sind Nahwärmesysteme zu gestalten?
- Wie sind Nahwärmesysteme zu betreiben?

erörtert wurden, geht es abschließend um die Frage: Wer soll Nahwärmesysteme betreiben?

Die Beantwortung dieser Frage führt fast zwangsläufig auf das Thema Contracting, da in der Regel das Nahwärmesystem durch eine spezialisierte Firma betrieben wird, welche dann an die Abnehmer Wärme zu vertraglich vereinbarten Bedingungen liefert. Ungeachtet dessen gibt es insbesondere im öffentlichen Bereich auch Konstellationen, bei welchen Betreiber und Abnehmer identisch sind. Ein Beispiel ist das Krankenhaus einer Kommune oder eines Landkreises.

Contracting ist eine Sonderform des Outsourcings, welche speziell in versorgungstechnischen Bereichen – eben bei der Versorgung von Gebäuden mit Wärme – praktiziert wird. Das Besondere am Contracting besteht darin, dass neben den eigentlichen Dienstleistungen auch Kauf und Finanzierungen der erforderlichen Technik mit in den Leistungen des Contractors enthalten sind.

## 8.2 Grundformen des Contractings

Die DIN 8930-5 nennt vier Contractingformen:

- Energieliefer-Contracting (Errichten oder Übernehmen und Betreiben einer Energieerzeugungsanlage)
- Energieeinspar-Contracting (Optimierung der Gebäudetechnik und des Betriebes durch einen Contractor)
- Finanzierungs-Contracting (Bereitstellung einer Anlage)
- Technisches Anlagenmanagement (Umsetzung technischer Dienstleistungen durch einen Contractor).

Im allgemeinen Sprachgebrauch werden dem Contracting meistens nur die ersten beiden Formen zugerechnet, da die dritte Form eine reine Finanzierungsvariante ist und die vierte dem mittlerweile üblichen Outsourcing im Gebäudemanagement zuzuordnen ist.

Beim Contracting sind zwei Parteien zu unterscheiden:

- Contractingnehmer: Auftraggeber bzw. Kunde der Energiedienstleistung:
  - öffentliche Struktureinheiten
  - Industrieunternehmen
  - Gebäudeeigentümer
- Contractinggeber (auch als Contractor oder als Auftragnehmer bezeichnet): Unternehmen, welches die Energiedienstleistung anbietet bzw. realisiert:
  - Wärmeversorger
  - Energieversorger bzw. Stadtwerke
  - Brennstofflieferanten
  - Handwerksfirmen der Gebäudetechnikbranche
  - Anlagenbauer
  - Energieagenturen.

## 8.3 Anlagencontracting als Hauptform im Nahwärmebereich

Beim Anlagencontracting (synonym: Energieliefer-Contracting) übernimmt der Anbieter folgende Leistungen:

- Energieeinkauf
- Finanzierung
- Planung, Errichtung
- Betreiben
- Instandhalten und
- Abrechnung

des kompletten Nahwärmesystems. Zum Kunden (Abnehmer) ist eine eindeutige Schnittstelle zu definieren, an welcher die Wärme übergeben wird.

## 8.4 Kalkulationsansätze und Preisgestaltung

Grundlage eines solchen Geschäftes ist der Contracting- oder Energielieferungsvertrag, welcher im Kern eine Vereinbarung über die sogenannte Contractinggebühr zumeist in Form eines Energiepreises enthält. In diesem Preis sind alle Aufwendungen des Contractors sowie sein Gewinn enthalten. Der Preis ist in der Regel in

- Grundpreis und
- Arbeitspreis

unterteilt. Der Grundpreis enthält die verbrauchsunabhängigen Aufwendungen (Kapitaldienst, Instandhaltung, Betrieb) und der Arbeitspreis die verbrauchsabhängigen Aufwendungen (Energiekosten). Im Wärmeversorgungsbereich gilt als Erfahrungswert, dass Grundkosten und Arbeitskosten jeweils etwa 50 % der Gesamtkosten ausmachen. Allerdings trifft dies nicht automatisch zu und ist Gegenstand der Vertragsverhandlungen. Der Contractingnehmer sollte darauf achten, dass der Grundkostenanteil nicht zu hoch ist, da ansonsten spätere Verbrauchseinsparungen aufgrund des geringen Arbeitspreises nur geringe Auswirkungen auf die Gesamtkosten haben.

Zur Kalkulation ihrer Preisangebote nutzen Contractinggeber Verfahren, welche an das Annuitätenverfahren nach Abschnitt 5.7.3 angelehnt sind. Dabei werden die vier Annuitätenanteile im Sinne von den durch das Projekt entstehenden Kostengruppen erfasst:

- Kapitalgebundene Kosten $K_K$
- Verbrauchsgebundene Kosten $K_V$
- Betriebsgebundene Kosten $K_B$
- Sonstige Kosten $K_S$.

Die Kalkulation des Grundpreises $k_G$ könnte z. B. so aussehen:

$$K_G = K_K + K_B + K_S + K_{KG,G}$$

$$k_G = \frac{K_G}{P} \qquad \text{F 8-1}$$

$K_G$ jährliche Grundkosten des Contractors
$K_{KG,G}$ kalkulatorischer Gewinnanteil bei den Grundkosten
$k_G$ Grundpreis (z. B. in €/kW)

Für den Arbeitspreis kann folgendes angesetzt werden:

$$K_A = K_V + K_{KG,A}$$

$$k_A = \frac{K_A}{Q_a} \qquad \text{F 8-2}$$

$K_A$ jährliche Arbeitskosten (Kosten für Energie und Verbrauchsstoffe) des Contractors
$K_{KG,A}$ kalkulatorischer Gewinnanteil bei den Arbeitskosten
$k_G$ Arbeitspreis (z. B. in €/kW)

Selbstverständlich könnte der Arbeitspreis auch in verschiedene Tarifanteile aufgeteilt werden. Die Formeln F 8-1 und F 8-2 sollen nur das Kalkulationsgrundprinzip verdeutlichen, selbstverständlich ist jeder Anbieter in seiner Preisgestaltung vollkommen frei.

Üblicherweise werden Preisgleitklauseln in die Preisgestaltung einbezogen. Dort sichert sich der Contractinggeber gegen den Anstieg von Energiepreisen beispielsweise für Öl oder Gas ab, bzw. gegen entsprechende Lohnsteigerungen. Als Contractingnehmer sollte man darauf achten, dass die Bezugsgrößen in den Preisgleitklauseln realitätsnah gewählt werden und sich nicht schon bei Vertragsbeginn erste Preiserhöhungen ergeben. Eine allgemeingültige Formel für die Preisgleitung eines der dargestellten Preisanteile hat folgende Form:

$$k_{i,neu} = k_{i,Bezug} \cdot \left( g_X \cdot \frac{X}{X_0} + g_Y \cdot \frac{Y}{Y_0} + g_Z \cdot \frac{Z}{Z_0} \right) \quad \text{F 8-3}$$

$$g_X + g_Y + g_Z = 1$$

| | |
|---|---|
| $k_{i,neu}$ | neuer Preis (z. B. Grundpreis oder Arbeitspreis) |
| $k_{i,Bezug}$ | Bezugspreis |
| $g_X, g_Y, g_Z$ | Wichtungsfaktoren |
| $\frac{X}{X_0}; \frac{Y}{Y_0}; \frac{Z}{Z_0}$ | Veränderung eines bestimmten Preisindex (Heizöl-Index, Lohnkostenindex u. a.) |

# 9 Stoffwerte, Einheiten, Umrechnungen

## 9.1 Stoffwerte

### Dichte

Quotient aus Masse und Volumen: $\rho = \frac{m}{V}$
SI-Einheit: $kg/m^3$

**Tabelle 9-1:** Dichte des Wassers bei Sättigung

| t in °C | ρ in $kg/m^3$ | t in °C | ρ in $kg/m^3$ |
|---|---|---|---|
| 10 | 999,7 | 70 | 977,7 |
| 20 | 998,3 | 80 | 971,6 |
| 30 | 995,7 | 90 | 965,2 |
| 40 | 992,3 | 100 | 958,1 |
| 50 | 988,0 | 110 | 950,7 |
| 60 | 983,2 | 120 | 942,9 |

**Tabelle 9-2:** Dichte der trockenen Luft bei 1 bar

| t in °C | ρ in $kg/m^3$ | t in °C | ρ in $kg/m^3$ |
|---|---|---|---|
| 0 | 1,275 | 120 | 0,885 |
| 20 | 1,188 | 140 | 0,843 |
| 40 | 1,112 | 160 | 0,804 |
| 60 | 1,045 | 180 | 0,768 |
| 80 | 0,986 | 200 | 0,736 |
| 100 | 0,933 | 300 | 0,607 |

### Spezifische Wärmekapazität

Die spezifische Wärmekapazität eines Stoffes ist die Wärme, welche man braucht, um 1 kg des Stoffes um 1 K zu erwärmen. Die spezifische Wärmekapazität (Einheit: $\frac{kJ}{kgK}$) hängt wesentlich von der Temperatur ab. Für technische Berechnungen ist es mitunter erforderlich, die mittlere Wärmekapazität in einem bestimmten Temperaturintervall zu verwenden:

$$c_m\Big|_{t_1}^{t_2} = \frac{1}{t_2 - t_1} \int_{t_1}^{t_2} c(t) \cdot dt \qquad \text{F 9-1}$$

$c_m\Big|_{t_1}^{t_2}$ mittlere spezifische Wärmekapazität im Temperaturintervall t1 bis t2

c(t) wahre spezifische Wärmekapazität

$t_1 \dots t_2$ Temperaturintervall

Man unterscheidet bei Gasen

- die spezifische Wärmekapazität bei konstantem Druck $c_P$ und
- die spezifische Wärmekapazität bei konstantem Volumen $c_V$.

Die Umrechnung auf die volumetrische Wärmekapazität (Einheit: $\frac{kJ}{m_n^3 K}$) erfolgt mit Hilfe der Dichte:

$$C_P = c_P \cdot \rho$$
$$C_V = c_V \cdot \rho \qquad \text{F 9-2}$$

| | |
|---|---|
| $C_P$ | volumetrische Wärmekapazität bei konstantem Druck |
| $c_P$ | spezifische Wärmekapazität bei konstantem Druck |
| $C_V$ | volumetrische Wärmekapazität bei konstantem Volumen |
| $c_V$ | spezifische Wärmekapazität bei konstantem Volumen |

Zwischen beiden Größen besteht ein fester Zusammenhang: $c_P - c_V = R$. (R ... Gaskonstante des jeweiligen Stoffes).

**Tabelle 9-3:** Wahre spezifische Wärmekapazität von Wasser $c_p'$ und Wasserdampf $c_p''$ bei Sättigung

| t in °C | p in bar | $c_P'$ in kJ/(kg K) | $c_P''$ in kJ/(kg K) |
|---|---|---|---|
| 0 | 0,006 | 4,217 | 1,854 |
| 20 | 0,024 | 4,182 | 1,866 |
| 40 | 0,074 | 4,179 | 1,885 |
| 60 | 0,199 | 4,185 | 1,916 |
| 80 | 0,474 | 4,197 | 1,962 |
| 100 | 1,013 | 4,216 | 2,028 |
| 120 | 1,990 | 4,245 | 2,120 |

Die Werte wurden mit folgenden Approximationsformeln bestimmt [1]:

$$c_p' = 4{,}177375 - 2{,}144614 \cdot 10^{-6} \cdot t - 3{,}165823 \cdot 10^{-7} \cdot t^2 + 4{,}134309 \cdot 10^{-8} \cdot t^3 \qquad \text{F 9-3}$$
$$c_p'' = 1{,}854283 + 1{,}12674 \cdot 10^{-3} \cdot t - 6{,}939165 \cdot 10^{-6} \cdot t^2 + 1{,}344783 \cdot 10^{-7} \cdot t^3 \qquad \text{F 9-4}$$

**Tabelle 9-4:** Wahre spezifische Wärmekapazität der Luft

| t in °C | $c_P$ in kJ/(kg K) |
|---|---|
| 0 | 1,006 |
| 25 | 1,007 |
| 100 | 1,012 |
| 200 | 1,026 |
| 500 | 1,093 |
| 1000 | 1,185 |

Die Zahlenwerte der Tabelle 9-4 wurden mit folgender Approximationsgleichung bestimmt:[1]

$$c_p = 1{,}0065 + 5{,}309587 \cdot 10^{-6} \cdot t + 4{,}758596 \cdot 10^{-7} \cdot t^2 - 1{,}136145 \cdot 10^{-10} \cdot t^3 \qquad \text{F 9-5}$$

**Beispiel 9-1: Mittlere spezifische Wärmekapazität der Luft**

Bestimmen Sie die mittlere spezifische Wärmekapazität der Luft im Temperaturintervall $t_1$ = 100 °C $t_2$ = 200 °C.

$$c_{P,m}\Big|_{100°C}^{200°C} = \int_{100°C}^{200°C} \left(1{,}0065 + 5{,}309587 \cdot 10^{-6} \cdot t + 4{,}758596 \cdot 10^{-7} \cdot t^2 - 1{,}136145 \cdot 10^{-10} \cdot t^3\right) \cdot dt$$

$$= \frac{1}{100K} \cdot (1{,}0065 \cdot 100K + \frac{5{,}309587 \cdot 10^{-6}}{2} \cdot 30000K + \frac{4{,}758596 \cdot 10^{-7}}{3} \cdot 7000000K$$

$$- \frac{1{,}136145 \cdot 10^{-10}}{4} \cdot 1{,}5 \cdot 10^9 K) = 1{,}018 \frac{kJ}{kgK}$$

**Wasserdampftafel**

Die Zustandswerte für Wasser bzw. Wasserdampf werden im Allgemeinen als Wasserdampftafel bezeichnet. Die nachfolgende Tabelle gibt einen Auszug der Wasserdampftafel für den hier interessierenden Bereich:

**Tabelle 9-5:** Sättigungsdruck des Wassers in Abhängigkeit der Temperatur

| t in °C | $p_S$ in bar | t in °C | $p_S$ in bar |
|---|---|---|---|
| 10 | 0,012270 | 70 | 0,3116 |
| 20 | 0,02337 | 80 | 0,4736 |
| 30 | 0,04241 | 90 | 0,7011 |
| 40 | 0,07375 | 100 | 1,0133 |
| 50 | 0,12335 | 110 | 1,4327 |
| 60 | 0,19920 | 120 | 1,9854 |

**Wärmeleitfähigkeit**

Für die Berechnung der U-Werte von mehrschichtigen Bauteilen werden Angaben zur Wärmeleitfähigkeit benötigt. Diese hängen von der Materialstruktur des jeweiligen Stoffes ab, d. h. die Dichte spielt eine wesentliche Rolle.

**Tabelle 9-6:** Wärmeleitfähigkeit verschiedener Baustoffe

| Baustoff | Dichte in kg/m³ | λ in W/(m K) |
|---|---|---|
| Kies- oder Splittbeton | 2400 | 2,1 |
| Leichtbeton mit nicht porigen Zuschlägen | 1600 | 0,81 |
| | 2000 | 1,4 |
| Leichtbeton mit nicht porigen Zuschlägen | 600 | 0,22 |
| | 2000 | 1,2 |
| Fensterglas | 2500 | 0,8 ... 1,1 |
| Granit | 2800 | 3,5 |
| harte Holzfaserplatten | 1000 | 0,17 |
| Holzspanplatten | 700 | 0,13 ... 0,17 |
| Kalkstein | 2000 ... 3000 | 2,2 |
| Kiesschüttung | 1800 | 0,70 |
| Klinker | 1800 ... 2200 | 0,8 ... 1,2 |
| Hochlochziegel | 1200 ... 2000 | 0,5 ... 1,0 |
| Leichtlochziegel | 700 ... 1000 | 0,3 ... 0,4 |
| Kalksandstein | 1000 ... 2200 | 0,5 ... 1,3 |
| Gasbetonstein | 500 ... 800 | 0,2 ... 0,3 |
| Kalkmörtel, Kalkzementmörtel | 1800 | 0,87 |
| Zementmörtel | 2000 | 1,4 |
| Kunstharzputz | 1100 | 0,7 |
| Wärmedämmputz | 600 | 0,2 |
| Mineralwolle | 100 ... 150 | 0,035 ... 0050 |
| Polystyrol Hartschaum | 20 ... 30 | 0,025 ... 0040 |

## Volumenänderung

Die relative Volumenänderung des Wassers in Abhängigkeit der Temperatur, jeweils bezogen auf eine Einfülltemperatur von 10 °C, ist in der Tabelle 9-7 dargestellt:

**Tabelle 9-7:** Volumenänderung des Wassers bezogen auf eine Basistemperatur von 10 °C

| t | Dichte | Volumenänderung |
|---|---|---|
| in °C | in kg/m³ | in % |
| 10 | 999,7 | 0,00 % |
| 20 | 998,3 | 0,14 % |
| 30 | 995,7 | 0,40 % |
| 40 | 992,3 | 0,75 % |
| 50 | 988,0 | 1,18 % |
| 60 | 983,2 | 1,68 % |
| 70 | 977,7 | 2,25 % |
| 80 | 971,6 | 2,89 % |
| 90 | 965,2 | 3,57 % |
| 100 | 958,1 | 4,34 % |
| 110 | 950,7 | 5,15 % |

## 9.2 Einheiten, Umrechnungen

### Energie

Energie E, Arbeit W und Wärme Q sind äquivalente Größen. Die Einheit ist das Joule. Ein Joule ist die Arbeit, die verrichtet wird, wenn eine Kraft von 1 N in Richtung der Kraft um 1 m verschoben wird.

SI-Einheit: J

$$1\,J = 1\,\frac{kg \cdot m^2}{s^2} = 1\,Nm = 1\,Ws$$

**Tabelle 9-8:** Einheiten und Umrechnungen für Energie

| **Einheit** | **J** | **kWh** | **kcal** | **kg SKE** |
|---|---|---|---|---|
| 1 J | 1 | $2{,}778 \cdot 10^{-7}$ | $2{,}39 \cdot 10^{-4}$ | $3{,}42 \cdot 10^{-4}$ |
| 1 kWh | $3{,}6 \cdot 10^{6}$ | 1 | 860 | 0,123 |
| 1 kcal | $4{,}187 \cdot 10^{3}$ | $1{,}163 \cdot 10^{-3}$ | 1 | $1{,}43 \cdot 10^{-4}$ |
| 1 kg SKE | $2{,}927 \cdot 10^{7}$ | 8,14 | $7{,}0 \cdot 10^{3}$ | 1 |

### Leistung

Leistung ist Energie (oder Arbeit, oder Wärme) pro Zeit, d. h. ein Maß für die Energieänderung in Abhängigkeit von der Zeit:

$$P = \frac{dE}{d\tau}$$

Die Leistung kann immer nur zu einem definierten Zeitpunkt angegeben werden. Bei der Angabe der Leistung in einem bestimmten Zeitintervall kann es sich nur um einen über dieses Zeitintervall gemittelten Wert der Leistung handeln. Für die äquivalente Größe des Wärmestroms gilt folgende Konvention:

$$\dot{Q} = \frac{dQ}{d\tau}$$

SI-Einheit: W

$$1\,W = 1\,\frac{kg \cdot m^2}{s^3} = 1\,\frac{N \cdot m}{s} = 1\,\frac{J}{s}$$

### Druck

SI-Einheit: Pa

$$1\,Pa = 1\,\frac{kg}{m \cdot s^2} = 1\,\frac{N}{m^2}$$

**Tabelle 9-9:** Einheiten und Umrechnungen für den Druck

| Einheit | Pa | bar | mWS |
|---|---|---|---|
| 1 Pa | 1 | $10^{-5}$ | 102 |
| 1 bar | 105 | 1 | 10,2 |
| 1 MWS | 9810 | $9{,}81 \cdot 10^{-2}$ | 1 |

## Temperatur

Kelvinskala: Tripelpunkt des Wassers (feste, flüssige und dampfförmige Phase stehen unabhängig von den Massenanteilen im Gleichgewicht) wird als Temperaturfixpunkt vereinbart: $T_0 = 273{,}15\,K$. Formelzeichen: T

Celsiusskala: empirische Skala mit 1 K = 1 °C. Formelzeichen: t

Umrechnung: $t_C = T - 273{,}16\,K$

Fahrenheit-Temperatur: In angelsächsischen Ländern verwendete empirische Skala. Formelzeichen $t_F$

Umrechnung $t_F = 32 + \frac{9}{5} t_C$

## Zustandsänderung von Gasen

Bei den Anwendungen in technischen Prozessen durchlaufen Gase verschiedene thermodynamische Zustände. Zur Berechnung wird die Zustandsgleichung des idealen Gases angewendet, wobei die realen Gase (Luft, Brenngas, Abgas) als ideales Gas angesehen werden. Diese Näherung ist bei Überdrücken unter 1 bar ausreichend genau.

$$pV = mRT \qquad \text{F 9-6}$$

| | |
|---|---|
| $p$ | Druck |
| $V$ | Volumen |
| $m$ | Masse |
| $R$ | Gaskonstante |
| $T$ | Kelvintemperatur |

Häufig wird beispielsweise die Umrechnung von einem beliebigen Betriebszustand auf den Normzustand benötigt. Aus F 9-6 ergibt sich:

$$\frac{p_B V_B}{T_B} = \frac{p_n V_n}{T_n}$$

$$V_n = V_B \cdot \frac{p_B T_n}{p_n T_B} \qquad \text{F 9-7}$$

Index B Betriebszustand

Index n Normzustand mit $p_n = 1{,}01325\,bar$ und $T_n = 273{,}15\,K$

**Beispiel 9-2: Umrechnung eines trockenen Gasvolumenstroms vom Betriebszustand auf den Normzustand**

| | | |
|---|---:|---|
| $V_B$ | 30 | $m^3/h$ |
| $t_B$ | 30 | °C |
| $p_B$ | 1,8 | bar-abs |
| $T_n$ | 273,15 | K |
| $p_n$ | 1,01325 | bar-abs |
| | | |
| $T_B$ | 303,15 | K |
| $V_n$ | 48,02 | $m^3/h$ |

Bei technischen Gasen handelt es sich in der Regel um Gasmischungen. Die wichtigsten sind:

- Feuchte Luft: Gemisch aus trockener Luft und Wasserdampf
- Feuchtes Brenngas: Gemisch aus trockenem Brenngas und Wasserdampf
- Feuchtes Abgas: Gemisch aus trockenem Abgas und Wasserdampf
- Erdgas: Gemisch aus Einzelgasen (Methan, Propan, Butan usw.).

Nach dem Daltonschen Gesetz nimmt jede Komponente der Gasmischung das gesamte verfügbare Volumen ein. Danach ist die Summe der Partialdrücke gleich dem Gesamtdruck der Gasmischung (der Druck, welcher gemessen werden kann). Für ein Gemisch aus trockenem Gas und Wasserdampf ergibt sich:

$$p_B = p_{G,tr} + p_D \qquad \text{F 9-8}$$

| | |
|---|---|
| $p_B$ | Gesamtdruck der Gasmischung |
| $p_{G,tr}$ | Partialdruck des trockenen Gases |
| $p_D$ | Partialdruck des Wasserdampfes |

Mit der relativen Feuchte

$$\varphi = \frac{p_D}{p_S} \qquad \text{F 9-9}$$

| | |
|---|---|
| $\varphi$ | Relative Feuchte |
| $p_D$ | Partialdruck des Wasserdampfes |
| $p_S$ | Sättigungsdruck des Wasserdampfes (Siehe Wasserdampftafel Tabelle 9-5) |

kann man für den Partialdruck des trockenen Gases schreiben:

$$p_{G,tr} = p_B - p_D = p_B - \varphi \cdot p_S \qquad \text{F 9-10}$$

Damit verändert sich die Gleichung F 9-7 für die Gaskomponente eines feuchten Gases wie folgt:

$$V_n = V_B \cdot \frac{(p_B - \varphi \cdot p_S)T_n}{p_n T_B} \qquad \text{F 9-11}$$

Index B Betriebszustand
Index n Normzustand mit pn = 1,013 bar und Tn = 273,15 K

**Beispiel 9-3: Umrechnung eines Gasvolumenstroms vom Betriebszustand auf den Normzustand**

| | | |
|---|---:|---|
| φ | 70 % | |
| $V_B$ | 30 | m³/h |
| $t_B$ | 30 | °C |
| $p_B$ | 1,8 | bar-abs |
| $T_n$ | 273,15 | K |
| $p_n$ | 1,01325 | bar-abs |
| | | |
| $p_s$ (30 °C) | 0,04241 | bar-abs |
| $T_B$ | 303,15 | K |
| $V_n$ | 47,23 | m³/h |

## Quellen

[1] Glück, B.: Zustands- und Stoffwerte (Wasser, Dampf, Luft), Verbrennungsrechnung. Berlin: Verlag für Bauwesen. 1991.

# 10 Anhang

## 10.1 Normen und Richtlinien

Diese Aufstellung erhebt keinen Anspruch auf Vollständigkeit. Insbesondere bei der Planung, beim Bau und beim Betrieb von Nahwärmesystemen sind eine Vielzahl weiterer Normen und Richtlinien zu beachten. Die hier erwähnten Normen wurden unter dem Gesichtspunkt der weiteren Vertiefung der hier dargelegten Thematik ausgewählt.

DIN V 4108-6 Vornorm, 2003-06 Wärmeschutz und Energie-Einsparung in Gebäuden – Teil 6: Berechnung des Jahresheizwärme- und des Jahresheizenergiebedarfs

DIN V 4701-10 Vornorm, 2003-08 Energetische Bewertung heiz- und raumlufttechnischer Anlagen – Teil 10: Heizung, Trinkwassererwärmung, Lüftung

DIN V 4701-12 Vornorm, 2004-02 Energetische Bewertung heiz- und raumlufttechnischer Anlagen im Bestand – Teil 12: Wärmeerzeuger und Trinkwassererwärmung

DIN 4710 Norm, 2003-01 Statistiken meteorologischer Daten zur Berechnung des Energiebedarfs von heiz- und raumlufttechnischen Anlagen in Deutschland

DIN 4755 Norm, 2004-11 Ölfeuerungsanlagen – Technische Regel Ölfeuerungsinstallation (TRÖ) – Prüfung

DIN EN 12828 Norm, 2003-06 Heizungssysteme in Gebäuden – Planung von Warmwasser-Heizungsanlagen; Deutsche Fassung EN 12828:2003

DIN EN 12831 Norm, 2003-08 Heizungsanlagen in Gebäuden – Verfahren zur Berechnung der Norm-Heizlast; Deutsche Fassung EN 12831:2003

DIN EN 13384-1 Norm, 2008-08 Abgasanlagen – Wärme- und strömungstechnische Berechnungsverfahren – Teil 1: Abgasanlagen mit einer Feuerstätte; Deutsche Fassung EN 13384-1:2002+A2:2008

DIN V 18599-1 Vornorm, 2007-02 Energetische Bewertung von Gebäuden – Berechnung des Nutz-, End- und Primärenergiebedarfs für Heizung, Kühlung, Lüftung, Trinkwarmwasser und Beleuchtung – Teil 1: Allgemeine Bilanzierungsverfahren, Begriffe, Zonierung und Bewertung der Energieträger

VDI 2050 Blatt 2 Technische Regel, 1995-09 Heizzentralen – Freistehende Heizzentralen – Technische Grundsätze für Planung und Ausführung

VDI 2073 Technische Regel, 1999-07 Hydraulische Schaltungen in Heiz- und Raumlufttechnischen Anlagen

VDI 2067 Blatt 1 Technische Regel, 2010-09 Wirtschaftlichkeit gebäudetechnischer Anlagen – Grundlagen und Kostenberechnung

VDI 3810 Blatt 6 Technische Regel, 2006-11 Betreiben und Instandhalten von gebäudetechnischen Anlagen – Aufzüge

VDI 3985 Technische Regel, 2004-03 Grundsätze für Planung, Ausführung und Abnahme von Kraft-Wärme-Kopplungsanlagen mit Verbrennungskraftmaschinen

VDI 4608 Blatt 1 Technische Regel, 2005-03 Energiesysteme – Kraft-Wärme-Kopplung – Begriffe, Definitionen, Beispiele

VDI 4640 Blatt 1 Technische Regel, 2010-06 Thermische Nutzung des Untergrunds – Grundlagen, Genehmigungen, Umweltaspekte

VDI 4640 Blatt 2 Technische Regel, 2001-09 Thermische Nutzung des Untergrundes – Erdgekoppelte Wärmepumpenanlagen

VDI 4640 Blatt 3 Technische Regel, 2001-06 Thermische Nutzung des Untergrundes – Unterirdische Thermische Energiespeicher

VDI 4640 Blatt 4 Technische Regel, 2004-09 Thermische Nutzung des Untergrundes – Direkte Nutzungen

VDI 4655 Technische Regel, 2008-05 Referenzlastprofile von Ein- und Mehrfamilienhäusern für den Einsatz von KWK-Anlagen

VDI 4660 Blatt 1 Technische Regel, 2000-04 Umrechnung spezifischer Emissionen bei der Energieumwandlung

VDI 4660 Blatt 1 Technische Regel, 2000-04 Umrechnung spezifischer Emissionen bei der Energieumwandlung

VDI 4660 Blatt 2 Technische Regel, 2003-05 Ermittlung zielenergiebezogener Emissionen bei der Energieumwandlung

VDI 4661 Technische Regel, 2003-09 Energiekenngrößen – Definitionen, Begriffe, Methodik

VDI 4670 Blatt 1 Technische Regel, 2003-02 Thermodynamische Stoffwerte von feuchter Luft und Verbrennungsgasen

VDI 6025 Technische Regel, 1996-11 Betriebswirtschaftliche Berechnungen für Investitionsgüter und Anlagen

## 10.2 Gesetze, Verordnungen

Auch diese Aufstellung erhebt keinen Anspruch auf Vollständigkeit, sondern verweist auf für das Thema relevante Gesetze und Verordnungen. Es ist die jeweils aktuellste Fassung zu verwenden.

| | |
|---|---|
| EEG | Gesetz für den Vorrang Erneuerbarer Energien (Erneuerbare-Energien-Gesetz – EEG), zuletzt geändert durch das Gesetz zur Neuregelung der Erneuerbaren Energien im Strombereich und zur Änderung damit zusammenhängender Vorschriften vom 25. Oktober 2008 |
| EEWärmeG | Gesetz zur Förderung erneuerbarer Energien im Wärmebereich (Erneuerbare-Energien-Wärmegesetz – EEWärmeG) 7. August 2008. |
| KWKG | Gesetz zur Förderung der Kraft-Wärme-Kopplung vom 25. Oktober 2008. |
| EnEV 2009 | Verordnung über energiesparenden Wärmeschutz und energiesparende Anlagentechnik bei Gebäuden (Energieeinsparverordnung – EnEV) |
| | Richtlinien zur Förderung von Mini-KWK-Anlagen. Vom 1. Januar 2009. |
| 1. BImSchV | Verordnung über Kleinfeuerungsanlagen (1. BImschV) |

## 10.3 Weiterführende Literatur

Dittmann, A. und J. Zschernig: Energiewirtschaft. Teubner Verlag Stuttgart. 1998.

Karl, J.: Dezentrale Energiesysteme. Neue Technologien im liberalisierten Energiemarkt. Oldenbourg Verlag München/Wien. 2004.

Krimmling, J.: Erneuerbare Energien. Einsatzmöglichkeiten, Technologien, Wirtschaftlichkeit. Rudolf Müller Verlag Köln. 2009.

Krimmling, J.: Energieeffiziente Gebäude. Fraunhofer IRB Verlag Stuttgart. 2010.

Krimmling, J. u. a.: Atlas Gebäudetechnik. Rudolf Müller Verlag Köln. 2008.

Rebhan, E. (Hrsg.): Energiehandbuch. Gewinnung, Wandlung und Nutzung von Energie. Springer Verlag Heidelberg. 2002.

Schramek, E.-R.: Taschenbuch für Heizung und Klimatechnik. Oldenbourg Verlag München/Wien. Jeweils neueste Ausgabe.

## 10.4 Sachregister

## F



## G



## H



## I



## J



## K

**T**



**U**



**V**



**W**



**Z**